卓越工程师教育培养计划系列教材

荣获
中国石油和化学工业
优秀教材奖

化工原理课程设计

张文林　李春利　◎　主编

化学工业出版社

·北京·

《化工原理课程设计》从培养学生工程设计能力、初步建立"工程＋效益"观念出发，针对高等院校化工原理课程设计需要编写。本书注重理论对工程设计的指导作用，强调在设计过程中采用现代化的设计手段和方法，力求达到过程参数和设备参数的优化，培养学生的工程观点和分析解决工程实际问题的能力。

《化工原理课程设计》包括五部分内容，即课程设计基础、换热器设计、塔设备（板式塔、填料塔）设计、化工过程模拟与计算软件以及附录。对化工设计的一般原则、要求、内容和步骤等，分别在各具体单元操作与设备设计或选型过程中进行了介绍。对于单元过程设计，除讨论流程方案的确定原则、设备选型、工艺尺寸的设计原理和程序外，还介绍了一些成熟的设计软件及辅助设备的计算与选型。所介绍的单元过程都有设计示例，并附有几种设计任务，可供不同专业课程设计时选用。

《化工原理课程设计》可作为高等院校化工、制药、材料、生物、食品、安全、环境、能源等相关专业的课程设计教材，也可供有关部门从事科研、设计及生产管理的工程技术人员参考。

图书在版编目（CIP）数据

化工原理课程设计/张文林，李春利主编. —北京：化学工业出版社，2018.6（2024.2重印）
卓越工程师教育培养计划系列教材
ISBN 978-7-122-31982-1

Ⅰ.①化… Ⅱ.①张…②李… Ⅲ.①化工原理-课程设计-高等学校-教材 Ⅳ.①TQ02-41

中国版本图书馆 CIP 数据核字（2018）第 077797 号

责任编辑：徐雅妮　　　　　　　　　文字编辑：丁建华　马泽林
责任校对：王素芹　　　　　　　　　装帧设计：关　飞

出版发行：化学工业出版社（北京市东城区青年湖南街 13 号　邮政编码 100011）
印　　刷：北京云浩印刷有限责任公司
装　　订：三河市振勇印装有限公司
787mm×1092mm　1/16　印张 12¾　字数 323 千字　2024 年 2 月北京第 1 版第 5 次印刷

购书咨询：010-64518888　　　　　　售后服务：010-64518899
网　　址：http://www.cip.com.cn
凡购买本书，如有缺损质量问题，本社销售中心负责调换。

定　价：35.00 元　　　　　　　　　　　　　　　　　　　　版权所有　违者必究

前言

根据《华盛顿协议》对工程教育专业认证的要求，化工类专业的学生应该是服务于国民经济建设和化工行业发展，能够在化学工业及其相关过程工业领域从事生产管理、工程设计、技术开发和科学研究等工作的高素质工程技术人才。

《化工原理课程设计》与卓越工程师教育培养计划系列教材《化工原理》（李春利主编）相配套，旨在通过课程的优化整合，提高学习者和设计者的工程实践能力和创新能力。

本书在编写过程中吸收了编者多年来教学改革的经验和工程实践的成果，力求在内容和体系上有新意。与传统的化工原理课程设计教材相比，本书更注重理论对于工程设计的指导作用，强调在设计过程中采用现代化的设计手段和方法，达到过程参数和设备参数的优化，基本建立"工程＋效益"观念。

在选材上，我们本着"加强基础、增强专业适用性、培养创新能力"的主导思想，以适应各专业的需要；在处理方法上，注重理论与实践的密切结合，设计示例多具有工业生产或科研实践的背景，有利于培养学生的工程观点及分析解决工程实际问题的能力，增强创新意识。全书包括了化工类生产中最常用的换热器、板式塔、填料塔的设计，以及常用化工过程模拟软件的基本功能介绍。对单元过程设计，除讨论流程方案的确定原则、设备选型、工艺尺寸的设计原理和程序外，还介绍了一些成熟的设计软件及辅助设备的计算与选型。所介绍的单元过程都有设计示例，并附有几种设计任务书，可供不同专业选用。

本书可作为高等院校化工、制药、材料、生物、食品、安全、环境、能源等相关专业的教材，也可供有关部门从事科研、设计及生产管理的工程技术人员参考。

本书由张文林、李春利主编，王洪海、方静、王志英、齐俊杰、苏伟怡、李浩、胡雨奇等老师对本书的编写工作提出了很多建设性的意见和建议，孙腾飞、霍宇、李功伟、和佳明、赵勇琪、王雨昕等研究生参加了部分图表的处理和文字校对工作。本书的编写得到了河北工业大学相关领导和老师的大力支持，在此表示衷心的感谢。

由于编者水平有限，书中疏漏和不妥之处在所难免，恳请读者批评指正。

编者
2018 年 6 月

目录

第1章 课程设计基础 / 1

1.1 化工原理课程设计概述 …………………………………………………… 1
- 1.1.1 化工原理课程设计的目的 …………………………………………… 1
- 1.1.2 化工原理课程设计的基本内容 ……………………………………… 2
- 1.1.3 化工原理课程设计的基本步骤 ……………………………………… 3

1.2 化工设计计算基础 …………………………………………………………… 5
- 1.2.1 物料衡算 ……………………………………………………………… 5
- 1.2.2 热量衡算 ……………………………………………………………… 6
- 1.2.3 常用物性数据的查取和估算 ………………………………………… 6

1.3 化工生产工艺流程设计 ……………………………………………………… 7
- 1.3.1 工艺流程图中常见的图形符号 ……………………………………… 8
- 1.3.2 工艺流程设计方法 …………………………………………………… 13
- 1.3.3 工艺流程设计的基本原则 …………………………………………… 16
- 1.3.4 工艺流程设计的主要参考资料 ……………………………………… 20

1.4 主体设备设计选型及条件图 ………………………………………………… 21
- 1.4.1 化工单元设备设计方法与步骤 ……………………………………… 21
- 1.4.2 主体设备设计及其条件图 …………………………………………… 22

第2章 换热器设计 / 26

2.1 列管式换热器设计 …………………………………………………………… 26
- 2.1.1 设计方案的确定 ……………………………………………………… 27
- 2.1.2 列管式换热器的工艺结构设计 ……………………………………… 33
- 2.1.3 列管式换热器的设计计算 …………………………………………… 40
- 2.1.4 列管式换热器设计示例 ……………………………………………… 48

2.2 板式换热器设计 ……………………………………………………………… 54
- 2.2.1 板式换热器的基本结构 ……………………………………………… 55
- 2.2.2 板式换热器设计的一般原则 ………………………………………… 59
- 2.2.3 板式换热器的设计计算 ……………………………………………… 60
- 2.2.4 板式换热器设计示例 ………………………………………………… 63

2.3 换热器设计任务书 …………………………………………………………… 66

本章符号说明 …………………………………………………………………… 67

第3章 塔设备设计 / 68

3.1 概述 …………………………………………………………………………… 68

3.1.1　塔设备的类型 ………………………………………………………… 68
　　3.1.2　板式塔与填料塔的比较及选型 ……………………………………… 68
3.2　板式塔设计 ………………………………………………………………… 70
　　3.2.1　设计方案的确定 ………………………………………………………… 71
　　3.2.2　塔板的类型与选择 …………………………………………………… 72
　　3.2.3　板式塔工艺设计计算 ………………………………………………… 77
　　3.2.4　板式塔的塔板工艺尺寸设计计算 …………………………………… 81
　　3.2.5　塔板的流体力学验算 ………………………………………………… 90
　　3.2.6　板式塔的负荷性能图 ………………………………………………… 96
　　3.2.7　塔板效率 ……………………………………………………………… 97
　　3.2.8　板式塔的结构与附属设备 ………………………………………… 100
　　3.2.9　精馏过程的节能 …………………………………………………… 104
　　3.2.10　筛板精馏塔设计示例 ……………………………………………… 105
3.3　填料塔设计 ………………………………………………………………… 117
　　3.3.1　设计方案的确定 ……………………………………………………… 118
　　3.3.2　填料的类型与选择 …………………………………………………… 120
　　3.3.3　填料塔工艺设计计算 ………………………………………………… 127
　　3.3.4　填料层压降的计算 …………………………………………………… 136
　　3.3.5　填料塔内件的类型与设计 …………………………………………… 137
　　3.3.6　填料吸收塔设计示例 ………………………………………………… 140
　　3.3.7　填料精馏塔设计示例 ………………………………………………… 145
3.4　塔设备设计任务书 ………………………………………………………… 148
本章符号说明 ……………………………………………………………………… 150

第4章　化工过程模拟与计算软件 / 153

4.1　化工过程模拟软件 Aspen Plus ……………………………………………… 154
　　4.1.1　特点 …………………………………………………………………… 154
　　4.1.2　主要功能 ……………………………………………………………… 157
　　4.1.3　接口选项 ……………………………………………………………… 158
　　4.1.4　目标实现 ……………………………………………………………… 159
　　4.1.5　使用说明 ……………………………………………………………… 159
　　4.1.6　物性方法选择 ………………………………………………………… 159
　　4.1.7　功能 …………………………………………………………………… 162
　　4.1.8　叙词表 ………………………………………………………………… 163
4.2　化工过程模拟软件 PRO/Ⅱ ………………………………………………… 165
　　4.2.1　简介 …………………………………………………………………… 165
　　4.2.2　主要功能及特征 ……………………………………………………… 165
　　4.2.3　功能模块划分 ………………………………………………………… 166
4.3　化工过程模拟软件 ChemCAD ……………………………………………… 167
　　4.3.1　主要功能和特色 ……………………………………………………… 167
　　4.3.2　应用范围 ……………………………………………………………… 167

4.3.3　模块划分 …………………………………………………………… 168
   4.3.4　使用方法 …………………………………………………………… 168
   4.3.5　功能扩展 …………………………………………………………… 169
 4.4　工艺流程模拟软件 HYSYS ……………………………………………… 169
   4.4.1　主要应用领域 ………………………………………………………… 170
   4.4.2　国内外应用情况 ……………………………………………………… 170
   4.4.3　主要功能 …………………………………………………………… 170
   4.4.4　热力学方法 ………………………………………………………… 171
   4.4.5　附加模块功能 ………………………………………………………… 172
 4.5　换热器设计计算软件 HTRI ……………………………………………… 173
 4.6　过程设备强度计算软件 SW6 ……………………………………………… 174
 4.7　流体力学分析软件 FLUENT ……………………………………………… 175
 4.8　各专业通用软件列表 ……………………………………………………… 179

附录 / 182

 附录 1　课程设计封面示例 …………………………………………………… 182
 附录 2　工艺流程图示例 ……………………………………………………… 183
 附录 3　主体设备条件图示例 ………………………………………………… 188
 附录 4　塔板结构参数系列化标准 …………………………………………… 191
 附录 5　常用散装填料的特性参数 …………………………………………… 193
 附录 6　常用规整填料的特性参数 …………………………………………… 195

参考文献 / 197

第1章

课程设计基础

根据《华盛顿协议》对工程教育专业认证的要求，化工类专业的学生应该是服务于国民经济建设和化工行业发展，能够在化学工业及其相关过程工业领域从事生产管理、工程设计、技术开发和科学研究等工作的高素质工程技术人才。工程教育应该实现以学生为中心，以成果为导向的教学设计和教学实施的目标，保证学生取得特定的学习成果；建立"评价-反馈-改进"闭环系统，形成教育质量持续改进机制。

因此，化工类毕业生应达到如下知识、能力和素质要求。

① 具有在化工及相关领域独立进行工程实践和科学研究的专业知识及能力，能够在社会大背景下解决复杂化学工程问题。

② 具备良好的人文素质、职业道德和团队精神，能够通过自主学习适应职业发展要求，在化工及相关领域具有较强的职场竞争力。

③ 能够在化工、制药、材料、生物、食品、安全、环境、能源等相关领域成功地开展与化学工程与工艺专业相关的工作。

工程设计是工程建设的灵魂，对工程建设起着主导和决定性作用，又是将科研成果转化为现实生产力的桥梁和纽带。工业科研成果只有通过工程设计，才能转化为现实生产力，工程设计决定着工业现代化的水平。设计是一项政策性很强的工作，它涉及政治、经济、技术、环保、法规等诸多方面，而且还会涉及多专业、多学科的交叉、综合和相互协调，是集体性的劳动。先进的设计思想、科学的设计方法和优秀的设计作品是工程设计人员应坚持的设计方向和追求的目标。

化工原理课程设计是一门重要的实践课程，是学生学习化工原理课程后独立进行的一次工程设计，是综合运用化工原理课程和有关先修课程所学知识，完成以化工单元操作为主的一次设计实践。通过课程设计，对参与设计的人员进行设计技能的基本训练，培养设计者综合运用所学知识解决实际问题的能力，也可为学生进行毕业设计和毕业后从事相关设计工作打下良好基础。在设计过程中不仅要考虑理论上的可行性，还要考虑生产上的安全性和经济合理性等问题。因此，化工原理课程设计重在培养学生的技术经济观、过程优化观、生产实际观和工程全局观，是提高学生实际工作能力的重要教学环节。

1.1 化工原理课程设计概述

1.1.1 化工原理课程设计的目的

化工原理课程设计是化工原理课程教学中综合性和实践性较强的教学环节，是理论联系实际的桥梁，是使学生体察工程实际问题复杂性、学习化工设计基本知识的初次尝试。课程设计不同于平时的作业，在设计中需要学生自己做出决策，即自己确定方案、选择流程、查取资料、进行过程和设备计算，并要对自己的选择做出论证和核算，经过反复的分析比较，择优选定最理想的方案和最合理的设计。通过课程设计，学生能够了解工程设计的基本内容，掌握化工设计的程序和方法，提高分析和解决工程实际问题的能力。同时，通过课程设计，学生还可以树立正确的设计理念，培养实事求是、严肃认真、高度负责的工作作风。所以，课程设计是增强工程观念、培养提高学生独立工作能力的有益实践。

化工原理课程设计的基本目的包括如下。

① 使学生掌握化工设计的基本步骤与方法。

② 结合设计课题，培养学生获取有关技术资料及物性参数的能力。

③ 通过查阅技术资料，选用设计计算公式，搜集数据，分析工艺参数与结构尺寸间的相互影响，增强学生分析问题和解决问题的能力。

④ 对学生进行化学工程设计的基本训练，使学生了解一般化学工程设计的基本内容与要求。

⑤ 通过编写设计说明书，使学生提高文字表达能力，掌握撰写技术文件的方法。

⑥ 了解一般化工制图的基本要求，使学生提高绘图基本技能。

通过课程设计，学生能够提高如下几个方面的能力。

① 查阅文献资料、搜集有关数据、正确选用公式。当缺乏必要数据时，需要通过实验测定或到生产现场进行实际查定。通常设计任务书给出后，许多数据需要设计者去查找收集，有些物性参数要查阅专业文献或进行估算，计算公式需要设计者根据设计任务内容和要求合理选用。这就要求设计者运用各方面的知识，详细全面地考察后才能确定相关数据。

② 正确选择设计参数。在兼顾技术上的先进性、可行性，经济上的合理性的前提下，综合分析设计任务要求，确定化工工艺流程，进行设备选型，并提出保证过程正常、安全运行所需的检测和计量参数，同时还要考虑增加改善劳动条件、操作检修方便和环境保护的有效措施。

③ 准确、迅速地进行过程计算及主要设备的工艺设计计算。过程计算及工艺设计计算一般是反复试算的过程，计算工作量很大，需要同时强调"正确"和"迅速"。

④ 掌握化工设计的基本程序和方法，学会用精练的语言、简洁的文字、清晰的图表来表达自己的设计思想和计算结果。

对于课程设计，不仅要求计算过程正确，结果基本合理，还应从工程的角度综合考虑各种影响因素，从总体上得到最优方案。

1.1.2　化工原理课程设计的基本内容

化工原理课程设计应以化工单元操作的典型设备为对象，尽量从科研项目和生产实际中选题。课程设计一般包括如下内容。

① 设计方案的确定　根据设计任务书所提供的条件和要求，通过对现有生产的现场调查或对现有资料的分析对比，选定适宜的流程方案和设备类型，初步确定工艺流程。对给定或选定的工艺流程、主要设备的型式进行简要的论述。

② 工艺过程设计　包括工艺参数的选定、物料衡算、热量衡算、单元操作的工艺计算，绘制相应的工艺流程图，标出物流量、能流量和主要测量点等。

③ 设备设计与主体设备工艺条件图　主要设备的工艺设计计算、工艺尺寸计算及结构

设计、流体力学验算等。绘制主体设备的工艺条件图，图面应包括设备的主要工艺尺寸、技术特性表和接管表以及组成设备的各部件名称等。

④ 典型辅助设备的计算和选型　包括典型辅助设备的主要工艺尺寸计算和设备型号规格的选定。

⑤ 带控制点的工艺流程简图　以单线图的形式绘制，标出主体设备和辅助设备的物料流向、物料量、能流量和主要化工参数测量点，以及必要的自动控制体系的表达。

⑥ 设计说明书的编写　设计说明书的内容应包括封面（见附录1）、设计任务书、目录（标题与页码）、摘要或简介、项目概述及所选用的设计方案简介（附工艺流程示意图）、设计条件及主要物性参数表、工艺计算（包括物料衡算、热量衡算）与主体设备设计计算、工艺流程图和主要设备的工艺条件图、辅助设备的计算和选型（包括机泵规格、换热器型式与换热面积等）、设备接管的计算与设计、计算结果汇总表和/或设计一览表（系统物料衡算表和设备操作条件及结构尺寸一览表）、附图（带控制点的工艺流程简图、主体设备设计条件图等）、对本设计的评述（主要介绍设计者对本设计的评价及进行设计后的学习体会）、参考文献、主要符号说明等。

1.1.3　化工原理课程设计的基本步骤

化工原理课程设计一般按照下述步骤进行。

(1) 课程设计的准备工作

首先要认真阅读、分析下达的课程设计任务书，领会工作要点，明确所要完成的主要任务。要确定为完成任务需要具备的基本条件以及开展设计工作的初步设想，然后开展具体准备工作：一是结合给定的设计任务进行生产实际的调研；二是查询、收集技术资料。设计中所需的资料一般有以下内容。

① 有关生产过程的资料，如生产方法、工艺流程、生产操作条件、控制指标和安全规程等。

② 设计过程所涉及物料的物性参数。

③ 设计中所涉及工艺设计计算的数学模型与计算方法。

④ 与设备设计相关的国内外现状和发展趋势，有关新技术和专利等文献状况以及涉及的计算方法等。

⑤ 设备设计的规范与实际参考图等。

(2) 确定操作条件和流程方案

① 确定设备的操作条件，如温度、压力、流量等。

② 确定设备结构型式，结合课程设计的情况选择合理可靠的设备型式。

③ 确定能量的综合利用或合理应用、安全和环保措施等。

④ 确定单元操作和设备的简易工艺流程图。

(3) 主体设备的工艺设计计算

选择适宜的数学模型和计算方法，按照任务书的要求和给定条件，结合现有资料进行工艺设计计算。

① 主体设备的物料和能量衡算。

② 设备特征尺寸的计算，如塔设备的塔高和塔径、换热器的换热面积等，需要根据有关设备的标准（或规范），以及不同设备的流体力学、传质传热动力学计算公式进行计算。

③ 流体力学验算，如流动阻力与操作范围验算等。

(4) 主体设备结构设计

在确定设备型式及主要尺寸的基础上，根据相关设备常用结构，参考相关资料和规范，详细设计设备各零部件的结构尺寸。

(5) 绘制带控制点的工艺流程简图和主体设备工艺条件简图

课程设计要求绘制"带控制点的工艺流程简图"，以单线图的形式进行绘制，需要标注主体设备和辅助设备的物料流向、物流量、能流量和主要化工参数测量点等。

通常化工设计人员根据工艺要求，通过工艺条件来确定设备的结构型式、工艺尺寸，然后提出附有工艺条件图的设备设计条件表。设备设计人员据此对设备进行机械设计，然后绘制设备装配图。

课程设计要求绘制"主体设备工艺条件简图"，图面上应包括设备的主要工艺尺寸、技术特性表和接管表等。

此次课程设计的目的是锻炼学生提高图面布局和绘图能力，图纸一般要求手工绘制。

(6) 编写设计说明书

整个课程设计由论述、计算过程、图表等内容组成。论述应该条理清晰、观点明确，方案选择应有合理依据；计算公式应该选择得当、计算方法要正确、误差要小于设计要求，计算公式和所选用的物性参数等必须注明出处；图表应该能简要表达计算结果。此外，应该对课程设计的设计结果和可能存在的不足有合理的分析与解释，说明书中的所有公式必须注明编号，所有符号必须注明意义和单位。

(7) 课程设计的其他相关要求

① 课程设计要明显区别于课后作业或解题，设计计算时的依据和答案往往不是唯一的。在设计过程中选用经验数据时，务必注意从技术上的可行性和经济上的合理性等方面进行分析比较，力求获得合理的设计结果。

② 设计过程中指导教师原则上不负责审核数字运算的正确性。同学从设计一开始就必须以严肃认真、实事求是的态度对待设计工作，要训练和培养自己独立分析判断结果正确性、合理性的能力。

③ 整个设计由论述、计算、绘图组成，只有计算，缺少论述或绘图的设计结果不合格。

④ 设计中，每位同学在完成规定任务的同时，还可以在某些方面适当加深、提高。可多查阅一些资料，充实设计方案的论述；可适当增加辅助设备的设计计算内容；也可增加自行编程计算等内容。

⑤ 计算机的使用对提高设计效率和设计质量起到了良好的促进作用，尤其在方案选择与比较、参数选取、优化设计、图纸绘制等方面表现明显。课程设计中可以适当使用计算机进行计算、优化、绘图，学生可以自己编程、自己上机操作，在说明书中要附上计算框图、计算程序以及符号说明。但要防止同学间过度借鉴甚至抄袭。

通过化工原理课程设计，学生能够掌握专业基础知识，掌握化工过程分析方法，能够建立描述复杂化学工程问题的模型，通过模型的识别和求解，解决相应的化学工程问题；具有综合分析复杂化学工程问题的能力，能够针对相关问题获得有效结论；提出并设计针对复杂化学工程问题的解决方案，设计满足特定需求的系统、单元（部件）或工艺流程，进行化工单元设计和特定需求系统设计，并能够在设计环节中，考虑社会、健康、安全、法律、文化以及环境等因素；具有在设计过程中追求创新的态度和意识；能够针对复杂工程问题，开发、选择与使用恰当的技术、资源、现代工程工具和信息技术工具，包括对复杂化学工程问题的预测与模拟，并能够理解其局限性；掌握复杂化学工程问题的工程实践对环境、社会可持续发展影响的基本知识并能够对其进行分析和评价；具有良好的口头表达和文字表达能力，能够就复杂化学工程问题与业界同行及公众社会进行有效沟通和学术交流，包括设计文稿和撰写报告、陈述发言、清晰表达或回应指令等。

1.2 化工设计计算基础

化工设计是根据一个化学反应或过程设计出一个生产流（过）程，并研究流程的合理性、先进性、可靠性和经济可行性，再根据工艺流程以及条件选择合适的生产设备、管道及仪表等，进行合理的工厂布局设计以满足生产的需要，最终使工厂建成投产，这种设计的全过程称为"化工设计"。

化工设计的主要特点是过程设计和工程设计的有机结合；主要理论基础是化学工程；主要出发点是提高产品收率和经济效益，注重系统优化；特别注意的问题是安全操作和环境保护。化工设计往往把化工研究和开发的成果通过工程开发和项目设计衔接起来，所以它也是基本建设工作中购置器材、加工设备、组织施工的依据。

设计本身就是一种商品，拥有某项技术的专利商经常用基础设计的方式进行有偿转让。为有效地缩短建设周期，承包工程的工程公司（经常自己拥有主要的专利技术）除提供基础设计和详细设计外，普遍实行提供专利设备并在设计过程中订购建设用器材的制度，甚至可以代替用户，组织或委托施工任务，培训生产操作人员，直到投产正常后，再把工厂移交给投资者（称"交钥匙"方式）。

化工设计计算主要包括物料衡算、热量衡算、常用物性数据的查取与估算等内容。

1.2.1 物料衡算

物料衡算是化工设计计算中最基本、最重要的内容之一。在设计设备尺寸之前先要确定出所处理的物料量。整个化工过程或其中某一步骤中原料、产物、中间产物、副产物等物料之间的关系可以通过物料衡算确定。

（1）物料衡算式

根据质量守恒定律可知，进入任何系统的物料质量应等于从该系统离开的物料质量与积存于该系统中的物料质量之和，即

$$输入物料量 = 输出物料量 + 累积物料量 \tag{1-1}$$

若此过程为稳态过程，则上式可简化为

$$输入物料量 = 输出物料量 \tag{1-2}$$

上述关系可在整个反应过程的范围内使用，也可在一个或几个设备的范围内使用。该式可针对全部物料，也可在没有化学反应发生时针对化合物的任一组分来使用。

（2）物料衡算的步骤

① 画出简单过程流程图，并用箭头指明进出物流，把有关的已知量、未知量标注在图上。

② 如果有化学反应方程式需写出。

③ 用虚线框标明物料衡算范围。

④ 确定衡算对象并选择计算基准。

⑤ 建立物料衡算式求解。

详细内容可以参考相关著作或文献。

1.2.2 热量衡算

化工生产中所需的能量以热能为主，用于改变物料的温度与相态以及提供反应所需的热量等。若操作中有几种能量相互转化，则它们之间的关系可以通过能量衡算来确定；若只涉及热量，能量衡算便简化为热量衡算。

(1) 热量衡算式

根据能量守恒定律，热量衡算可写成

随物料进入系统的总热量＝随物料离开系统的总热量＋向系统环境散失的热量　(1-3)

热量衡算中需要考虑的项目是进出设备的物料本身的焓与外界输入或向外界输出的热量，有化学反应时则还要包括反应所要吸收或放出的热量（反应热）。

(2) 热量衡算的基本方法与步骤

热量衡算有两种情况：一种是在设计时根据给定的进出物料量及已知温度求另一股物料的未知物料量或温度，常用于计算换热器的蒸汽量或冷却水用量；另一种是在原有装置基础上对某个设备利用实际测定的数据计算出另一些不能或很难直接测定的热量或能量，由此对设备做出能量分析。如根据各股物料进出口流量及温度找出该设备的热利用效率和热损失情况。

热量衡算也需要确定计算基准，画出流程图，列出热量衡算表等。此外由于焓值的大小与温度有关，因而热量衡算还要指明基准温度。物料的焓值一般以 0℃ 为计算基准（可以不用指明），有时为方便计算以进料温度或环境温度为基准，有时计算温度或采用的数据资料的基准温度不是 0℃（例如反应热的基准温度为 25℃），此时需要注明。

1.2.3 常用物性数据的查取和估算

设计计算中的物性数据应尽可能使用实验测定值或从相关手册和文献中查取。有时手册上也会以图表的形式提供某些物性数据的推算结果。

(1) 常用的物性数据手册和文献

常用的物性数据可由化工原理或物理化学教材附录、《化学工程手册》（化学工业出版社，2002）、《化工工艺设计手册》（化学工业出版社，2009）、《石油化工设计手册》（化学工业出版社，2015）、《化工工艺算图手册》（化学工业出版社，2002）等工具书查取。从物性手册收集到的物性数据，常常是纯组分的数据，而设计中所遇到的物系一般为混合物，通常采用一些经验混合规则做近似处理，从而获得混合物的物性参数。常规物系的经验混合规则可参阅相关专著或文献（部分专著列于参考文献中）。

(2) 物性数据库

由于化工数据总量异常庞大，导致查阅工作费时费力，为此我国已于 20 世纪 70 年代中期开始建立化工物性数据库。例如，1978 年完成了"化工物性数据库"，1990 年后该数据库得到很大发展，得到众多设计院所、高校、科研单位的重视。

具有代表性的数据库是 ECSS 工程化学模拟系统数据库及物性推算包、天津市化工物性数据库、烃类实验物性数据库。

(3) Internet 上的化学化工资源

Internet 上的化学化工资源极其丰富，设计者可以通过相关的搜索引擎查找需要的数据资料。例如，可以通过查找相关的图书、在线订阅杂志文章、参加网上通信讨论组获得相关信息等。其中 STN（国际科技信息网络）系统是比较重要的网络信息资料系统。

STN 系统能够提供完全的科技信息领域的在线服务。由三个著名的科技信息中心组成：德国卡尔斯鲁厄专业信息中心 FIZ-Karlsruhe、美国化学会的化学文摘社 CAS 和日本科学技术情报中心 JICST。目前 STN 系统中与化工有关的部分数据库是 APILIT2（美国石油研究所 API 文献）、CBNB（化工行业数据库）、CEABA（化工行业和生物技术文摘）、CIN（全球化工行业大事件信息库）、CSCHEM（美国及全球化工产品目录）、CSCORP（美国及全球化工产品厂商目录）、CSNB（有害化学品的安全使用与健康数据库）、DRUGLAUNCH（新药物产品数据库）和 VTB（化工及远程工程文献库）等。用户可根据需要了解有关各数据库的内容介绍。

另外，ASPENTECH 公司是目前世界上最大的提供过程模拟技术的公司，所提供的稳态模拟、动态模拟以及系统合成技术，为过程的研究开发、过程设计与优化、过程的生产提供了一整套工程工具。该公司的网站上提供了丰富的内容、供用户练习使用的例子和虚拟图书馆。

Internet 最重要的特征之一是其动态性，用户定期访问某些特定资源可了解其最新动态。由于 Internet 没有特定的组织对网上资源进行严格管理和审查，用户可能获得错误的数据或信息，因此需要用户自行对获得的信息进行甄别或筛选。

1.3 化工生产工艺流程设计

一个化工厂，除了工艺设计外，还应有土建、设备基础、上下水（给排水）、采暖、通风、电动机、灯光照明、电话、仪器仪表等的设计；另外，设计一个化工厂，还要考虑到它应有一个合理的总平面布置，从原料到产品的运输，以及设计的经济性等问题。因此化工厂是化工工艺技术和非工艺的各种专业技术的综合，化工厂的设计工作是由工艺和非工艺的各个项目所组成的有机统一体，它需要由工艺设计人员和非工艺设计人员共同完成。

化工厂的整套设计应包括以下各项内容：
① 化工工艺设计；
② 总图运输设计；
③ 土建设计；
④ 公用工程（供电、供热、给排水、采暖通风等）设计；
⑤ 自动控制设计；
⑥ 机修、电修等辅助车间设计；
⑦ 外管设计；
⑧ 工程概算与预算等。

其中，化工工艺设计是化工工程设计的主体。包含两层含义：一是任何化工工程的设计都是从工艺设计开始，以工艺设计结束；二是在整个工程设计过程中非工艺专业要服从工艺专业，同时工艺专业又要考虑和尊重其他各专业的特点和合理要求，在整个设计过程中进行协调。因此工艺设计是关系到整个工程设计优劣成败的关键环节。

进行化工工艺设计首先要编制设计方案。为此，要对建设项目进行认真的调查研究，全面了解建设项目的各个方面。最好对几个设计方案进行对比分析，权衡利弊，最后选用技术上先进、经济上合理、三废治理措施好的方案。

化工工艺设计应包括以下内容：

① 原料路线和技术路线的选择；
② 工艺流程设计；
③ 物料衡算；
④ 能量衡算；
⑤ 工艺设备的设计与选型；
⑥ 车间布置设计；
⑦ 化工管路设计；
⑧ 非工艺设计项目的考虑，即由工艺设计人员提出非工艺设计项目的设计条件；
⑨ 编制设计文件，包括编制设计说明书、附图和附表。

通常，化学加工过程是将一种或几种化工原料，经过一系列物理的和/或化学的单元操作，最终获得所需产品的过程。这些单元操作必须在相应的单元设备中进行。用管路系统将这些单元设备连接起来，把物料从一个单元设备输送到另一个单元设备。为了实现对物料的有效控制，需要在设备和管路系统的相应位置安装测量、显示和控制元件。这些设备、连接设备的管路以及相应的控制元件一起构成了化工工艺流程。

化工生产工艺流程设计是所有化工装置设计中最先着手的工作，由浅入深、由定性到定量逐步分阶段依次进行，而且贯穿于设计的整个过程。工艺流程设计的目的是在确定生产方法之后，以流程图的形式表示出由原料到成品的整个生产过程中物料被加工的顺序以及各股物料的流向，同时表示出生产中所采用的化学反应、化工单元操作及设备之间的联系，据此可进一步制定化工管道流程和计量-控制流程。它是化工过程技术经济评价的依据。

工艺流程设计各个设计阶段的设计成果都是用各种工艺流程图和表格表达出来。设计阶段不同图表的要求也不同，先后有方框流程图（Block Flowsheet）、工艺流程草（简）图（Simplified Flowsheet）、工艺物料流程图（Process Flowsheet）、带控制点的工艺流程图（Process and Control Flowsheet）和管道仪表流程图（Piping and Instrument Flowsheet）等类型。方框流程图是在工艺路线选定后对工艺流程进行概念设计时完成的一种流程图形式，不编入设计文件；工艺流程草（简）图是一种半图解式的工艺流程图，它实际是方框流程图的一种变体或深入，起到示意的作用，供化工计算时使用，也不计入设计文件；工艺物料流程图和带控制点的工艺流程图列入初步设计阶段的设计文件中；管道仪表流程图列入施工图设计阶段的设计文件中。

具体的设计过程是首先由工艺专业根据工艺包（业主的或设计院自有的）开始工艺设计，向各个专业提出初步条件，其他专业（比如管道、仪表、设备、结构、建筑、总图等）接受条件后开始自己专业的设计，在这个阶段，各个专业向工艺专业返回条件（各下游专业相互之间也会有条件往来），按照这种方式，各个专业不断地更新自己的设计，定期发出自己的条件。设计进行到一定阶段，采购就会介入设计，向不同的公司发出询价文件，公司返回报价，设计方进行技术澄清等。设计即将完成时，各相关专业提出材料表，向现场发出施工图。设计完成后，设计方会派出少量的设计人员进驻现场，协调各种设计变更，直到试车、开车成功。项目部分为质控安全部，设计部，采购部，费控部，设备部，施工部，开车部。这几个部门，按程序进行分工协作。

1.3.1 工艺流程图中常见的图形符号

1.3.1.1 常见设备图形符号

工艺流程图中，设备示意图用细实线画出设备外形和主要内部特征。目前，设备的图形符号已有统一规定，其图例如表1-1所示。

表 1-1 工艺流程图中设备、机器图例

类别	代号	图例		
塔	T	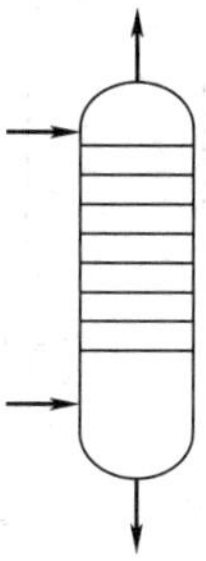 板式塔 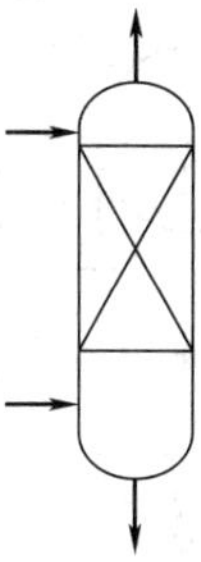	填料塔	喷洒塔
反应器	R	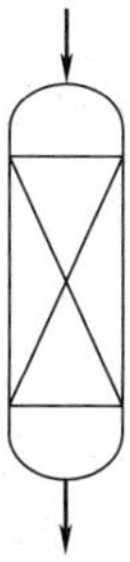 固定床反应器 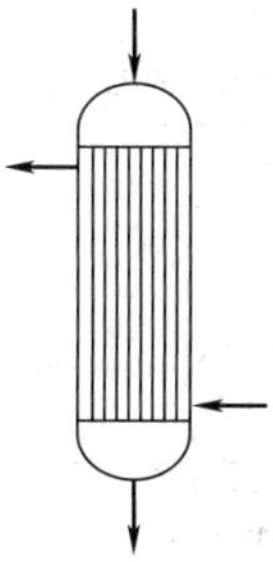	列管式反应器 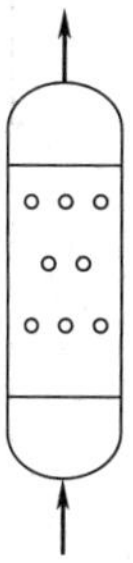	流化床反应器
换热器	E	换热器(简图)	固定管板式列管换热器	U形管式换热器
		浮头式列管换热器	套管式换热器	釜式换热器
工业炉	F	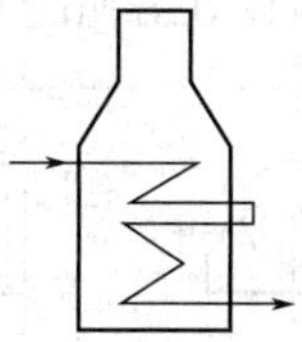 圆筒炉 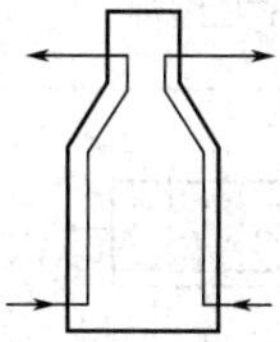	圆筒炉 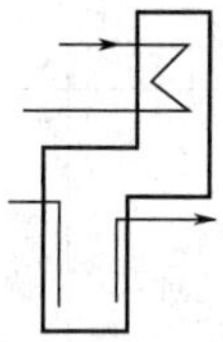	箱式炉

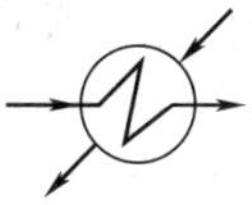

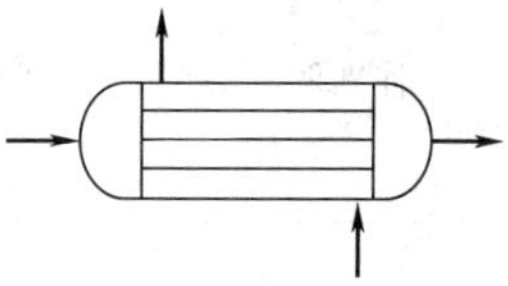

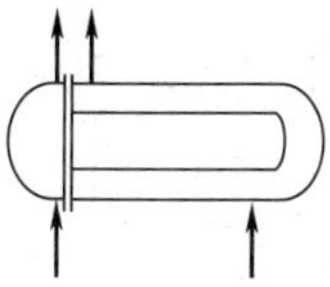

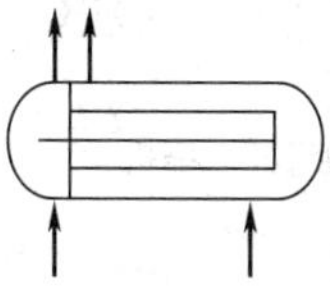

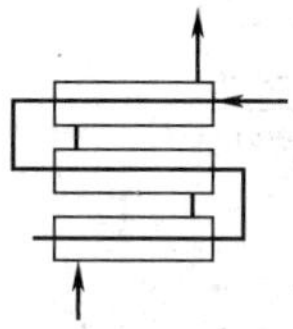

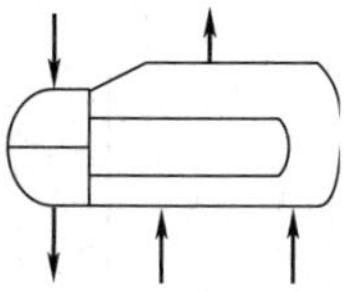

第 1 章 课程设计基础 | 9

续表

类别	代号	图例			
容器	V	球罐	锥顶罐	圆顶锥底容器	卧式容器
		丝网除沫分离器	旋风分离器	干式气柜	湿式气柜
泵	P	离心泵	旋转泵、齿轮泵	水环式真空泵	漩涡泵
		往复泵	螺杆泵	隔膜泵	喷射泵
压缩机、风机	C	鼓风机	卧式 旋转式压缩机	立式	往复式压缩机
		离心式压缩机	二段往复式压缩机(L形)		四段往复式压缩机
其他机械	M	压滤机	转鼓式(转盘式)过滤机	无孔壳体离心机	有孔壳体离心机

注：摘录自《化工工艺设计施工图内容和深度统一规定》(HG/T 20519—2009)。

工艺流程图上应标注设备的位号及名称，详细内容可参见相关国家或行业标准或规范。设备分类代号见表 1-2。

表 1-2 设备分类代号

设备类别	代号	设备类别	代号
塔	T	火炬、烟囱	S
泵	P	容器(槽、罐)	V
压缩机、风机	C	起重运输设备	L
换热器	E	计量设备	W
反应器	R	其他机械	M
工业炉	F	其他设备	X

(1) 设备位号标注的内容

设备位号的标注如下例所示。

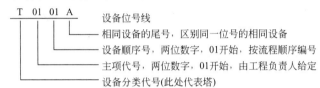

设备位号的第一个大写字母是设备分类代号，用设备名称英文单词的第一个字母表示，各类设备的分类代号见表 1-2。设备代号之后是设备编号，一般由四位数字组成，第 1、2 位数字是设备所在的工段（或车间）代号，第 3、4 位数字是设备的顺序编号。例如设备位号 T0218 表示第二车间（或工段）的第 18 号塔器。设备位号在整个系统中不得重复，且在所有工艺图上设备位号均需一致，如有数台相同设备，则在其后用大写的英文字母表示数量尾号，例如 T0218A-C，表示相同设备数量为 3 台。

(2) 设备位号标注的位置

设备位号应在两个地方进行标注：一是在图面的上方或下方，标注的位号排列要整齐，尽可能排在相应设备的正上方或正下方，并在设备位号线下方标注设备的名称；二是在设备内或其近旁，此处仅标注位号，不注名称。但对于流程简单、设备较少的流程图，也可直接从设备上用细实线引出，标注设备号。

1.3.1.2 工艺流程图中管件、阀门的图形符号

工艺流程图中常用管件和阀门的图形符号见表 1-3。

表 1-3 常用管件和阀门的图形符号

名称	图例	名称	图例
Y 形过滤器		文氏管	
T 形过滤器		喷射器	
锥形过滤器		截止阀	
阻火器		节流阀	

续表

名称	图例	名称	图例
消音器		角式截止阀	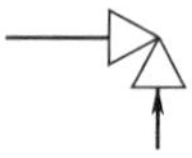
闸阀		止回阀	
球阀	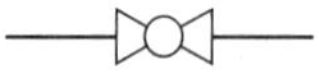	直流截式阀	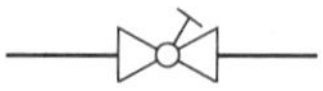
隔膜阀		底阀	
蝶阀	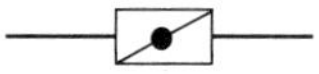	疏水阀	
减压阀	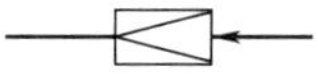	放空帽(管)	 帽 管
旋塞阀		敞口漏斗	
三通旋塞阀	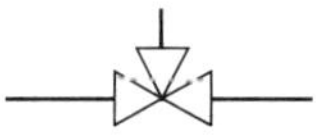	同心异径管	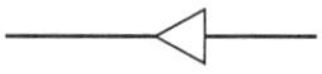
四通旋塞阀	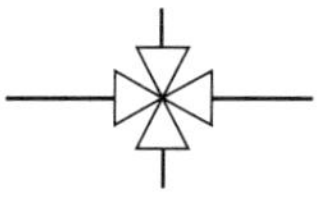	视镜	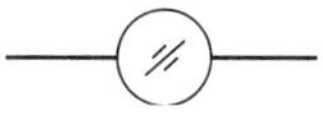
弹簧安全阀	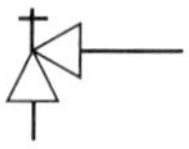	爆破膜	
杠杆式安全阀	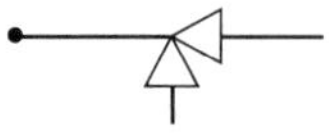	喷淋管	

注：摘录自《化工工艺设计施工图内容和深度统一规定》(HG/T 20519—2009)。

1.3.1.3 仪表参量代号、仪表功能代号和仪表图形符号

工艺流程图中常用的仪表参量代号见表 1-4，仪表功能代号见表 1-5，仪表图形符号见表 1-6。

表 1-4 仪表参量代号

参量	代号	参量	代号	参量	代号
温度	T	质量(重量)	$m(W)$	厚度	δ
温差	ΔT	转速	N	频率	f
压力(或真空)	p	浓度	C	位移	S
压差	Δp	密度(相对密度)	γ	长度	L
质量(或体积)流量	G	分析	A	热量	Q
液位(或料位)	H	湿度	ϕ	氢离子浓度[①]	pH

① 氢离子浓度通常以它的负对数 pH 来表示。

表 1-5 仪表功能代号

功能	指示	记录	调节	积算	信号	手动控制	联锁	变送
代号	Z	J	T	S	X	K	L	B

表 1-6 仪表图形符号

符号	○	⊖	♀	⊥	⊻	⊥
含义	就地安装	集中安装	通用执行机构	无弹簧气动阀	有弹簧气动阀	带定位器气动阀
符号	⊞	S	M	⊗	⊽	⊥
含义	活塞执行机构	电磁执行机构	电动执行机构	变送器	转子流量计	孔板流量计

1.3.1.4 流程图中的物料代号

表 1-7 所示为流程图中常见物料的代号。

表 1-7 常见物料代号

物料代号	物料名称	物料代号	物料名称	物料代号	物料名称
AR	空气	G$\overline{O}$	填料油	PG	工艺气体
AM	氨	H	氢	PL	工艺液体
BD	排污	HTM	热载体	PW	工艺水
BW	锅炉给水	HS	高压蒸汽	R	冷冻剂
BR	盐卤水	CWR	循环冷却水回水	R$\overline{O}$	原油
CSW	化学污水	IA	仪表空气	RW	原水
CWS	循环冷却水上水	L$\overline{O}$	润滑油	SC	蒸汽冷凝水
DNW	脱盐水	LS	低压蒸汽	SL	泥浆
DR	排液、排水	MS	中压蒸汽	S$\overline{O}$	密封油
DW	饮用水	NG	天然气	SW	软水
FV	火炬排放气	N	氮	TS	伴热蒸汽
FG	燃料气	$\overline{O}$	氧	VE	真空排放气
F$\overline{O}$	燃料油	PA	工艺空气	VT	放空
FS	固体燃料				

注：1. 物料代号中如遇英文字母"O"应写成"$\overline{O}$"。
2. 在工程设计中遇到本规定以外的物料时，可予补充代号，但不得与上列代号相同。

1.3.1.5 流程图中图线用法及宽度

工艺流程图中的图线用法及宽度的一般规定见表 1-8。

表 1-8 工艺流程图中的图线用法及宽度的一般规定

类别	图线宽度/mm		
	0.9~1.2	0.5~0.7	0.15~0.3
带控制点的工艺流程图	主物料管道	辅助物料管道	其他
辅助物料管道系统图	辅助物料管道总管	支管	其他

1.3.2 工艺流程设计方法

按照设计阶段的不同，先后设计方框流程图、工艺流程草（简）图、工艺物料流程图、带控制点的工艺流程图和管道仪表流程图。管道仪表流程图列入施工图设计阶段的设计文件中。

1.3.2.1 方框流程图和工艺流程草（简）图

为便于进行物料衡算、能量衡算及有关设备的工艺设计计算，在设计的最初阶段，首先要绘制方框流程图，定性地标出物料由原料转化为产品的过程、流向以及所采用的各种化工过程及设备。

工艺流程草（简）图是一个半图解式的工艺流程图，为方框流程图的一种变体或深入，带有示意的性质，仅供工艺计算时使用，不列入设计文件。

1.3.2.2 工艺物料流程图

在完成物料计算后便可绘制工艺物料流程图（PFD），它是以图形与表格相结合的形式来表达物热衡算的结果，使设计流程定量化，为初步设计阶段的主要设计成品，其作用如下：

① 作为下一步设计的依据；
② 为接受审查提供资料；
③ 供日后生产操作和技术改造的参考。

工艺物料流程图中的设备应采用标准规定的设备图形符号表示，不必严格按比例绘制，但图上需标注设备的位号及名称，设备位号的标注内容与位置见前文所述。

物料流程图中最关键的部分是物流表，是设计者最为关心的内容。物流表包括物料代号、物料名称、组成（质量分数和摩尔分数）、流量（质量流量和摩尔流量）等。有时还列出物料的某些参数，如温度、密度、压力、状态、来源或去向等。

热量衡算的结果可在物料表中列出，通常的做法是在相应的设备位置附近表示，如在换热器旁注明其热负荷。图1-1为物料流程图的示例。

1.3.2.3 带控制点的工艺流程图

初步设计阶段，在完成工艺计算、确定工艺流程后，还应确定主要工艺参数的控制方案，所以在提交物料流程图的同时，还要提交带控制点的工艺流程图（PCD）。此后，在进行车间布置的设计过程中，可能会对流程图作一些修改。它以形象的图形、符号、代号表示出化工设备、管路、附件和仪表自控等内容，借以表达出一个生产过程中物料及能量的变化。它是在物料流程图的基础上绘制出来的，可以作为设计的正式成果列入初步设计阶段的设计文件中。

在带控制点的工艺流程图中，一般应画出所有工艺设备、工艺物料管线、辅助管线、阀门、管件以及工艺参数（温度、压力、流量、物位、pH值等）的测量点，并表示出自动控制方案。借助带控制点的工艺流程图，可以比较清楚地了解设计的全貌。

带控制点的工艺流程图应包括如下内容。

(1) 物料流程

① 设备示意图，大致依设备外形尺寸比例画出，标明设备的主要管口，适当考虑设备合理的相对位置；将各设备按工艺流程次序展示在同一平面上，再配以连接的主辅管线及阀门、管件、仪表控制点符号等；
② 设备流程号；
③ 全部物料及动力（水、汽、真空、压缩机、冷冻盐水等）管线及进出界区的流向箭头；

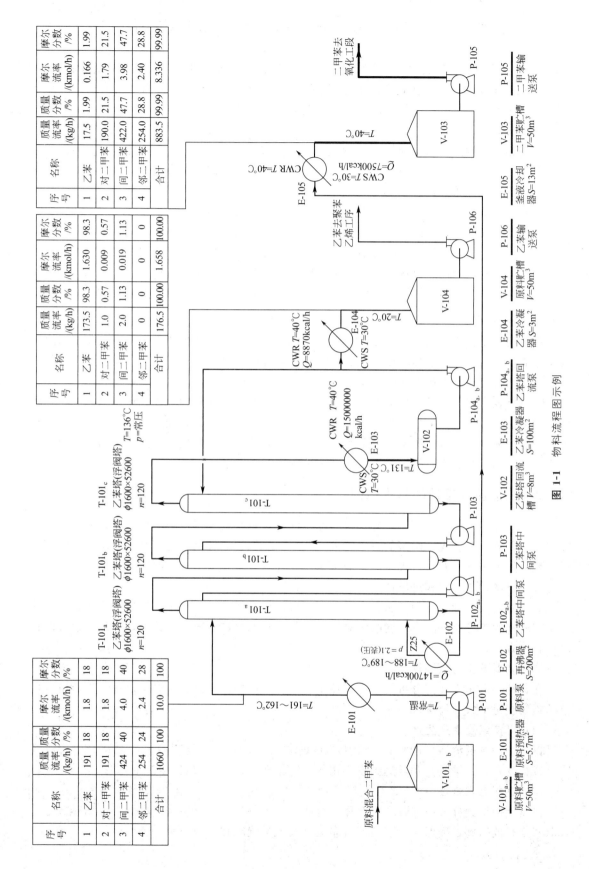

图 1-1　物料流程图示例

④ 管线上的主要阀门、设备及管道的必要附件，如冷凝水排除器、管道过滤器、阻火器等；

⑤ 必要的计量、控制仪表，如流量计、液位计、压力表、真空表及其他测量仪表等；

⑥ 简要的文字注释，如冷却水、加热蒸汽来源、热水及半成品去向等。公用工程设施及管线不在图内表示，仅示意工艺设备使用点的进出位置。

(2) 图例

图例是将物料流程图中画的有关管线、阀门、设备附件、计量-控制仪表等图形用文字予以说明。代号、符号及其他标注的说明，有时还要有设备位号的索引等。

(3) 图签（标题栏）

图签是写出图名、设计单位、设计人员、制图人员、审核人员（签名）、图纸比例尺、图号、设计阶段等项内容的一份表格，其位置在流程图的右下角。

带控制点的工艺流程图一般是由工艺专业和自控专业人员合作绘制出来的。作为课程设计只要求能标绘出测量点位置即可。附录2所示流程图示例，是在带控制点的工艺流程图基础上经适当简化后绘出的。图1-2(a)与图1-2(b)是带控制点的工艺流程图示例。

1.3.2.4 管道仪表流程图

管道仪表流程图（PID）是化工装置工程设计中最重要的图纸之一，一般在施工图设计阶段完成，是该设计阶段的主要设计成品之一。它反映的是工艺流程设计、设备设计、管道布置设计、自控仪表设计的综合成果。

管道仪表流程图要求画出全部设备、全部工艺物料管线和辅助管线，还包括在工艺流程设计时考虑为开停车、事故、维修、取样、备用、再生所设置的管线以及全部的阀门、管件等，还要详细标注所有的测量、调节和控制器的安装位置和功能代号。因此，它是指导管路安装、维修和运行的主要档案性资料。图1-3是管道仪表流程图的示例。

1.3.3 工艺流程设计的基本原则

工程设计本身存在一个多目标优化问题，同时又是政策性很强的工作，设计人员必须有优化意识，必须严格遵守国家的有关政策、法律规定及行业规范，特别是国家的工业经济法规、环境保护法规、安全法规等。一般来说，设计者应遵守如下基本原则。

(1) 技术的先进性和可靠性

运用先进的设计工具和方法，尽量采用当前的先进技术，实现生产装置的优化集成，使其具有较强的市场竞争能力。同时，对所采用的新技术要进行充分的论证，以保证设计的科学性和可靠性。

(2) 装置系统的经济性

在各种可采用方案的分析比较中，技术经济评价指标往往是关键要素之一，以求得以最小的投资获得最大的经济效益。

(3) 可持续及清洁生产

树立可持续及清洁生产意识，在所选定的方案中，应尽可能利用生产装置产生的废弃物，减少废弃物的排放，乃至达到废弃物的"零排放"，实现"绿色生产工艺"。

(4) 过程的安全性

在设计中要充分考虑到各个生产环节可能出现的危险事故（燃烧、爆炸、毒物排放等），采取安全有效措施，确保生产装置的可靠运行及人员健康和人身安全。

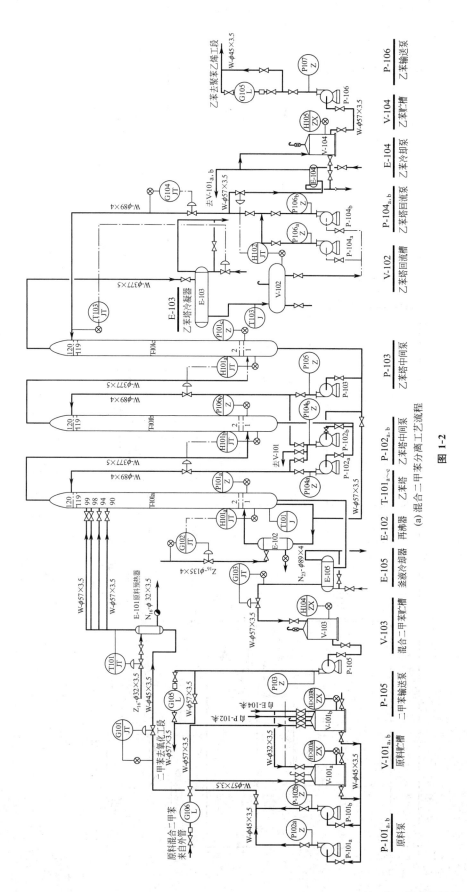

图 1-2 (a) 混合二甲苯分离工艺流程

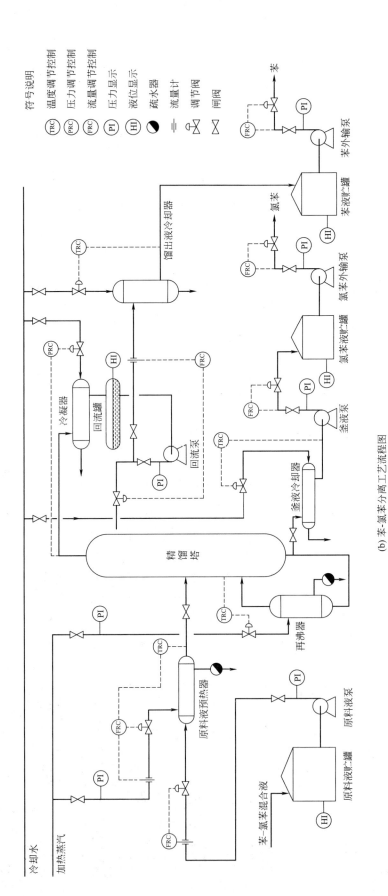

(b) 苯-氯苯分离工艺流程图

图 1-2 带控制点的工艺流程图示例

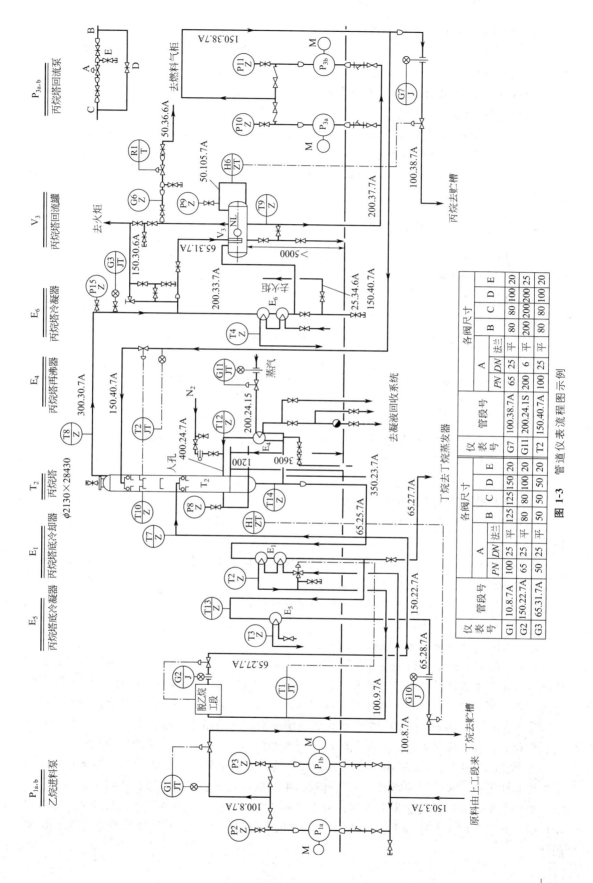

图 1-3 管道仪表流程图示例

(5) 过程的可操作性及可控制性

生产装置应便于稳定可靠操作,当生产负荷或一些操作参数在一定范围内波动时,应能有效快速进行调节控制。

(6) 执行国家相关标准和/或行业性法规

一些需要执行的国家或行业标准或规范:GB 150—2011《〈压力容器〉释义》、GB/T 151—2014《热交换器》、TSG 21—2016《固定式压力容器安全技术监察规程》、HG 20652—1998《塔器设计技术规定》、NB/T 47041—2014《钢制塔式容器》、HG/T 20519—2009《化工工艺设计施工图内容和深度统一规定》等。如果进行药品生产装置设计,还要符合"药品生产质量管理规范"(GMP)等。

1.3.4 工艺流程设计的主要参考资料

工艺流程设计时,应尽可能多地查找参考资料,除了常用的中外文期刊、专利及文摘外,还有两大类十分有用的参考资料:百科全书和著名研究咨询机构的报告。

(1) 百科全书

全世界著名的多卷本百科全书有以下五部。

① Kirk Othmer. Encyclopedia of Chemical Technology. 4th ed. 1991～1998.

② Ullmanns. Encyclopedia of Industrial Chemistry. 5th ed. 1985～1995.

③ Mcketta and Cunningham. Encyclopedia of Chemical Processing and Design. 1977～1999.

④ Mark. Encyclopedia of Polymer Science and Technology. Rev ed. 1985～1989.

⑤《化工百科全书》编委会编. 化工百科全书. 北京:化学工业出版社,1990～1998.

这些百科全书出版时收集的文献资料比较详尽,同时,一定间隔期进行再版,每个产品或题目约有5～20页非常中肯的信息介绍,对设计者很有参考价值。

(2) 世界著名研究咨询机构的报告

如美国斯坦福研究所(SRI International)编写的技术经济研究报告,其中比较著名的如下。

① "Chemical Economic Handbook" 报道化工所有专业的原材料及各种产品的技术经济情报,包括现状、展望、生产方法、生产公司、厂址和生产能力、产量和销售量、消耗量、价格和销售单价、国际动态及其他针对性的统计资料和数据。

② "Process Economics Program"。

③ "Process Evaluation Research Planning"。

"Process Economics Program" 和 "Process Evaluation Research Planning" 这两种资料用来评价化工主要产品的生产工艺和当前有关各类产品的新专利内容,进行技术经济评价,论述工业上可行的工艺流程,初步设计数据和操作条件、设备规格、投资及生产费用等。

④ "Specialty Chemicals" 主要研究塑料添加剂、油田用化学品、电子用化学品、黏合剂、催化剂、食品添加剂、采矿用化学品、润滑油添加剂等精细化学品的成功战略等。

⑤ "Chemical Process Economics" 追踪报道了数百个化工产品的工艺经济情报,内容不断更新和补充,包括技术特点、工艺过程、生产流程图及生产费用等,实用价值很高。

美国斯坦福研究所的这类出版物,采用活页装订,对每个产品或题目经常更新,极具参考价值。问题是订阅费用较高,国内只有少数化工信息、咨询、工程设计单位订购了该出版物。

1.4 主体设备设计选型及条件图

化工单元设备种类很多,每种设备的设计方法不同。主体设备是指在每个单元操作中处于核心地位的关键设备,如传热过程中的换热器,蒸发过程中的蒸发器,蒸馏和吸收过程中的塔设备(板式塔和填料塔),干燥过程中的干燥器等。一般,主体设备在不同单元操作中是不相同的,即使同一设备在不同单元操作中其作用也不相同,如某一设备在某个单元操作中为主体设备,而在另一单元操作中则可能是辅助设备。例如,换热器在传热过程中为主体设备,而在精馏或干燥操作中就变为辅助设备。泵、压缩机等也有类似情况。

1.4.1 化工单元设备设计方法与步骤

1.4.1.1 化工单元设备设计的基本要求

① 满足工艺过程对设备的要求,如精馏、吸收等分离设备要达到规定的分离精度和回收率,热交换设备要达到要求的温度等;

② 技术上先进可靠,如换热器要有较高的传热系数,较少的金属用量;精馏塔有较高的传质效率,较高的液泛速率等;

③ 经济效益好,如投资省,消耗低,生产费用低;

④ 结构简单,节约材料,易于制造,安装、操作和维修方便;

⑤ 操作范围宽,易于调节,控制方便;

⑥ 安全,三废少,符合环保要求等。

1.4.1.2 化工单元设备设计方法与步骤

(1) 明确设计任务与条件

① 原料(或进料)和产品(或出料)的流量、组成、状态(温度、压力、相态等)、物理化学性质、流量波动范围等;

② 设计目的、要求、设备功能等;

③ 公用工程条件,如冷却水温度,加热蒸汽压力,气温,湿度等;

④ 其他特殊要求。

(2) 调查待设计设备的国内外现状及发展趋势,有关新技术及专利状况,设计计算方法等

(3) 收集有关物料的物性数据,腐蚀性质等

(4) 确定设计方案

① 确定设备的操作条件,如温度、压力、回流比等;

② 确定设备的结构型式,根据各类设备结构的优缺点,结合本次设计的具体情况,选择高效、可靠的设备型式;

③ 确定单元设备的流程。

(5) 工艺计算

① 全设备物料与能量衡算;

② 设备特性尺寸计算,如精馏、吸收塔设备的理论级数、塔径、塔高,换热器的传热面积等,可根据相关设备的规范与不同结构设备的流体力学、传质传热动力学计算公式来计算;

③ 流体力学验算，如流体阻力与操作范围计算等。

（6）结构设计

在确定了设备型式及主要尺寸的基础上，根据相关设备常用结构，参考相关资料和规范，详细设计设备各零部件的结构尺寸。如填料塔要设计液体分布器、再分布器、填料支承、填料压板、各种接口尺寸等；板式塔要确定塔板布置形式、溢流装置、各种进出口结构、塔板支承、液体收集器与侧线出入口、破沫器等。

（7）各种构件的材料选择，壁厚计算，塔板或塔盘等的机械设计

（8）各种辅助结构如支座、吊架、保温支件等的设计

（9）内件与管口方位设计

（10）全设备总装配图及零部件图绘制

（11）编制全设备材料表

（12）编写设备制造技术要求与规范等

要做好设备设计，除了要有坚实的理论基础和专业知识外，还应了解有关本设备的新技术、新材料，了解设计规范与有关规定，熟悉有关结构性能，具备足够的工程、机械知识。在确定方案时还应了解必要的技术经济知识和优化方法。在工艺计算时，应会运用计算机软件或自编程序进行计算。

设计人员要有高度的责任心和严谨的科学作风，否则将给建设工作带来重大的损失。同时，实际设计时并不是简单地按照以上设计步骤顺序机械地进行工作，有时需要根据工艺计算的结果重新进行方案确定，有时则要选择几个方案进行技术经济评比，择优选取。

1.4.2 主体设备设计及其条件图

主体设备设计条件图是将设备的结构设计和工艺尺寸的计算结果用一张总图表示出来。通常由负责工艺的人员完成，它是进行装置施工图设计的依据。图面上一般应包括如下内容。

① 设备图形　指主要尺寸（外形尺寸、结构尺寸、连接尺寸），接管，人孔等。

② 技术特性表　指装置设计和制造检验的主要性能参数。通常包括设计压力、设计温度、工作压力、工作温度、介质名称、腐蚀裕量、焊接接头系数、容器类别（指压力等级，分为类外、一类、二类、三类四个等级）及装置的尺度（如罐类为全容积、换热器类为换热面积等）。一般还包括装置的用途、生产能力、最大允许压力、最高介质温度、介质的毒性和爆炸危险性等内容。

③ 接管表　注明各管口的符号、公称尺寸、连接面形式与尺寸、用途等。

④ 设备组成一览表　注明组成设备的各部件的名称等。

图1-4是主体设备设计条件图的示例。

通常化工设计人员的任务是根据工艺要求通过工艺设计确定设备的结构型式、工艺尺寸，然后提出附有工艺条件图的设备设计条件表。设备设计人员据此对设备进行机械设计，然后绘制设备装配图。设备装配图的绘制请参阅相关专著或文献，本书不再介绍。

应予指出，以上设计全过程统称为设备的工艺设计。完整的设备设计，应在上述工艺设计的基础上再进行机械强度设计，最后提供可供加工制造的施工图。这一环节在高等院校的教学中，属于化工机械专业的专业课程，在设计部门则属于机械设计组的职责。

在化工设计中，化工单元设备的设计是整个化工过程和装置设计的核心和基础，并贯穿设计过程始终。作为化工类及其相关专业的本科生甚至研究生，熟练掌握常用化工单元设备的设计方法是非常重要的。

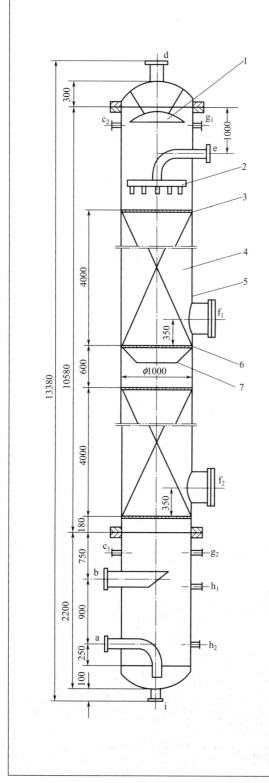

(a) 填料吸收塔设计条件图示例

图 1-4

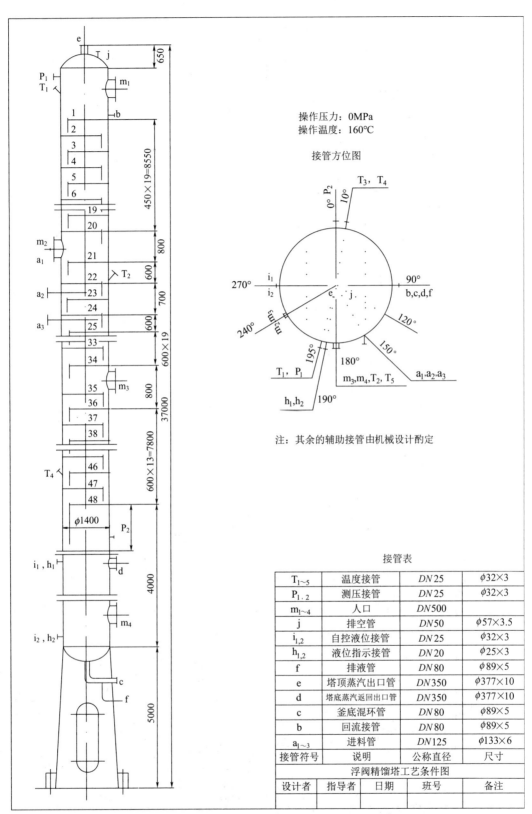

(b) 单溢流浮阀精馏塔设计条件图示例

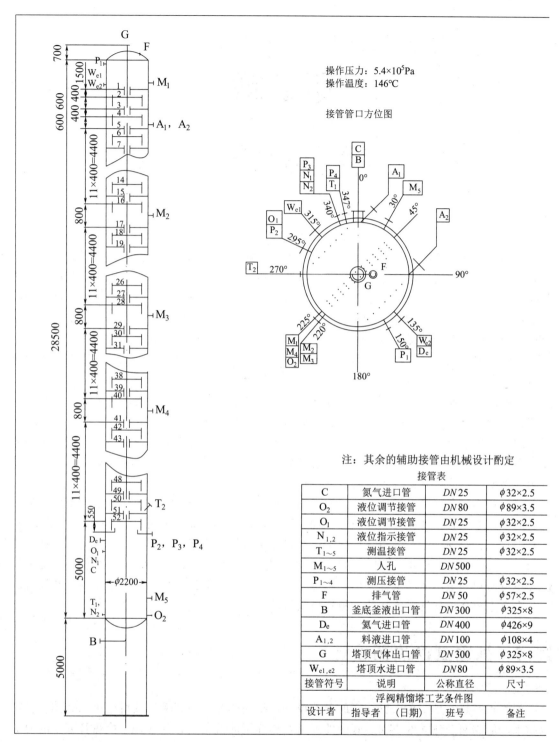

(c) 双溢流浮阀精馏塔设计条件图示例

图 1-4 主体设备设计条件图示例

由于学时所限，化工原理课程设计一般要求学生只提供初步设计阶段的带控制点的工艺流程简图和主体设备设计的工艺条件图。

第 2 章 换热器设计

在不同温度的流体间传递热能的装置称为热交换器，简称为换热器。换热器是以传递热量为主要功能的通用工艺设备，在化工、石油、热能、制冷、食品等行业中广泛使用。换热器的设计、制造和运行对生产过程起着十分重要的作用。在化工厂的建设中，换热器投资约占工程总投资的11%，其中，换热器设备投资约占炼油及化工装置设备总投资的40%。在换热器中至少要有两种温度不同的流体，一种流体温度较高，放出热量，称为热流体；另一种流体温度则较低，吸收热量，称为冷流体。在工程实践中有时也会存在两种以上流体的换热器，但它的基本原理与前一种情形并无本质上的差别。

随着我国工业的不断发展，对能源利用、开发和节约的要求不断提高，因而对换热器的要求也日益加强。换热器的设计、制造、结构改进以及传热机理的研究十分活跃，一些新型高效换热器相继问世。随着换热器在工业生产中的地位和作用不同，换热器的类型也多种多样，不同类型的换热器各有优缺点，性能各异。在换热器设计中，首先应根据工艺要求选择适用的类型，然后计算换热所需的传热面积，并确定换热器的工艺结构尺寸。

列管式换热器（管壳式换热器）的应用已有很悠久的历史，是目前化工生产中应用最为广泛的换热器型式。现在，它被当作一种传统的标准换热设备在很多工业部门中大量使用，尤其在化工、石油、能源等领域。列管式换热器结构简单，坚固，制造加工容易，材料来源广泛，处理能力大，适用性强，尤其适合高温高压的操作环境。但在传热效率、设备紧凑性、单位面积的金属消耗量等方面，稍逊于板式换热器，但仍是化工厂中主要的换热设备。

本章主要介绍列管式换热器和板式换热器的工艺设计。

2.1 列管式换热器设计

列管式换热器是一种广泛使用的换热设备，把换热管束与管板连接后，再用筒体与管箱包起来，形成两个独立的空间。管内的通道及相连通的管箱，称为管程；换热管束外的通道及其相贯通的部分，称为壳程。列管式换热器的设计资料较完善，已有系列化标准。目前我国列管式换热器的设计、制造、检验、验收按国家标准《热交换器》（GB/T 151—2014）执行。

列管式换热器的设计包括热力设计、流动设计、结构设计以及强度设计。其中以热力设计最为重要。不仅在设计一台新的换热器时需要进行热力设计，而且对于已生产出来的，甚至已投入使用的换热器在检验它是否满足使用要求时，均需进行这方面的工作。

热力设计是指根据使用单位提出的基本要求，合理地选择运行参数，并根据传热学的知识进行传热计算。

流动设计主要是计算压降，其目的就是为换热器的辅助设备，例如泵的选择做准备。当然，热力设计和流动设计两者是密切关联的，特别是进行热力计算时常需从流动设计中获取某些参数。

结构设计是指根据传热面积的大小计算其主要零部件的尺寸，例如管子的直径、长度、根数，壳体的直径，折流板的长度和数目，隔板的数目及布置以及连接管的尺寸等。

在某些情况下还需对换热器的主要零部件，特别是受压部件做应力计算，并校核其强度。对于在高温高压下工作的换热器，更不能忽视这方面的工作，这是保证安全生产的前提。在做强度计算时，应尽量采用国产的标准材料和部件，根据我国压力容器安全技术规定进行计算或校核（该部分内容属设备计算，此处从略）。

列管式换热器的工艺设计主要包括以下内容。
① 根据换热任务和有关要求确定设计方案。
② 初步确定换热器的结构和基本尺寸。
③ 核算换热器的传热面积和流体阻力。
④ 确定换热器的工艺结构。

设计要求必须做到工艺上先进、技术上合理、经济上可行，即得到优化设计的结果。

2.1.1 设计方案的确定

确定设计方案的原则是要保证达到工艺要求的传热指标，操作上要安全可靠，结构上要简单，便于检查维修，尽可能节省操作费用和设备投资。

列管式换热器的型式主要依据换热器管程和壳程流体的温度差来确定。因管束与壳体的温度不同会引起热膨胀程度的差异，当两流体的温度相差较大时，就可能由于热应力而引起管子弯曲或使管子从管板上拉脱，必须要考虑这种热膨胀的影响。因此，对于列管式换热器，确定其设计方案应从以下几方面入手。

①选择换热器类型；②选择流体流动空间；③选择流体流速；④选择加热剂和冷却剂；⑤确定流体进出口温度；⑥选择材质；⑦确定管程数和壳程数。

2.1.1.1 换热器类型的选择

换热器种类很多，选择时要根据操作温度，操作压力，换热器的热负荷与流量大小，流体的性质，管程与壳程的温度差和允许的压降范围，换热器的结构材料、尺寸、质（重）量、腐蚀性及其他特性，检修清洗要求，价格，使用安全性和寿命等因素进行综合考虑。

根据热补偿方式的不同，列管式换热器有以下型式。

(1) 固定管板式换热器

这类换热器的基本结构如图2-1所示。固定管板式换热器的管子两端固定于管板上，管子与管板的连接方式用焊接或膨胀法固定，管板和壳体焊接连为一体，使得管束、管板与壳体成为一个不可拆卸的整体。

固定管板式换热器的结构简单，在相同的壳体直径内，排管最多，结构紧凑，制造成本低；由于这种结构使壳侧清洗困难，所以壳程宜用于不易结垢和清洁的流体。当管束和壳体之间的温差太大而产生不同的热膨胀时，常会使管子与管板的接口脱开，从而发生介质的泄

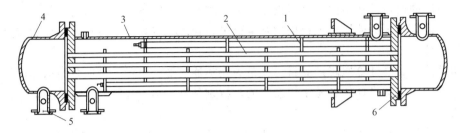

图 2-1 固定管板式换热器
1—折流板；2—管束；3—壳体；4—管箱；5—接管；6—管板

漏，甚至可能毁坏换热器。为了克服温差应力必须设有温差补偿的装置，一般在管壁与壳壁温度相差 50℃ 以上时，为了安全，换热器应有温差补偿装置，为此常在外壳上焊一波形膨胀节。波形膨胀节只能用于管壁与壳壁温差低于 60~70℃ 和壳程流体压力不高的情况，因为它仅能减小而不能完全消除由于温差而产生的热应力，且在多程换热器中，这种方法不能照顾到管子的相对移动。因此，这种换热器比较适合于温差不大或温差较大但壳程压力不高的场合。一般壳程压力超过 0.6MPa 时，由于补偿圈过厚难以伸缩，会失去温差补偿作用，此时应考虑其他结构。

（2）浮头式换热器

浮头式换热器针对固定管板式换热器的缺陷做了结构上的改进。两端管板只有一端与壳体完全固定，另一端则可相对于壳体作某些移动，该端称为浮头，如图 2-2 所示。

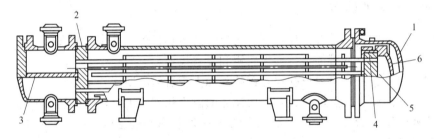

图 2-2 浮头式换热器
1—管箱；2—管板；3—隔板；4—内管板；5—浮头管箱；6—浮头

此类换热器的管束膨胀不受壳体的约束，所以壳体与管束之间不会由于膨胀量的不同而产生热应力。而且在清洗和检修时，仅需将管束从壳体中抽出即可，所以能适用于管壳壁间温差较大，或易于腐蚀和易于结垢的场合。但该类换热器结构复杂、笨重，造价约比固定管板式换热器高 20% 左右，材料消耗量大，造价高，而且由于浮头的端盖在操作中无法检查，所以在制造和安装时要特别注意其密封性，以免发生内漏，管束和壳体的间隙较大，在设计时要避免短路。壳程的压力也受滑动接触面的密封限制。

（3）U 形管式换热器

U 形管式换热器的每根管子都弯成 U 形，仅有一个管板，管子两端均固定于同一管板上，封头内用隔板分成两室，其基本结构如图 2-3 所示。

这类换热器的特点是：管束可以自由伸缩，与壳体无关，不会因管壳之间的温差而产生热应力，热补偿性能好；管程为双管程，流程较长，流速较高，传热性能较好；承压能力强；管束可从壳体内抽出，管间便于检修和清洗，且结构简单，造价便宜。但管内清洗不便，管束中间部分的管子难以更换，又因最内层管子弯曲半径不能太小，在管板中心部分布

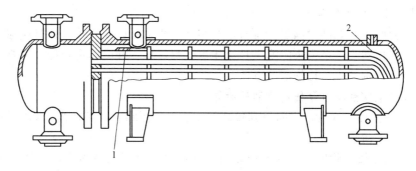

图 2-3　U 形管式换热器
1—防冲板；2—U 形管

管不紧凑，所以管子数不能太多，且管束中心部分存在间隙，使壳程流体易于短路而影响壳程换热，这样使得管板利用率降低，报废率提高。此外，为了弥补弯管后管壁的减薄，直管部分必须用壁厚较大的管子。这就影响了它的使用场合，宜用于管壳壁温相差较大，或壳程介质易结垢而管程介质不易结垢，高温、高压、腐蚀性强的情形。

(4) 填料函式换热器

此类换热器的管板也仅有一端与壳体固定连接，另一端采用填料函密封，其结构如图 2-4 所示。它的管束也可自由膨胀，所以管壳之间不会产生热应力，且管程和壳程都能清洗，结构较浮头式简单，造价较低，加工制造方便，材料消耗较少。但由于填料密封处易于泄漏，故壳程压力不能过高，也不宜用于易挥发、易燃、易爆、有毒的场合。

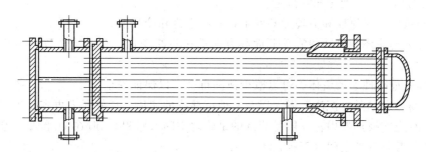

图 2-4　填料函式换热器

2.1.1.2　流动空间的选择

在管壳式换热器的计算中，首先需决定何种流体走管程，何种流体走壳程，这需要进行合理安排，遵循一些一般原则。

① 应尽量提高两侧传热系数较小的一个，使传热面两侧的传热系数接近。

② 在运行温度较高的换热器中，应尽量减少热量损失，而对于一些制冷装置，应尽量减少其冷量损失。

③ 管、壳程的决定应做到便于清洗除垢和修理，以保证运行的可靠性。

④ 应减小管子和壳体因受热不同而产生的热应力。从这个角度来说，顺流式就优于逆流式，因为顺流式进出口端的温度比较平均，不像逆流式热、冷流体的高温部分均集中于一端，低温部分集中于另一端，易于因两端胀缩不同而产生热应力。

⑤ 对于有毒的介质或气相介质，必使其不泄漏，应特别注意其密封性，密封不仅要可靠，而且还要方便简单。

⑥ 应尽量避免采用贵金属，以降低成本。

以上这些原则不可能同时满足，有时还会相互矛盾，所以在具体设计时应综合考虑，抓住主要因素，作出适当选择来决定哪一种流体走管程，哪一种流体走壳程。主要考虑的因素为传热效果好、结构简单、检修清洗方便。

（1）适宜在管内空间（管程）流动的流体

① 不清洁的流体 在管内空间得到较高的流速并不困难，而流速高，悬浮物不易沉积，且管内空间也便于清洗。

② 体积小的流体 管内空间的流动截面往往比管外空间的截面小，流体易于获得必要的理想流速，而且也便于做成多程流动。

③ 有压力的流体 管子承压能力强，而且还简化了壳体密封的要求。

④ 腐蚀性强的流体 只有管子及管箱才需用耐腐蚀材料，而壳体及管外空间的所有零件均可用普通材料制造，所以腐蚀性强的流体走管程造价可以降低。此外，在管内空间装设保护用的衬里或覆盖层也比较方便，并容易检查。

⑤ 与外界温差大的流体 可以减少热量的逸散。

（2）适宜在管间空间（壳程）流动的流体

① 当两流体温度相差较大时，α（对流传热系数）值大的流体走管间。这样可以减少管壁与壳壁间的温度差，因而也减少了管束与壳体间的相对伸长，故温差应力可以降低。

② 若两流体给热性能相差较大时，α 值小的流体走管间。此时可以用翅片管来平衡传热面两侧的给热条件，使之相互接近。

③ 饱和蒸汽。对流速和清理无甚要求，并易于排除冷凝液。

④ 黏度大的流体。管间的流动截面和方向都在不断变化，在低雷诺数下，管外给热系数比管内的大。

⑤ 泄漏后危险性大的流体。可以减少泄漏机会，以保证安全。

此外，易析出结晶、沉渣、淤泥以及其他沉淀物的流体，最好通入更容易进行机械清洗的空间。在管壳式换热器中，一般易清洗的是管内空间（管程）。但在U形管、浮头式换热器中易清洗的都是管外空间（壳程）。

2.1.1.3 流体流速的确定

换热器内液体流速大小必须通过经济核算进行选择。当流体不发生相变时，介质的流速高，对流传热系数增加，换热强度变大，从而可使换热面积减少、结构紧凑、成本降低，一般也可抑止污垢的产生。但流速大也会带来一些不利的影响，诸如压降（Δp）增加，泵功率增大，操作费用提高，且加剧了对传热面的冲刷。因此选择适宜的流速十分重要。

换热器内常用流速范围见表2-1，列管式换热器中易燃、易爆液体和气体允许的安全流速见表2-2。

表2-1 换热器内常用流体的流速范围   单位：m/s

项目	循环水	新鲜水	一般液体	易结垢液体	低黏度油	高黏度油	气体
管程	1.0~2.0	0.8~1.5	0.3~0.5	>1.0	0.8~1.8	0.5~1.5	5~30
壳程	0.5~1.5	0.5~1.5	0.2~1.5	>0.5	0.4~1.0	0.3~0.8	2~15

表 2-2　列管式换热器中易燃、易爆液体和气体允许的安全流速

液体名称	乙醚、二硫化碳、苯	甲醇、乙醇、汽油	丙酮	氢气
安全流速/(m/s)	<1.0	<2~3	<10	≤8

2.1.1.4　加热剂或冷却剂的选择

在换热过程中加热剂或冷却剂的选择根据实际情况而定。除应满足加热和冷却温度外，还应考虑来源方便，价格低廉，使用安全等因素。在化工生产中常用的加热剂有饱和水蒸气、导热油、烟道气等，也可根据工艺需要采用热空气或热水加热。除低温及冷冻外，冷却剂应优先选用水；水的初温由气候条件决定，关于水的出口温度及流速的确定，有几点可以作为参考。

① 水与被冷却流体之间一般应有 5~35℃ 的温度差；

② 水的出口温度一般不超过 40~50℃，在此温度以上溶解于水中的无机盐将会析出，在壁面上形成污垢。

2.1.1.5　流体出口温度的确定

在换热器设计过程中，工艺流体的进出口温度由工艺条件决定，加热剂或冷却剂的进口温度也是确定的，但其出口温度是由设计者根据经济核算选定的。该温度直接影响加热剂或冷却剂的能量和换热器的大小，所以流体出口温度的确定存在一个优化问题。

2.1.1.6　流动方式的选择

冷热两种流体在换热器中的流向有逆流、并流、错流和折流四种类型。在流体进出口温度相同的情况下，逆流的平均温度差最大，因此，若无其他特殊的工艺要求，一般采用逆流操作。有时为了提高传热系数或使换热器结构更合理，冷热两种流体会采用复杂流型，此时需要根据逆流操作和温度修正系数来计算实际的传热推动力，而且修正系数应大于 0.8。

2.1.1.7　材质的选择

在进行换热器设计时，换热器各种零部件的材料，应根据设备的操作压力、操作温度、流体的腐蚀性能以及对材料的制造工艺性能等的要求来选取。当然，最后还要考虑材料的经济合理性。一般为了满足设备的操作压力和操作温度，即从设备的强度或刚度的角度来考虑，是比较容易实现的，但材料的耐腐蚀性能，有时往往成为一个复杂的问题。在这方面考虑不周，选材不妥，不仅会影响换热器的使用寿命，而且也大大提高设备的成本。至于材料的制造工艺性能，与换热器的具体结构有着密切关系。

一般换热器常用的材料，有碳钢和不锈钢。

① 碳钢　价格低，强度较高，对碱性介质的化学腐蚀比较稳定，很容易被酸腐蚀，在无耐腐蚀性要求的环境中应用是合理的。如一般换热器用的普通无缝钢管，其常用的材料为 10 号和 20 号碳钢。

② 不锈钢　奥氏体不锈钢以 1Cr18Ni9 为代表，它是标准的 18-8 奥氏体不锈钢，有稳定的奥氏体组织，具有良好的耐腐蚀性和冷加工性能。

2.1.1.8　列管式换热器需要达到的基本要求

(1) 换热器需要遵循的标准和规定

列管式换热器的设计、制造、检验与验收必须遵照国家标准 GB/T 151—2014《热交换

器》执行。按该标准,换热器的公称直径有如下规定:卷制圆筒,以圆筒内径作为换热器的公称直径,单位为 mm;钢管制圆筒,以钢管外径作为换热器的公称直径,单位为 mm。

换热器的传热面积:计算传热面积,是以传热管外径为基准,扣除伸入管板内的换热管长度后,计算所得到的管束外表面积的总和(m^2)。公称传热面积是指经过圆整后的计算传热面积。

换热器公称长度:以换热管长度(m)作为换热器公称长度。换热管为直管时,取直管长度;换热管为 U 形管时,取 U 形管的直管段长度。

该标准还将列管式换热器的主要组合部件分为前端管箱、壳体和后端结构(包括管束)三部分,详细分类和代号参见相关文献。该标准将换热器分为Ⅰ、Ⅱ两级,Ⅰ级换热器采用较高级的冷拔换热管,适用于无相变传热和易产生振动的场合;Ⅱ级换热器采用普通级冷拔换热管,适用于再沸器、冷凝器和无振动的一般场合。

列管式换热器型号的表示方法如下。

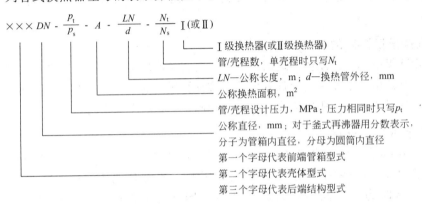

例如 AES500-1.6-54-$\frac{6}{25}$-4Ⅰ表示:平盖管箱,公称直径 500mm,管程和壳程设计压力均为 1.6MPa,公称换热面积为 54m^2,碳素钢较高级冷拔换热管外径 25mm,管长 6m,4 管程,单壳程浮头式换热器。

(2)列管式换热器选型的工艺计算步骤和工艺设计的主要内容

① 工艺计算步骤

a. 由换热任务计算换热器的热流量(热负荷);

b. 按照选定的流动方式,计算温差修正系数(应该大于 0.8)、对数平均推动力(传热温差),传热温差按一般的经验不宜小于 10℃;

c. 初选传热系数(K),由总传热基本方程计算换热面积,并参考换热器系列选取标准换热器;

d. 根据选用的标准换热器尺寸,进行传热系数(K)的校核和阻力损失(压强降)的计算。应使换热面积有 15%~25% 的富裕量,否则需要重新估算 K 值;

e. 换热器内流体压降的计算校核,若压降大于规定值,则必须调整管程数,重新计算。

② 工艺设计的主要内容

a. 根据换热任务和有关要求确定设计方案;

b. 初步确定换热器的结构和尺寸;

c. 核算换热器的传热面积和流体阻力;

d. 确定换热器的工艺结构。

(3) 换热器应满足的基本要求

根据工艺过程或热量回收用途的不同，换热设备可以是加热器、冷却器、蒸发器、再沸器、冷凝器、余热锅炉等，因而设备的种类、型式很多。换热设备在设计或选型时应满足以下各项基本要求。

① 合理地实现所规定的工艺条件　传热量、流体的热力学参数（温度、压力、流量、相态等）与物理化学性质（密度、黏度、腐蚀性等）是工艺过程所规定的条件。设计者应根据这些条件进行热力学和流体力学的计算，经过反复比较，使所设计的换热设备具有尽可能小的换热面积，在单位时间内传递尽可能多的热量。具体做法主要如下。

a. 增大传热系数　在综合考虑流体阻力和不发生流体诱发振动的前提下，尽量选择较高的流速；提高管内流速，选用较小的管径和多管程结构；壳程加折流板，并选用较小的挡板间距。

b. 增大平均传热温差　对于无相变的流体，尽量采用接近逆流的传热方式。因为这样不仅可以增大平均传热温差，还有利于减少结构中的温差应力。在条件允许的情况下，可以适当提高热流体或降低冷流体的进口温度。

c. 合理布置传热面　例如在管壳式换热器中，采用合适的管间距或排列方式，不仅可以加大单位空间内的传热面积，还可以改善流动特性。

② 安全可靠　换热设备也是压力容器，在进行强度、刚度、温差应力以及疲劳寿命计算时，应该参照 GB 150—2011《〈压力容器〉释义》（内容由通用要求，材料、设计、制造、检验和验收四部分组成）、GB/T 151—2014《热交换器》、TSG 21—2016《固定式压力容器安全技术监察规程》、SH/T 3074—2007《石油化工钢制压力容器》等有关标准和相关规定。

材料的选择是一个重要环节，不仅要了解材料的力学性能、物理性能、屈服极限、最小强度极限、弹性模量、延伸率、线膨胀系数、热导率等，还应了解其在特殊环境下的耐化学腐蚀、压力腐蚀、应力腐蚀、点腐蚀的性能。

③ 安装、操作及检修方便　设备与部件应便于运输与拆装，在厂房移动时不受楼梯、梁、柱等的阻碍；根据需要添置气液排放口和检查孔等；对于易结垢的设备（或因操作波动引起的快速结垢现象，设计中要提出相应对策）可考虑在流体中加入净化剂（缓蚀剂或阻垢剂等），就可以不必停工清洗，或将换热器设计成两部分，交替进行工作或清洗等。

④ 经济合理　当对设备进行设计或选型时，往往有几种换热器都能满足生产工艺要求，此时对换热器的经济核算就显得十分必要。应根据在一定时间内（一般为一年）设备费（包括购置费、运输费、安装费等）与操作费（包括动力费、清洗费、维修费等）的总和最小原则来选择换热器，并确定适宜的操作条件。

⑤ 尽可能地采用标准系列　这对设计、检修、维护等方面都带来方便。若由于受到标准系列的规格限制，不能满足工厂的实际生产需要时，必须进行换热设备的结构设计。

2.1.2　列管式换热器的工艺结构设计

列管式换热器的结构可分为管程结构和壳程结构两部分，主要构件有：壳体、管板、管束、折流板、拉杆和定距管、分程隔板以及波形膨胀节等。主要连接形式有：管箱与管板的连接、壳体与管板的连接、管子与管板的连接、拉杆与管板的连接及其分程隔板与管板的连接等。

2.1.2.1 管程结构

介质流经换热管内的通道部分称为管程。主要由管束、管板、封头、盖板、分程隔板和管箱等部分组成。设计中为了提高管内流体流速，强化管内对流传热，常常采用多管程设置。

(1) 换热管的选择布置和排列

换热管的材质有钢、合金钢、铜、铝和石墨等，应根据操作压力、温度和介质的腐蚀性等因素选择不同材质的换热管。常用换热管规格有 $\phi 19\text{mm} \times 2\text{mm}$、$\phi 25\text{mm} \times 2\text{mm}$（1Cr18Ni9Ti）、$\phi 25\text{mm} \times 2.5\text{mm}$（碳钢10）。对于洁净的流体，可以选择较小的管径，对于易结垢或不洁净的流体可选择较大的管径。小管径的管子可以承受更大的压力，而且管壁较薄，相同的壳径时，可以排列更多的管子。因此选择小管径的换热管时单位体积所提供的换热面积更大，结构更紧凑，但管径小，流动阻力大，机械清洗困难，设计时可根据具体情况选用适宜的管径。

选定了管径和管内流速后，可依据式(2-1)来确定换热器的单程换热管数。

$$n_s = \frac{V}{\frac{\pi}{4}d_i^2 u} \tag{2-1}$$

式中，n_s——单程换热管数；V——管程流体的体积流量，m^3/s；d_i——换热管内径，m；u——管内流体流速，m/s。

按单程管计算，所需的传热管长度计算式为

$$L = \frac{A}{\pi d_o n_s} \tag{2-2}$$

式中，L——按单程计算的换热管长度，m；A——估算的换热面积，m^2；d_o——换热管外径，m。

我国生产的标准钢管长度最大为12.0m，选取管长时，应根据钢管长度的规格，合理剪切，避免材料浪费。若按单管程设计，传热管可能过长，宜采用多管程结构，并按实际情况选择每程管子的长度。国家标准GB/T 151—2014推荐的换热管长度为1.0m、1.5m、2.0m、2.5m、3.0m、4.5m、6.0m、7.5m、9.0m、12.0m。选择管长时应注意合理利用材料，还要使换热器具有适宜的长径比。列管式换热器的长径比可在4~25范围内，一般情况下为6~10，竖直放置的换热器的长径比为4~6。

确定了每程管子的长度 l 之后，即可用下式求得管程数

$$n_p = \frac{L}{l} \tag{2-3}$$

式中，L——按单程计算的换热管长度，m；l——选取的每程管子长度，m；n_p——管程数（必须取整数）。

传热管的总根数为

$$N(\text{根}) = n_p n_s \tag{2-4}$$

换热管的排列应使其在整个换热器圆截面上均匀分布，同时还要考虑流体的性质、管箱结构及加工制造等方面的因素。换热管在管板上的排列方式主要有正三角形排列、正方形排列（正方形直列、正方形错列）及同心圆排列，如图2-5所示。

正三角形排列使用最为普遍，这样在同一管板上可以排列较多的管子，结构紧凑，且管外传热系数较高，但管外不易机械清洗。适用于壳程流体较清洁、不需经常清洗管壁的

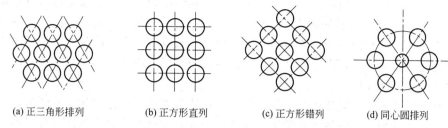

(a) 正三角形排列　　(b) 正方形直列　　(c) 正方形错列　　(d) 同心圆排列

图 2-5　换热管在管板上的排列方式

情况。

正方形排列的换热管数虽然比正三角形排列的少，传热系数也较低，但便于管外表面进行机械清洗；当管子外表面需要机械清洗时，采用正方形排列。为了提高管外传热系数，且又便于机械清洗外壁面，往往采用正方形错列。

同心圆形排列多用于小壳径换热器，外圆管布管均匀，结构更紧凑。我国换热器系列中，固定管板式多采用正三角形排列；浮头式则以正方形错列居多，也有正三角形排列。

对于多管程换热器，常采用组合排列方式。每程内都采用正三角形排列，而在各程之间为了便于安装隔板，采用正方形排列方式。

根据确定的壳体内径 D_i、管心距（管板上两管子中心的距离，也称为管间距）t、隔板槽两侧管心距 c 以及选定的管子排列方式，便可以确定出实际的换热管数目。

管心距取决于管板的强度、清洗管子外表面时所需的间隙、管子在管板上的固定方法等。当管子采用焊接方法固定时，相邻两根管子的焊接太近，会相互受到影响，使焊接质量得不到保证，一般取 $t=1.25d_o$（d_o 为管子的外径）。当管子采用胀接固定时，过小的管心距会造成管板在胀接时由于挤压力的作用发生变形，失去管子与管板之间的连接力，故一般取 $t=(1.3\sim1.5)d_o$。常用的 d_o 与 t 的对比关系见表 2-3。

表 2-3　管壳式换热器 d_o 与 t 的对比关系

换热管外径 d_o/mm	10	14	19	25	32	38	45	57
换热管管心距 t/mm	14	19	25	32	40	48	57	72

在画排管图时要注意：最外层管中心至壳体内表面的距离最少应有 $(0.5d_o+10)$ mm；此外，管程为多管程时，隔板槽要占用管板的部分面积，隔板槽两侧管心距 c 可由表 2-4 选取。

表 2-4　隔板槽两侧管心距 c 的数值

换热管外径 d_o/mm	19	25	38
隔板槽两侧管心距 c/mm	38	44	57

值得注意的是：①换热器管间需要机械清洗时，应采用正方形排列，相邻两管间的净空距离不宜小于 6mm，对于外径为 10mm、12mm 和 14mm 的换热管的中心距分别不得小于 17mm、19mm 和 21mm；②外径为 25mm 的换热管，当用转角正方形排列（即正方形错列）时，其分程隔板槽两侧相邻的管中心距应为 32mm×32mm 正方形的对角线长，即 $32\sqrt{2}$ mm。

管子材料常用的为碳钢、低合金钢、不锈钢、铜、铜镍合金、铝合金等。应根据工作压力、温度和介质腐蚀性等条件决定。此外还有一些非金属材料，如石墨、陶瓷、聚四氟乙烯等亦有采用。在设计和制造换热器时，正确选用材料很重要。既要满足工艺条件的要求，又要经济。对化工设备而言，由于各部分可采用不同的材料，应注意由于不同种类的金属接触而产生的电化学腐蚀作用。

如果换热设备中的一侧流体有相变，另一侧流体为气相，可在气相一侧的传热面上增加翅片以增大传热面积，促进热量的传递。翅片可在管外也可在管内。翅片与管子的连接可用紧配合、缠绕、粘接、焊接、热压等方法实现。

（2）管板与换热管的连接

管板的作用是将受热管束连接在一起，并将管程和壳程的流体分隔开来。管板与管子的连接有胀接、焊接和胀焊并用三种方式。无论采用哪种方式，要求满足的基本条件是良好的气密性和足够的结合力。

胀接法是利用胀管器将管子扩胀，产生显著的塑性变形，靠管子与管板间的挤压力达到密封紧固的目的。胀接法一般用在管子为碳素钢，管板为碳素钢或低合金钢，设计压力不超过 4MPa，设计温度不超过 350℃ 的场合。

焊接法在高温高压条件下更能保证接头的严密性。管板与壳体的连接有可拆连接和不可拆连接两种。固定管板常采用不可拆连接。两端管板直接焊在外壳上并兼作法兰，拆下顶盖可检修胀口或清洗管内。浮头式、U形管式等为使壳体清洗方便，常将管板夹在壳体法兰和顶盖法兰之间构成可拆连接，这样方便管束从壳体中抽出。

有些高温高压的情况，管子在管板的连接处，操作时会受到反复热变形、热冲击、腐蚀与流体压力的作用，很容易造成破坏，若单独采用胀接或焊接都难以解决问题。此时常采用胀焊并用的方法，不仅能提高连接处的抗疲劳性能，还可以消除应力腐蚀和间隙腐蚀，提高管板和换热器的使用寿命。

管板在换热器的制造成本中占有相当大的比重，管板设计与管板上的孔数、外径、孔间距、开孔方式以及连接方式有关，其计算过程较为复杂，而且从不同角度出发计算出的管板厚度往往差别很大。管板厚度的计算可参考有关标准规范或文献。

（3）封头和管箱

列管式换热器封头和管箱位于壳体两端，其作用是控制及分配管程流体。

① 封头　当壳体直径较小时常采用封头。接管和封头可用法兰或螺纹连接，封头与壳体之间用螺纹连接，以便卸下封头，检查和清洗管子。

② 管箱　壳径较大的换热器大多采用管箱结构。管箱具有一个可拆盖板，因此在检修或清洗管子时无须卸下管箱。

③ 分程隔板　当需要的换热面积很大或为了提高管内流体流速以强化对流传热时，可采用多管程换热器。对于多管程换热器，在管箱中心安装和管子中心线平行的分程隔板，将管束分为顺次串接的若干组，各组管子数目大致相等。管程多者可达16程，常用的有2、4、6程，其布置方案见表2-5。在布置时应尽量使管程流体与壳程流体成逆流布置，以增强传热，同时应严防分程隔板的泄漏，以防止流体的短路。隔板的形式应简单，其密封长度要短。

从制造、安装、操作的角度考虑，偶数管程有更多的方便之处，因此用得最多。但程数不宜太多，否则隔板本身占用了相当大的布管空间，且在壳程中容易形成旁路，影响传热效果。

表 2-5 管程布置方案

程数\项目	1	2	4			6	
流动顺序	○	⊖	⊜	⊞	⊞	⊞	⊞
管箱隔板	○	⊖	⊖	⊕	⊖	⊞	⊞
介质返回侧隔板	○	○	⊖	⊖	(S)	⊞	⊖

2.1.2.2 壳程结构

介质流经换热管外面的通道部分称为壳程。壳程内的结构主要由壳体、折流板、支承板、纵向隔板、旁路挡板、缓冲板及导流筒等元件组成。由于各种换热器的工艺性能、使用场合不同，壳程内对各种元件的设置形式亦不同，以此来满足设计的要求。各元件在壳程的设置，按其不同的作用可分为两类：一类是为了壳侧介质对传热管最有效的流动，来提高换热设备的传热效果而设置的各种挡板，如折流板、纵向挡板、旁路挡板等；另一类是为了管束的安装及保护列管而设置的支承板、管束的导轨（滑道）以及缓冲板等。

(1) 壳体与壳径

壳体是一个圆筒形的容器，壳壁上焊有接管，供壳程流体进入和排出。公称直径小于 400mm 的壳体通常用钢管制成，大于 400mm 的可用钢板卷焊而成，常以 100mm 为进级挡，必要时也可采用 50mm 为进级挡。壳体材料根据工作温度选择，有防腐要求时，大多考虑使用复合金属板。

介质在壳程的流动方式有多种型式，单壳程型式应用最为普遍。如壳侧传热膜系数远小于管侧，则可用纵向挡板分隔成双壳程型式。用两个换热器串联也可得到同样的效果。为降低壳程压降，可采用分流或错流等方式。

① 壳体内径的计算　壳体的内径应等于或大于管板的直径，所以从管板直径的计算可以确定壳体的内径。壳体内径 D 取决于传热管数 N、排列方式和管心距 t。计算式见式(2-5)～式(2-8)。

对于单管程：

$$D = t(n_c - 1) + (2 \sim 3)d_o \tag{2-5}$$

式中，D——壳体内径，mm；t——管心距，mm；d_o——换热管外径，mm；n_c——横过管束中心线的管数，该值与管子排列方式有关。

正三角形排列：

$$n_c = 1.1\sqrt{N} \tag{2-6}$$

正方形排列：

$$n_c = 1.19\sqrt{N} \tag{2-7}$$

对于多管程：

$$D = 1.05t\sqrt{N/\eta} \tag{2-8}$$

式中，N——换热器排列管子的总管数；η——管板利用率。

正三角形排列：2 管程，$\eta=0.7\sim0.85$；>4 管程，$\eta=0.6\sim0.8$。

正方形排列：2 管程，$\eta=0.55\sim0.7$；>4 管程，$\eta=0.45\sim0.65$。

壳体内径 D 的计算值最终应圆整到壳体直径标准系列尺寸，如 325mm、400mm、500mm、600mm、700mm、800mm、900mm、1000mm、1100mm、1200mm。

② 壳体壁厚的计算　壳体壁厚可按式(2-9)计算

$$\delta=\frac{pD}{2[\sigma]\Psi-p}+C \tag{2-9}$$

式中，δ——壳体壁厚，mm；D——壳体内径，mm；$[\sigma]$——材料在设计温度下的许用应力，MPa；Ψ——焊接接头系数，对于单面焊接 $\Psi=0.65$；对于双面焊接 $\Psi=0.85$；p——设计压力，MPa；C——腐蚀裕量，mm，一般在 1~8mm 范围内，根据流体腐蚀性确定。

由式(2-9) 计算出外壳厚度后，还要适当考虑安全系数以及开孔补强等，故要求外壳的厚度应大于表 2-6 列出的最小厚度。一般情况下，换热器壳体的最小壁厚远大于一般容器。

表 2-6　换热器壳体的最小厚度

壳体内径 D/mm	325	400	500	600	700	800	900	1000	1100	1200
最小厚度/mm	8	10				12			14	

一般容器的壳体壁厚主要是由环向薄膜应力决定的。对于固定管板式换热器，由于壳体与管束通过管板刚性连接在一起存在热应力，除了需要根据壳体环向应力给出的壁厚计算公式确定管壁厚度外，还应视具体情况校核其轴向应力。当壳体受到轴向拉伸时，要进行强度校核；当壳体受到轴向压缩时，要进行稳定校核。

为降低壳程压降，可采用分流或错流等型式。单壳程型式应用最为普遍。管壳式换热器壳程分程及前后管箱型式及分类代号可参考相关标准或设计手册，其中 E 型为单壳程，应用最为普遍；F 型和 G 型为双壳程。考虑到制造上的困难，一般的换热器壳程数很少超过双程。

(2) 折流板

列管式换热器的壳程流体流通截面积比管程流通截面积大，当壳程流体符合对流传热条件时，为增大壳程流体的流速，加强其湍动程度，提高壳程对流传热系数，在壳程管束中，一般都装有横向折流板和纵向分程隔板，用以引导流体横向流过管束，以强化壳程传热；同时起到支撑管束、防止管束振动和管子弯曲的作用。

折流板的型式有圆缺型、环盘型和孔流型等。圆缺型折流板又称弓形折流板，是常用的折流板，有垂直圆缺型和水平圆缺型两种，如图 2-6(a)、图 2-6(b) 所示。垂直圆缺可造成液体的剧烈扰动，增大传热系数，是常见的排列方式。弓形折流板结构简单，性能优良，该折流板切去部分的弓形高度（即切缺率，为切掉圆弧的高度与壳体内径之比）一般为壳体内径的 20%~50%。垂直圆缺型折流板用于水平冷凝器、水平再沸器和含有悬浮固体粒子流体用的水平换热器等。垂直圆缺时，不凝气不能在折流板顶部积存，而在冷凝器中，排水也不能在折流板底部积存。

环盘型折流板如图 2-6(c) 所示，是由圆板和环形板组成的，压降较小，但传热效果也差些。在环形板背后可能堆积不凝气或污垢，所以不多用。孔流型折流板使流体穿过折流板孔和管子之间的缝隙流动，压降大，仅适用于清洁流体，其应用更少。

安装折流板的目的是为了加大壳程流体的湍流速度，加剧湍流程度，提高壳程流体的对

(a) 水平圆缺型　　　　　　　(b) 垂直圆缺型　　　　　　　(c) 环盘型

图 2-6　折流板型式

流传热系数。在卧式换热器中折流板还起到支承管束的作用。为取得良好效果，折流板的形状和间距必须适当，其中以圆缺型折流板应用最多。

就圆缺型折流板而言，弓形缺口的大小对壳程流体的流动情况有重要影响。由图 2-7 可以看出，弓形缺口太大或太小都会产生"死区"，既不利于传热，又往往增加流体阻力。挡板的间距对壳体的流动亦有重要的影响。间距太大，不能保证流体垂直流过管束，使管外表面传热系数下降；间距太小，不便于制造和检修，阻力损失也大。

(a) 切除过少　　　　　　　　(b) 切除适当　　　　　　　　(c) 切除过多

图 2-7　折流板切除高度对流动的影响

折流板的间距，在允许的压力损失范围内要尽可能小。推荐折流板间距最小值为壳内径的 1/5 或者不小于 50mm（取二者中较大值）。允许的折流板间距最大值与管径和壳体内径有关，当换热器内流体无相变时，其最大折流板间距不得大于壳体内径，否则流体流动方向就会由垂直于管子变为平行于管子，壳程传热系数将大幅降低。设计时一般取折流板间距为壳体内径的 0.2~1.0 倍。

折流板厚度与壳体内径和折流板间距有关，可依据表 2-7 选取。

折流板的直径取决于它与壳体之间的间隙大小。间隙过大，流体通过间隙直接流过而不与换热器有效接触；间隙过小，又会造成制造和安装上的困难。表 2-8 所列数据为折流板直径与壳体内径间的间隙参考值。

表 2-7　折流板厚度

壳体内径 D/mm	相邻两折流板间距/mm			壳体内径 D/mm	相邻两折流板间距/mm		
	≤300	300~450	450~600		≤300	300~450	450~600
200~400	3	5	6	700~1000	6	8	10
400~700	5	6	10	>1000	6	10	12

表 2-8　折流板直径与壳体内径间的间隙

壳体内径 D/mm	325	400	500	600	700	800	900	1000	1100	1200
间隙/mm	2.0	3.0	3.5	3.5	4.0	4.0	4.5	4.5	4.5	4.5

折流板的数量可用式(2-10)计算。计算时先依据折流板间距的系列标准取 h_0' 值,然后根据计算结果取整,再计算出实际折流板间距 h_0 值。

$$N_B = \frac{L-100}{h_0'} - 1 \tag{2-10}$$

式中,L——换热管管长,mm;h_0'——折流板间距系列标准值,mm,对于固定管板式换热器有 150mm、300mm、600mm 三种规格,对于浮头式换热器有 150mm、200mm、300mm、450mm、600mm 五种规格。

(3) 防冲挡板

在壳程进口接管处常装有防冲挡板,或称缓冲板。它可防止进口流体直接冲击管束而造成管子的侵蚀和管束振动,还有使流体沿管束均匀分布的作用。也可在管束两端放置导流筒,不仅起防冲板的作用,还可改善两端流体的分布,提高传热效率。

(4) 其他主要附件

① 旁通挡板 如果壳体和管束之间间隙过大,则流体不通过管束而通过这个间隙旁通,为了防止这种情形,往往采用旁通挡板。

② 假管 为减少管程分程所引起的中间穿流的影响,可设置假管。假管的表面形状为两端堵死的管子,安置于分程隔板槽背面两管板之间但不穿过管板,可与折流板焊接以便固定。通常是每隔 3~4 排换热管安置一根假管。

③ 拉杆和定距管 为了使折流板能牢靠地保持在一定位置上,通常采用拉杆和定距管。

④ 支承板 一般卧式列管式换热器没有安装折流板,需要设置支承板,支承板既能起到折流板的作用又起到支承作用。

⑤ 波形膨胀节 对于管壁与壳壁温差大于 50℃ 的固定管板式换热器,应考虑安装消除温差应力的温度补偿装置,以防止温差应力引起管子弯曲,或可能造成的管板连接处泄漏,甚至使得管子从管板上拉脱等情况出现。波形膨胀节是最常用的补偿装置。

⑥ 支座 列管式换热器常用支座有鞍式、支承式、腿式等类型。对于卧式换热器常采用鞍式支座,选用时可参考相关标准规范和有关化工设备手册。

其他主要附件如封头、接管、导流筒、滑道、法兰、垫片等可参见相关标准规范或标准图纸。

2.1.3 列管式换热器的设计计算

目前,我国已制订了管壳式(列管式)换热器系列标准,设计中应尽可能选用系列化的标准产品,这样可简化设计和加工。但是实际生产条件千变万化,当系列化产品不能满足需要时,仍应根据生产的具体要求而自行设计非系列标准的换热器。此处将简要介绍这两者的设计计算的基本步骤。

2.1.3.1 设计计算步骤

列管式换热器的基本设计计算过程如下。

(1) 非系列标准换热器的一般设计计算步骤

① 了解换热流体的物理化学性质和腐蚀性能。

② 由热平衡计算传热量的大小,并确定第二种换热流体的用量。选择换热器的型式。

③ 决定流体通入的空间。

④ 计算流体的定性温度,以确定流体的物性数据。

⑤ 初算有效平均温差。一般先按逆流计算,然后再校核。

⑥ 选取管径和管内流速。

⑦ 计算总传热系数（K）值，包括管程对流传热系数和壳程对流传热系数的计算。由于壳程对流传热系数与壳径、管束等结构有关，因此一般先假定一个壳程对流传热系数，以计算 K 值，然后再校核。

⑧ 初估传热面积。考虑安全系数和初估性质，因而常取实际传热面积是计算值的 1.15～1.25 倍。

⑨ 选择管长 L。

⑩ 计算管数 N。

⑪ 校核管内流速，确定管程数。

⑫ 画出排管图，确定壳径 D 和壳程挡板型式及数量等。

⑬ 校核壳程对流传热系数。

⑭ 校核有效平均温差。

⑮ 校核传热面积，应有一定安全系数，否则需重新设计。

⑯ 计算流体流动阻力。如阻力超过允许范围，需调整设计，直至满意为止。

（2）系列标准换热器选用的设计计算步骤

①～⑤步与（1）相同。

⑥ 选取经验的传热系数 K 值。

⑦ 计算传热面积。

⑧ 由系列标准选取换热器的基本参数。

⑨ 校核传热系数，包括管程、壳程对流传热系数的计算。假如核算的 K 值与原选的经验值相差不大，就不再进行校核；如果相差较大，则需重新假设 K 值并重复上述⑥以下步骤。

⑩ 校核有效平均温差。

⑪ 校核传热面积，使其有一定安全系数，一般安全系数取 1.15～1.25，否则需重新设计。

⑫ 计算流体流动阻力，如超过允许范围，需重选换热器的基本参数再行计算。

从上述步骤来看，换热器的传热设计是一个反复试算的过程，有时要反复试算 2～3 次。所以，换热器设计计算实际上带有试差的性质。目的是通过反复核算使最终选定的换热器既能满足工艺传热要求，又能使操作时流体的压强降在允许的范围内。

2.1.3.2 传热计算主要公式

传热速率方程式为

$$Q = KA\Delta t_m \tag{2-11}$$

式中，Q——传热速率（热负荷），W；K——总传热系数，W/(m²·℃)；A——与 K 值对应的传热面积，m²；Δt_m——平均传热温差，℃。

（1）传热速率（热负荷）Q 的计算

① 传热的冷热流体均没有相变化，且忽略热损失，则传热速率为

$$Q = W_h C_{ph}(T_1 - T_2) = W_c C_{pc}(t_2 - t_1) \tag{2-12}$$

式中，W——流体的质量流量，kg/h 或 kg/s；C_p——流体的平均定压比热容，kJ/(kg·℃)；T——热流体的温度，℃；t——冷流体的温度，℃；下标 h 和 c——分别表示热流体和冷流体；下标 1 和 2——分别表示换热器的进口和出口。式(2-12)在换热器绝热良好、热损失可

以忽略的情况下成立。

② 流体有相变化,如饱和蒸汽冷凝,且冷凝液在饱和温度下排出,则传热速率为
$$Q = W_h r = W_c C_{pc}(t_2 - t_1) \tag{2-13}$$
式中,W_h——饱和蒸汽的质量流量,kg/h 或 kg/s;r——饱和蒸汽的汽化热,kJ/kg。

(2) 平均传热温差 Δt_m 的计算

平均传热温差是换热器的传热推动力,间壁两侧流体传热温差的大小和计算方法,与换热器中两流体的进出口温度变化情况以及两流体的相互流动方向有关。就换热器中两流体温度变化情况而言,有恒温传热和变温传热两种情况。

① 恒温传热时的平均温度差
$$\Delta t_m = \Delta t_1 = \Delta t_2 = T - t \tag{2-14}$$
式中,T——热流体温度,℃;t——冷流体温度,℃;Δt_1、Δt_2——分别为换热器两端热、冷流体的温差,℃;Δt_m——平均传热温差,℃。

② 变温传热时的平均温度差

a. 逆流和并流时的平均传热温差　由换热器两端流体温度的对数平均温差表示,见式(2-15)及式(2-16)。

若 $\dfrac{\Delta t_1}{\Delta t_2} > 2$
$$\Delta t_m = \frac{\Delta t_2 - \Delta t_1}{\ln \dfrac{\Delta t_2}{\Delta t_1}} \tag{2-15}$$

若 $\dfrac{1}{2} < \dfrac{\Delta t_1}{\Delta t_2} \leqslant 2$
$$\Delta t_m = \frac{\Delta t_2 + \Delta t_1}{2} \tag{2-16}$$

式中,Δt_1、Δt_2——分别为换热器两端热、冷流体的温差,℃;Δt_m——平均传热温差,℃。

b. 错流和折流时的平均传热温差　为了强化传热,常采用多管程或/和多壳程的列管式换热器。流体经过两次或多次折流后再流出换热器,这使得换热器内流体流动型式偏离了纯粹的逆流或并流,因而使平均温差的计算变得复杂。对于错流或更为复杂流动(如折流)的平均传热温差常采用安德伍德(Underword)和鲍曼(Bowman)提出的图算法进行校正。该法是先按照逆流计算对数平均传热温差 $\Delta t'_m$,再乘以考虑了流动型式的温差校正系数 $\phi_{\Delta t}$,进而得到平均传热温差,即
$$\Delta t_m = \phi_{\Delta t} \Delta t'_m \tag{2-17}$$
式中,$\Delta t'_m$——按逆流计算的平均温度差,℃;$\phi_{\Delta t}$——温差校正系数,无量纲。与换热器内流体温度变化有关。
$$\phi_{\Delta t} = f(P, R) \tag{2-18}$$
其中　　$P = \dfrac{t_2 - t_1}{T_1 - t_1} = \dfrac{冷流体温升}{两流体最初温差}$,　$R = \dfrac{T_1 - T_2}{t_2 - t_1} = \dfrac{热流体温降}{冷流体温升}$ (2-19,20)

温差校正系数 $\phi_{\Delta t}$ 根据比值 P 和 R,通过图 2-8 查出。该值实际上表示特定流动形式在给定工况下接近逆流的程度。在设计中,除非出于必须降低壁温的目的,否则总要求 $\phi_{\Delta t} \geqslant 0.8$,如果达不到上述要求,则应改选其他流动形式。

对于 1-2 型(单壳程,双管程)的换热器,$\phi_{\Delta t}$ 还可以用式(2-21)计算
$$\phi_{\Delta t} = \frac{\sqrt{R^2+1}}{R-1} \ln\left(\frac{1-P}{1-PR}\right) \bigg/ \ln\left(\frac{2/P - 1 - R + \sqrt{R^2+1}}{2/P - 1 - R - \sqrt{R^2+1}}\right) \tag{2-21}$$

对于 1-2n 型(如 1-4,1-6,…)的换热器,$\phi_{\Delta t}$ 也可以近似使用上式计算。

由于在相同的流体进出口温度下,逆流流型具有较大的传热温差,所以在工程上若无特

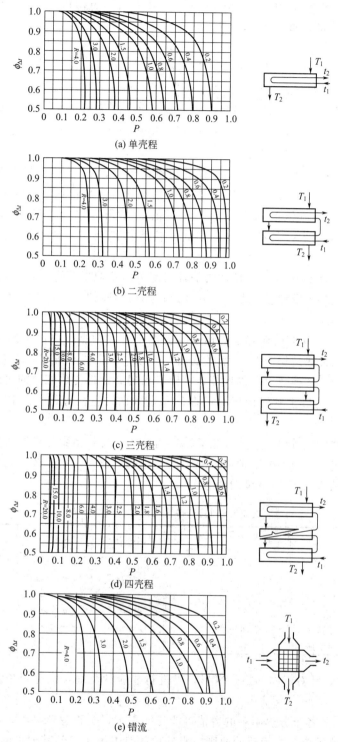

图 2-8 温差校正系数 $\phi_{\Delta t}$

殊需要的情况下,均采用逆流操作的型式。

(3) 总传热系数 K(以外表面积为基准)

总传热系数 K 是表示换热设备性能的重要参数,也是对设备进行传热计算的依据。为了计算流体被加热或被冷却所需要的传热面积，必须知道总传热系数 K 的值。

总传热系数 K 的计算公式为

$$\frac{1}{K} = \frac{1}{\alpha_o} + R_{so} + \frac{bd_o}{\lambda d_m} + R_{si}\frac{d_o}{d_i} + \frac{d_o}{\alpha_i d_i} \tag{2-22}$$

式中，K——以外表面积为基准的总传热系数，$W/(m^2 \cdot ℃)$；α_i，α_o——传热管内、外侧流体的对流传热系数，$W/(m^2 \cdot ℃)$；R_{si}，R_{so}——传热管内、外侧表面上的污垢热阻，$(m^2 \cdot ℃)/W$；d_i，d_o，d_m——传热管内径、外径及平均直径，m；λ——传热管壁热导率，$W/(m \cdot ℃)$；b——传热管壁厚，m。

不论是研究换热设备的性能，还是设计换热器，求算 K 的值都是最基本的要求，所以很多关于传热的研究都是致力于求算 K 的值，进而研究强化传热的有效措施。

K 的取值取决于流体的物性、传热过程的操作条件以及换热器的类型等因素。K 值的精确取得意义重大，是换热方案评估及换热器设计的基础。通常 K 值的来源有三个方面。

① 生产实际中的经验数据　在有关手册或传热的专业书籍中，都列出了不同情况下 K 的经验数值，可供初步设计时参考。但要注意选用与当前的工艺条件相仿、设备类似、为比较成熟的经验 K 值。

② 实验测定　对现有的换热器，通过实验测定有关数据，如设备的尺寸、流体的流量和温度等，再利用传热速率方程式计算 K 值。实测的 K 值不仅可以为换热器设计提供依据，而且可以从中了解换热设备的性能，从而寻求提高设备传热能力的途径。

③ 分析计算　实际上常将计算得到的 K 值与前两种途径得到的 K 值进行对比，以确定合适的 K 值。

在进行换热器的设计时，首先要估算冷热流体间的传热系数。列管式换热器的总传热系数的大致范围见表 2-9。表中 K 值的经验数据变化范围很大，化工技术人员应对不同类型流体间换热时的 K 值有一个数量级的概念。

表 2-9　列管式换热器的总传热系数 K

冷流体	热流体	总传热系数 K /[$W/(m^2 \cdot ℃)$]	冷流体	热流体	总传热系数 K /[$W/(m^2 \cdot ℃)$]
水	水	850~1700	水	水蒸气冷凝	1420~4250
水	气体	17~280	气体	水蒸气冷凝	30~300
水	有机溶剂	280~850	水	低沸点轻烃冷凝	450~1140
水	轻油	340~910	水沸腾	水蒸气冷凝	2000~4250
水	重油	60~280	轻油沸腾	水蒸气冷凝	450~1020
有机溶剂	有机溶剂	115~340	重油沸腾	水蒸气冷凝	140~425

计算 K 值时，针对不同的换热情形，可进行相应的化简，注意事项及其化简后的常见情形总结如下：

① 式(2-22)的各个分热阻项的数值可能相差很大，是否忽略某项，需要进行数量级的比较，这是任何此类多项式简化的原则。当某项的热阻值相当于其他项的 5% 以下时，可忽略此项的影响。

② 新安装或刚清洗过的换热管，可不考虑污垢热阻项的影响。反之，当换热设备使用时间较长后，污垢热阻可能远大于其他项热阻而成为传热的控制步骤，使得设备的换热效果急剧变差。所以，换热设备的定期清洗是十分必要的。

③ 对于平壁或薄壁管（$\delta/d \leqslant 5\%$），可不进行壁厚校正，式(2-22) 简化为

$$\frac{1}{K} = \frac{1}{\alpha_i} + R_{si} + \frac{b}{\lambda} + R_{so} + \frac{1}{\alpha_o} \tag{2-23}$$

④ 当污垢热阻忽略时，且忽略管壁热阻，式(2-22) 简化为

$$\frac{1}{K} = \frac{d_o}{\alpha_i d_i} + \frac{1}{\alpha_o} \tag{2-24}$$

需要注意的是，式(2-24) 的适用条件是两对流传热项的热阻值较管壁热阻值高很多。比如换热管为 $\phi 25mm \times 2.5mm$ 的铜管，管程为湍流流动的冷却水，$\alpha_i = 3500 W/(m^2 \cdot ℃)$，壳程为水蒸气冷凝，$\alpha_o = 8000 W/(m^2 \cdot ℃)$，管壁热阻大致为 $6.61 \times 10^{-6} m^2 \cdot ℃/W$，忽略管壁热阻是恰当的；但是，如果换热管为不锈钢管，此时的管壁热阻大致为 $1.43 \times 10^{-4} m^2 \cdot ℃/W$，两对流传热项与管壁项的热阻处于相同的数量级，忽略管壁热阻是错误的。

对于常用的换热管 $\phi 25mm \times 2.5mm$、$\phi 25mm \times 2.0mm$ 及 $\phi 19mm \times 2.0mm$ 而言，必须进行管壁校正，而不应该写为 $1/K = 1/\alpha_i + 1/\alpha_o$。设法提高任一侧的对流传热系数，都能提高 K 值。

⑤ 进一步地，在污垢热阻和管壁热阻忽略的前提下，若一侧的对流传热系数远大于另一侧的，比如 $\alpha_i \gg \alpha_o$，则 $K \approx \alpha_o$，且 K 略小于 α_o。对流传热系数小的那一侧被称为传热的控制步骤，欲提高 K 值，只能从该侧着手。

(4) 对流传热系数

流体在不同流动状态下对流传热系数的关联式不同，具体型式见表2-10。

表 2-10　流体的对流传热系数

流体无相变对流传热系数			
流动状态		关联式	适用条件
管内强制对流	圆直管内湍流	$Nu = 0.023 Re^{0.8} Pr^n$ $\alpha = 0.023 \dfrac{\lambda}{d_i} \left(\dfrac{d_i u \rho}{\mu}\right)^{0.8} \left(\dfrac{C_p \mu}{\lambda}\right)^n$ $L/d < 50, f = 1 + \left(\dfrac{d_i}{L}\right)^{0.7} > 1$	$Re \geqslant 10^4, 0.7 < Pr < 160, \mu < 2 \times 10^{-3} Pa \cdot s$ 注意事项：①定性温度取流体进出温度的算术平均值；②特征尺寸为管内径 d_i；③特征速度为管内平均流速；④流体被加热（即冷流体）时，$n = 0.4$，流体被冷却（即热流体）时，$n = 0.3$
		$Nu = 0.027 Re^{0.8} Pr^{0.33} \left(\dfrac{\mu}{\mu_w}\right)^{0.14}$ $\alpha = 0.027 \dfrac{\lambda}{d_i} \left(\dfrac{d_i u \rho}{\mu}\right)^{0.8} \left(\dfrac{C_p \mu}{\lambda}\right)^{0.33} \left(\dfrac{\mu}{\mu_w}\right)^{0.14}$	$Re \geqslant 10^4, 0.7 < Pr < 16700, \mu > 2 \times 10^{-3} Pa \cdot s, l/d \geqslant 50$ 注意事项：①定性温度取流体进出温度的算术平均值；②特征尺寸为管内径 d_i
	圆直管内层流	$Nu = 1.86 \left(RePr \dfrac{d_i}{L}\right)^{1/3} \left(\dfrac{\mu}{\mu_w}\right)^{0.14}$ $\alpha = 1.86 \dfrac{\lambda}{d_i} \left(\dfrac{d_i u \rho}{\mu}\right)^{1/3} \left(\dfrac{C_p \mu}{\lambda}\right)^{1/3} \left(\dfrac{d_i}{L}\right)^{1/3} \left(\dfrac{\mu}{\mu_w}\right)^{0.14}$	$Re < 2300, RePr \dfrac{d}{L} > 10, L/d > 60$ ①定性温度取流体进出温度的算术平均值；②特征尺寸为管内径 d_i；μ_w 按壁温确定。对于液体，加热：$\left(\dfrac{\mu}{\mu_w}\right)^{0.14} = 1.05$，冷却：$\left(\dfrac{\mu}{\mu_w}\right)^{0.14} = 0.95$

续表

流体无相变对流传热系数			
流动状态		关联式	适用条件
管内强制对流	圆直管内过渡流	$Nu = 0.023 Re^{0.8} Pr^n$ $\alpha = 0.023 \dfrac{\lambda}{d_i} \left(\dfrac{d_i u \rho}{\mu}\right)^{0.8} \left(\dfrac{C_p \mu}{\lambda}\right)^n$	$2300 < Re < 10000$ 先按湍流时的公式计算，然后乘以校正系数 f $f = 1.0 - \dfrac{6 \times 10^5}{Re^{0.8}} < 1$
管外强制对流	管束外垂直	$Nu = 0.33 Re^{0.6} Pr^{0.33}$ $\alpha = 0.33 \dfrac{\lambda}{d_i} \left(\dfrac{d_i u \rho}{\mu}\right)^{0.6} \left(\dfrac{C_p \mu}{\lambda}\right)^{0.33}$	$Re > 3000$，管束排数为10，错列管束 ①特性尺寸取管外径 d_o；②流速 u 取每列管子中最窄流道处的流速，即最大流速
		$Nu = 0.26 Re^{0.6} Pr^{0.33}$ $\alpha = 0.26 \dfrac{\lambda}{d_i} \left(\dfrac{d_i u \rho}{\mu}\right)^{0.6} \left(\dfrac{C_p \mu}{\lambda}\right)^{0.33}$	$Re > 3000$，管束排数为10，直列管束 ①特性尺寸取管外径 d_o；②流速 u 取每列管子中最窄流道处的流速，即最大流速
	管间流动	$Nu = 0.36 Re^{0.55} Pr^{1/3} \left(\dfrac{\mu}{\mu_w}\right)^{0.14}$ $\alpha = 0.36 \dfrac{\lambda}{d_e} \left(\dfrac{d_e u \rho}{\mu}\right)^{0.55} \left(\dfrac{C_p \mu}{\lambda}\right)^{1/3} \left(\dfrac{\mu}{\mu_w}\right)^{0.14}$ 正方形排列：$d_e = \dfrac{4\left(t^2 - \dfrac{\pi}{4} d_o^2\right)}{\pi d_o}$ 正三角形排列：$d_e = \dfrac{4\left(\dfrac{\sqrt{3}}{2} t^2 - \dfrac{\pi}{4} d_o^2\right)}{\pi d_o}$	壳程装有圆缺形折流挡板（弓形高度 25%D） 适用范围：$Re = 2 \times 10^3 \sim 10^6$ ①定性温度：进、出口温度的算术平均值；μ_w 由 t_w 计算；②特征尺寸：当量直径 d_e

流体有相变对流传热系数		
流动状态	关联式	适用条件
蒸汽冷凝	垂直管外膜层流：$\alpha = 1.13 \left(\dfrac{r\rho^2 g \lambda^3}{\mu l \Delta t}\right)^{1/4}$	l 为特征尺寸，管长或板高；ρ、μ、λ、r 分别为冷凝液的密度、黏度、热导率和饱和蒸汽的冷凝潜热。Δt 为蒸汽的饱和温度 t_s 与壁面温度 t_w 之差。 定性温度：除蒸汽冷凝取饱和温度 t_s 外，其他均取液膜的平均温度 $t_m = (t_s + t_w)/2$
	水平管束外冷凝： $\alpha = 0.725 \left(\dfrac{r\rho^2 g \lambda^3}{n^{2/3} \mu d_o \Delta t}\right)^{1/4}$	d_o 为圆管外径，m； 定性温度取膜温 $t_m = (t_s + t_w)/2$，查取冷凝液的物性 ρ、λ 和 μ；潜热 r 用饱和温度 t_s 查取； n 为水平管束在垂直列的管数，膜层流
大容器饱和液体核状沸腾	$Nu = 3.25 \times 10^{-4} Pe^{0.6} Ga^{0.125} Kp^{0.7}$	$Nu = \dfrac{\alpha d}{\lambda}$；$Pe = \dfrac{qd}{r \rho_v a}$ 为贝克莱数，反映汽化速率的影响。其中 $q/(r\rho_v)$ 相当于气速 u，$a = \lambda/(C_p \rho_v)$ 为导温系数；$Ga = \dfrac{g d^3 \rho_l^2}{\mu^2}$ 为伽利略数，表示在重力作用下，液体流动对沸腾的影响；$Kp = \dfrac{pd}{\sigma}$ 为反映压力影响的特征数

(5) 污垢热阻

换热器经过一段时间的运行，壁面上会沉积一层污垢，对传热过程形成附加热阻，称为污垢热阻。这层污垢热阻不能忽略，污垢热阻的大小与流体的种类和性质、流速、温度、设备结构以及运行时间等因素有关。对一定的流体，增大流速，可以减少污垢在加热面上沉积的可能性和结垢速度，从而降低污垢热阻。在设计换热器时，必须采用正确的污垢热阻数值，否则换热器的设计误差很大。因此污垢热阻是换热器设计中非常重要的参数。

污垢层厚度及其热导率难以准确估计，通常使用污垢热阻的经验值作为参考来计算总传热系数。常见流体的污垢热阻经验值参见表2-11和表2-12。

表2-11 冷却水系统的污垢热阻经验值

条件	加热流体温度/℃	小于115		115～205	
	水的温度/℃	小于25		大于25	
	水的速度/(m/s)	小于1.0	大于1.0	小于1.0	大于1.0
污垢热阻 /(m²·℃/W)	海水	0.8598×10^{-4}		1.7197×10^{-4}	
	自来水、井水、湖水	1.7197×10^{-4}		3.4394×10^{-4}	
	蒸馏水	0.8598×10^{-4}		0.8598×10^{-4}	
	硬水	5.1590×10^{-4}		8.5980×10^{-4}	
	河水	5.1590×10^{-4}	3.4394×10^{-4}	6.8788×10^{-4}	5.1590×10^{-4}
	软化锅炉水	1.7197×10^{-4}		3.4394×10^{-4}	

表2-12 工业常用流体的污垢热阻经验值

流体名称	污垢热阻 /(m²·℃/W)	流体名称	污垢热阻 /(m²·℃/W)	流体名称	污垢热阻 /(m²·℃/W)
有机化合物蒸气	0.8598×10^{-4}	有机化合物	1.7197×10^{-4}	石脑油	1.7197×10^{-4}
溶剂蒸气	1.7197×10^{-4}	盐水	1.7197×10^{-4}	煤油	1.7197×10^{-4}
天然气	1.7197×10^{-4}	熔盐	0.8598×10^{-4}	汽油	1.7197×10^{-4}
焦炉气	1.7197×10^{-4}	植物油	5.1590×10^{-4}	重油	8.5980×10^{-4}
水蒸气	0.8598×10^{-4}	原油	$(3.4394 \sim 12.098) \times 10^{-4}$	沥青油	1.7197×10^{-3}
空气	3.4394×10^{-4}	柴油	$(3.4394 \sim 5.1590) \times 10^{-4}$		

应予指出，污垢热阻将随换热器操作时间延长而增大，因此换热器应根据操作情况，定期清洗。这是设计和操作换热器时需要考虑的问题。

2.1.3.3 流体流动阻力计算主要公式

流体流经列管式换热器时由于流动阻力而产生一定的压强降，所以换热器的设计必须满足工艺要求的压强降。一般合理压强降的范围见表2-13。

一般情况下，液体流经换热器的压强降为 $10^4 \sim 10^5$ Pa，气体为 $10^3 \sim 10^4$ Pa左右。流体流经列管式换热器时，因流动阻力所引起的压强降可按管程和壳程分别计算。

表2-13 合理压强降范围的选取

操作情况	操作压力/Pa	合理压强降/Pa
减压操作	$p = 0 \sim 1 \times 10^5$（绝）	$0.1p$
低压操作	$p = (1 \sim 1.7) \times 10^5$（表）	$\leqslant 0.5p$
	$p = (1.7 \sim 11) \times 10^5$（表）	0.35×10^5
中压操作	$p = (11 \sim 31) \times 10^5$（表）	$(0.35 \sim 1.8) \times 10^5$
较高压操作	$p = (31 \sim 81) \times 10^5$（表）	$(0.7 \sim 2.5) \times 10^5$

(1) 管程压强降的计算

多管程列管换热器的管程压强降为各程直管阻力损失，回弯阻力损失

及进出口阻力损失之和。进出口阻力损失一般可以忽略，因此，管程总阻力损失（压强降）的计算公式为

$$\Delta p_i = (\Delta p_1 + \Delta p_2) F_t N_p N_s \quad (2\text{-}25)$$

式中，F_t——结垢校正系数，通常 $\phi 19\text{mm} \times 2\text{mm}$ 换热管，F_t 取 1.5；$\phi 25\text{mm} \times 2.5\text{mm}$ 换热管，F_t 取 1.4；N_p——每管箱内的管程数；N_s——管箱数目，即串联的壳程数。

其中，$\Delta p_1 = \lambda \dfrac{l}{d} \dfrac{u^2 \rho}{2}$ 为直管压强降；$\Delta p_2 = \dfrac{3u^2 \rho}{2}$ 为回弯管压强降。

(2) 壳程压强降的计算

① 壳程无折流挡板　壳程压强降按流体沿直管流动的压强降计算，以壳方的当量直径 d_e 代替直管内径 d_i。

② 壳程有折流挡板　计算方法有 Bell 法、Kem 法、Esso 法等。Bell 法计算结果与实际数据一致性较好，但计算比较麻烦，而且对换热器的结构尺寸要求较详细。工程计算中常采用 Esso 法，该法计算公式如下

$$\Delta p_o = (\Delta p'_1 + \Delta p'_2) F_t N_s \quad (2\text{-}26)$$

其中

$$\Delta p'_1 = F f_o n_c (N_B + 1) \dfrac{u_o^2 \rho}{2} \quad (2\text{-}27)$$

$$\Delta p'_2 = N_B \left(3.5 - \dfrac{2B}{D} + 1\right) \dfrac{u_o^2 \rho}{2} \quad (2\text{-}28)$$

式中，F_t——结垢校正系数，对液体，F_t 取 1.15，对气体或可凝性蒸气，F_t 取 1.0；N_s——管箱数目，即壳程数；F——管子排列方式对压降的校正系数，正三角形排列时 F 取 0.5，正方形错列时 F 取 0.4，正方形直列时 F 取 0.3；f_o——壳程流体摩擦系数，当 $Re_o > 500$ 时，$f_o = 5.0 Re^{-0.228}$，其中的 $Re_o = u_o d_o \rho / \mu$；$n_c$——壳体径向上的管数；$N_B$——折流挡板数；$B$——折流板间距，m；$u_o$——按壳程挡板间最大流动截面积 $A_o = h(D - n_c d_o)$ 计算的流速，m/s；D——壳体内径，m；ρ——流体密度，kg/m³。

2.1.4 列管式换热器设计示例

一、设计题目

某生产过程中，需将 6000kg/h 的油从 140℃ 冷却至 40℃，压力为 0.3MPa；冷却介质采用循环水，循环冷却水的压力为 0.4MPa，循环水入口温度 30℃，出口温度 40℃。试设计一台列管式换热器，用来完成该生产任务。

二、设计计算过程

(一) 设计方案的确定

1. 选择换热器的类型

两流体温度变化情况：热流体进口温度 140℃，出口温度 40℃；冷流体（循环水）进口温度 30℃，出口温度 40℃。该换热器用循环冷却水冷却，冬季操作时进口温度会降低，该换热器的管壁和壳体之间可能存在较大温度差，因此初步确定选用固定管板式（列管式）换热器。

2. 流动空间及流速的确定

由于循环冷却水较易结垢，为便于水垢清洗，应使循环水走管程，油品走壳程。选用 $\phi 25\text{mm} \times 2.5\text{mm}$ 的碳钢管，管内流速取 $u = 0.5\text{m/s}$。

(二) 确定物性数据

定性温度：可取流体进出口温度的平均值。

壳程油的定性温度为 $T=\dfrac{140+40}{2}=90℃$，管程流体的定性温度为 $t=\dfrac{30+40}{2}=35℃$，根据定性温度，分别查取壳程和管程流体的有关物性数据。

油在 90℃下的有关物性数据如下。

密度：$\rho_o=825\text{kg/m}^3$　　　　　　　　热导率：$\lambda_o=0.140\text{W/(m·℃)}$

定压比热容：$C_{po}=2.22\text{kJ/(kg·℃)}$　　　黏度：$\mu_o=0.000715\text{Pa·s}$

循环冷却水在 35℃下的物性数据：

密度：$\rho_i=994\text{kg/m}^3$　　　　　　　　热导率：$\lambda_i=0.626\text{W/(m·℃)}$

定压比热容：$C_{pi}=4.08\text{kJ/(kg·℃)}$　　　黏度：$\mu_i=0.000725\text{Pa·s}$

(三) 计算总传热系数

1. 热流量

$$Q_o=W_o C_{po}\Delta t_o=6000\times2.22\times(140-40)=1.33\times10^6\text{kJ/h}=370\text{kW}$$

2. 平均传热温差

$$\Delta t_m=\dfrac{\Delta t_2-\Delta t_1}{\ln\dfrac{\Delta t_2}{\Delta t_1}}=\dfrac{(140-40)-(40-30)}{\ln\dfrac{140-40}{40-30}}=39℃$$

3. 冷却水用量

$$W_i=\dfrac{Q_o}{C_{pi}\Delta t_i}=\dfrac{1.33\times10^6}{4.08\times(40-30)}=32598\text{kg/h}$$

4. 总传热系数 K

① 循环水走管程，属于低黏度流体。管程传热系数计算过程如下。

$$Re=\dfrac{d_i u_i \rho_i}{\mu_i}=\dfrac{0.02\times0.5\times994}{0.000725}=13710$$

$$\alpha_i=0.023\dfrac{\lambda_i}{d_i}Re^{0.8}Pr^n=0.023\dfrac{\lambda_i}{d_i}\left(\dfrac{d_i u_i \rho_i}{\mu_i}\right)^{0.8}\left(\dfrac{C_{pi}\mu_i}{\lambda_i}\right)^{0.4}$$

$$\alpha_i=0.023\times\dfrac{0.626}{0.02}\times(13710)^{0.8}\times\left(\dfrac{4.08\times10^3\times0.000725}{0.626}\right)^{0.4}=2733\text{W/(m}^2\text{·℃)}$$

② 油品走壳程，壳程传热系数一般较低。可假设壳程的传热系数：$\alpha_o=290\text{W/(m}^2\text{·℃)}$。

③ 污垢热阻：$R_{si}=0.000344\text{m}^2\text{·℃/W}$；$R_{so}=0.000172\text{m}^2\text{·℃/W}$。

④ 管壁的热导率：$\lambda=45\text{W/(m·℃)}$。

⑤ 总传热系数 K 的计算

$$\dfrac{1}{K}=\dfrac{1}{\alpha_o}+R_{so}+\dfrac{bd_o}{\lambda d_m}+R_{si}\dfrac{d_o}{d_i}+\dfrac{d_o}{\alpha_i d_i}$$

$$\dfrac{1}{K}=\dfrac{1}{290}+0.000172+\dfrac{0.0025\times0.025}{45\times0.0225}+0.000344\times\dfrac{0.025}{0.020}+\dfrac{0.025}{2733\times0.02}$$

$$K=218.8\text{W/(m}^2\text{·℃)}$$

（四）计算传热面积

$$A' = \frac{Q}{K\Delta t_m} = \frac{370 \times 10^3}{218.8 \times 39} = 43.4 \text{ m}^2$$

考虑15%的面积富裕量，$A = 1.15 \times A' = 1.15 \times 43.4 = 49.9 \text{m}^2$。

（五）工艺结构尺寸

1. 管径和管内流速的确定

选用 $\phi 25\text{mm} \times 2.5\text{mm}$ 传热管（碳钢），取管内流速 $u = 0.5 \text{m/s}$。

2. 管程数和传热管数的计算

依据传热管内径和流速确定单程传热管数

$$n_s = \frac{V}{\frac{\pi}{4}d_i^2 u} = \frac{32598/(994 \times 3600)}{0.785 \times 0.02^2 \times 0.5} = 58.02 \approx 59 \text{ 根}$$

按单程管计算，所需的传热管长度为

$$L = \frac{A}{\pi d_o n_s} = \frac{49.9}{3.14 \times 0.025 \times 59} = 10.77 \text{m}$$

按单管程设计，传热管过长，宜采用多管程结构。取传热管长 $l = 6\text{m}$，则该换热器管程数为：

$$n_p = \frac{L}{l} = \frac{10.77}{6} \approx 2 \text{ 管程}$$

传热管总根数：$N = 59 \times 2 = 118$ 根

3. 平均传热温差校正及壳程数的确定

平均传热温差校正系数

$$P = \frac{40-30}{140-30} = 0.091, \quad R = \frac{140-40}{40-30} = 10$$

对于1-2型（单壳程，双壳程）的换热器，$\phi_{\Delta t}$ 可用式(2-21)计算。

$\phi_{\Delta t} \approx 0.82$，平均传热温差为 $\Delta t_m = \phi_{\Delta t} \Delta t'_m = 0.82 \times 39 = 32℃$。

4. 传热管排列和分程方法

采用组合排列法，即每程内均按正三角形排列，隔板两侧采用正方形排列。取管心距 $t = 1.25 d_o$，则

$$t = 1.25 \times 25 = 31.25 \approx 32 \text{mm}$$

横过管束中心线的管数

$$n_c = 1.19\sqrt{N} = 1.19 \times \sqrt{118} = 13 \text{ 根}$$

5. 壳体内径

采用多管程结构，取管板利用率 $\eta = 0.7$，则壳体内径为

$$D = 1.05t\sqrt{N/\eta} = 1.05 \times 32 \times \sqrt{118/0.7} = 436.2 \text{mm}$$

圆整可取 $D = 450\text{mm}$。

6. 折流板

采用弓形折流板，取弓形折流板圆缺高度为壳体内径的25%，则切去的圆缺高度为 $h = 0.25 \times 450 = 112.5\text{mm}$，故可取 $h = 110\text{mm}$。

取折流板间距 $B=0.3D$，则 $B=0.3\times450=135\text{mm}$，可取 B 为 150mm。

折流板数：$N_B = \dfrac{\text{传热管长}}{\text{折流板间距}} - 1 = \dfrac{6000}{150} - 1 = 39$ 块

折流板圆缺面水平装配。

7. 接管

壳程流体进出口接管：取接管内油品流速为 $u=1.0\text{m/s}$，则接管内径为

$$d = \sqrt{\dfrac{4V}{\pi u}} = \sqrt{\dfrac{4\times 6000/(3600\times 825)}{3.14\times 1.0}} = 0.051\text{m}$$

取标准管径为 50mm。

管程流体进出口接管：取接管内循环水流速 $u=1.5\text{m/s}$，则接管内径为

$$d = \sqrt{\dfrac{4V}{\pi u}} = \sqrt{\dfrac{4\times 32598/(3600\times 994)}{3.14\times 1.5}} = 0.088\text{m}$$

取标准管径为 80mm。

(六) 换热器核算

1. 热量核算

① 壳程对流传热系数：对圆缺形折流板，可采用克恩公式。

$$\alpha_o = 0.36 \dfrac{\lambda_o}{d_e} Re_o^{0.55} Pr^{1/3} \left(\dfrac{\mu}{\mu_w}\right)^{0.14}$$

正三角形排列的当量直径

$$d_e = \dfrac{4\left(\dfrac{\sqrt{3}}{2}t^2 - 0.785 d_o^2\right)}{\pi d_o} = \dfrac{4\times\left(\dfrac{\sqrt{3}}{2}\times 0.032^2 - 0.785\times 0.025^2\right)}{3.14\times 0.025} = 0.02\text{m}$$

壳程流通截面积

$$A_o = BD\left(1 - \dfrac{d_o}{t}\right) = 0.15\times 0.45\times\left(1 - \dfrac{0.025}{0.032}\right) = 0.01476\text{m}$$

壳程流体流速及其雷诺数分别为

$$u_o = \dfrac{6000/(3600\times 825)}{0.01476} = 0.137\text{m/s}, \quad Re_o = \dfrac{0.02\times 0.137\times 825}{0.000715} = 3161$$

普朗特数

$$Pr = \dfrac{2.22\times 10^3 \times 7.15\times 10^{-4}}{0.0140} = 11.34$$

黏度校正，取 $\left(\dfrac{\mu}{\mu_w}\right)^{0.14} \approx 1$，则 $\alpha_o = 0.36\times \dfrac{0.14}{0.02}\times 3161^{0.55}\times 11.34^{1/3} = 476\text{W/(m}^2\cdot\text{°C)}$

② 管程的对流传热系数

$$\alpha_i = 0.023 \dfrac{\lambda_i}{d_i} Re^{0.8} Pr^{0.4}$$

管程流通截面积

$$A_i = 0.785\times 0.02^2 \times \dfrac{118}{2} = 0.0185\text{m}^2$$

管程流体流速及其雷诺数分别为

$$u_i = \frac{32353/(3600 \times 994)}{0.0185} = 0.489 \text{m/s}, \quad Re = \frac{0.02 \times 0.489 \times 994}{0.000725} = 13409$$

普朗特数

$$Pr = \frac{4.08 \times 10^3 \times 7.25 \times 10^{-4}}{0.626} = 4.73$$

$$\alpha_i = 0.023 \times \frac{0.626}{0.02} \times 13409^{0.8} \times 4.73^{0.4} = 2686 \text{W/(m}^2 \cdot \text{℃)}$$

③ 传热系数 K

$$\frac{1}{K} = \frac{1}{\alpha_o} + R_{so} + \frac{bd_o}{\lambda d_m} + R_{si}\frac{d_o}{d_i} + \frac{d_o}{\alpha_i d_i}$$

$$\frac{1}{K} = \frac{1}{476} + 0.000172 + \frac{0.0025 \times 0.025}{45 \times 0.0225} + 0.000344 \times \frac{0.025}{0.020} + \frac{0.025}{2686 \times 0.02}$$

$$K = 309.6 \text{W/(m}^2 \cdot \text{℃)}$$

④ 计算传热面积 A

$$A = \frac{Q}{K\Delta t_m} = \frac{370 \times 10^3}{309.6 \times 32} = 37.3 \text{m}^2$$

该换热器的实际传热面积

$$A_p = \pi d_o L(N - n_c) = 3.14 \times 0.025 \times (6 - 0.06) \times (118 - 13) = 49 \text{m}^2$$

该换热器的面积富裕量为

$$H = \frac{A_p - A}{A} \times 100\% = \frac{49.0 - 37.3}{37.3} \times 100\% = 31.2\%$$

传热面积富裕量合适，该换热器能够完成生产任务。

2. 换热器内流体的流动阻力计算

① 管程流动阻力的计算

$$\Delta p_i = (\Delta p_1 + \Delta p_2) F_t N_p N_s$$

$$N_s = 1, N_p = 2, F_t = 1.5$$

$$\Delta p_1 = \lambda \frac{l}{d} \frac{u^2 \rho}{2}, \quad \Delta p_2 = \frac{3u^2 \rho}{2}$$

由 $Re = 13409$，传热管相对粗糙度 $0.02/20 = 0.005$，查莫狄图得 $\lambda = 0.037 \text{W/(m} \cdot \text{℃)}$，流速 $u = 0.489 \text{m/s}, \rho = 994 \text{kg/m}^3$，所以

$$\Delta p_1 = 0.037 \times \frac{6}{0.02} \times \frac{0.489^2 \times 994}{2} = 1319.2 \text{Pa}, \quad \Delta p_2 = \frac{3u^2 \rho}{2} = \frac{3 \times 0.489^2 \times 994}{2} = 356.5 \text{Pa}$$

$$\Delta p_i = (1319.2 + 356.5) \times 1.5 \times 2 = 5027.1 \text{Pa} < 10 \text{kPa}$$

管程流动阻力在允许范围之内。

② 壳程流动阻力的计算

$$\Delta p_o = (\Delta p_1' + \Delta p_2') F_t N_s$$

其中，$N_s = 1, F_t = 1.0$。

流体流经管束的阻力

$$\Delta p_1' = F f_o n_c (N_B + 1) \frac{u_o^2 \rho}{2}$$

其中，$F=0.5$；$f_o=5\times 3161^{-0.228}=0.7962$；$n_c=13$；$N_B=29$；$u_o=0.137$。

$$\Delta p_1'=0.5\times 0.7962\times 13\times (29+1)\times \frac{0.137^2\times 825}{2}=1202\text{Pa}$$

流体流过折流板缺口的阻力

$$\Delta p_2'=N_B\left(3.5-\frac{2B}{D}+1\right)\frac{u_o^2\rho}{2}$$

其中，$B=0.15\text{m}$，$D=0.45\text{m}$，代入上式得

$$\Delta p_2'=29\times \left(3.5-\frac{2\times 0.15}{0.45}+1\right)\times \frac{0.137^2\times 825}{2}=860.7\text{Pa}$$

总阻力为

$$\sum \Delta p_o=1202+860.7=2062.7\text{Pa}<10\text{kPa}$$

壳程流动阻力也比较适宜。

③ 换热器主要结构尺寸和计算结果见表2-14。

表2-14 换热器主要结构尺寸和计算结果

换热器型式:固定管板式换热器			管口表			
换热面积/m²:49			符号	尺寸	用途	连接型式
工艺参数			a	DN80	循环水入口	平面
项目名称	管程	壳程	b	DN80	循环水出口	平面
物料名称	循环水	油	c	DN50	油品入口	凹凸面
操作压力/MPa	0.4	0.3	d	DN50	油品出口	凹凸面
操作温度/℃	30/40	140/40	e	DN20	排气口	凹凸面
流量/(kg/h)	32598	6000	f	DN20	放净口	凹凸面
流速/(m/s)	0.489	0.137	基本外形图：			
流体密度/(kg/m³)	995	825				
传热量/kW	370					
总传热系数/[W/(m²·℃)]	309.6					
对流传热系数/[W/(m²·℃)]	2686	476				
污垢热阻/(m²·℃/W)	0.000344	0.000172				
阻力降/kPa	5.193	2.063				
程数	2	1				
推荐使用材料	碳钢	碳钢				
管子规格/mm	φ25×2.5	管长/mm	6000			
管数	118	管间距/mm	32			
排列方式	正三角形	折流板切口高度	25%			
折流板型式	上下	间距/mm	150			
壳体内径	450mm	保温层厚度				

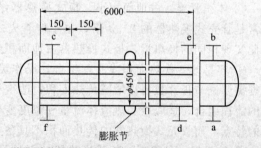

说明：该换热器用循环冷却水冷却，冬季操作时进口温度会降低，考虑到这一因素，估计该换热器的管壁温和壳体壁温之差较大，因此初步确定需要选用带膨胀节的固定管板式换热器，以消除应力变化

2.2 板式换热器设计

板式换热器是由一系列具有一定波纹形状的金属板片按一定的间隔叠装并通过橡胶垫片压紧组成的一种结构紧凑的新型高效可拆卸的换热设备。板片组装时，两组交替排列，板与板之间用黏结剂把橡胶密封板条固定好，其作用是防止流体泄漏并使两板之间形成狭窄的网形流道，换热板片压成各种波纹形，以增加换热板片的面积和刚性，并能使流体在低流速下形成湍流，以达到强化传热的效果。板上的四个角孔，形成了流体的分配管和泄集管，两种换热介质分别流入各自流道，形成逆流或并流，通过每个板片进行热量的交换。板片之间形成流体通道，冷热流体通过板片进行热量交换。这种换热器可用于处理从水到高黏度液体，用于加热、冷却、冷凝、蒸发等过程，在化工、染料、食品、钢铁、机械、电力、纺织、造纸、制药等工业生产过程中得到了广泛应用。

与管壳式换热器比较，板式换热器具有以下特点。

(1) 板式换热器的优点

① 总传热系数高。在板式换热器中，板面被压制成波纹或沟槽，安装时不同的波纹板相互倒置或交错，构成复杂流道，使得流体在波纹板间流道内呈现旋转三维流动状态，在低流速下（如 $Re=50\sim200$）即可达到湍流，故总传热系数高，一般认为是管壳式换热器的 $3\sim5$ 倍。而液体阻力却增加不大，污垢热阻亦较小，对低黏度液体的传热，K 值可高达 $7000W/(m^2 \cdot K)$，具有很高的传热效率。

② 对数平均温度差大，末端温差小。在管壳式换热器中，两种流体分别在管程和壳程内流动，总体上是错流流动，对数平均温差校正系数较小，而板式换热器多采用并流或逆流流动方式，其温差校正系数通常在 0.95 左右。此外，冷热流体在板式换热器内的流动平行于换热面、无旁流，因此使得板式换热器的末端温差小，对水换热而言可低于 1℃，而管壳式换热器的末端温差一般为 5℃。

③ 体积紧凑，占地面积小。板式换热器结构紧凑，单位体积设备提供的传热面积大，通常是管壳式换热器的 $2\sim5$ 倍，也不像管壳式换热器那样需要预留抽出管束的检修场所，因此实现相同的换热量，板式换热器占地面积约为管壳式换热器的 $1/10\sim1/5$。

④ 容易改变换热面积或流程组合，操作灵活性大。只要增加或减少几块板片，就可以根据需要调节板片数目以增减传热面积；改变板片的排列或更换板片，调节流道组合，组成新的流程组合，适应冷、热流体流量和温度变化的新工况要求，具有组装灵活、金属消耗量低的特点，而管壳式换热器的传热面积不具备此特点。

⑤ 重量轻，价格低。板式换热器的板片厚度仅为 $0.4\sim0.8mm$，管壳式换热器的换热管壁厚为 $2.0\sim2.5mm$，板式换热器的总体重量一般只有管壳式换热器重量的 1/5 左右。采用相同材质，在相同换热面积下，板式换热器的价格比管壳式换热器的价格要低 $40\%\sim60\%$。

⑥ 制造方便，便于检修更换，容易清洗。板式换热器的传热板片采用冲压加工，标准化程度高，可大批量生产，管壳式换热器一般采用手工制作。框架式板式换热器只要松动压紧螺栓，即可松开板束，卸下板片进行检修、更换和机械清洗，这对需要经常清洗设备的换热过程十分方便。

⑦ 不易结垢，热损失少。由于内部充分湍流，所以不易结垢，其结垢系数仅为管壳式

换热器的 1/10～1/3。板式换热器只有传热板的外壳板暴露在大气中,因此散热损失可以忽略不计,也不需要保温措施。而管壳式换热器热损失大,需要隔热板。

(2) 板式换热器的缺点

① 密封周边较长,容易泄漏;

② 允许操作压力较低,由于采用密封垫密封,最高不超过 2.5MPa,否则容易渗漏;

③ 操作温度不能太高,因受垫片耐热性能的限制,如对合成橡胶垫圈不高于130℃,对压缩石棉垫圈也应低于 250℃,否则容易渗漏;

④ 处理量不大,因板间距小,流道截面较小,流速亦不能过大。通常是管壳式换热器的 10%～20%;

⑤ 由于传热面之间的间隙较小,传热面上有波纹或凹凸,因此单位长度上产生的压力损失要比光滑管的大很多;

⑥ 由于板片间通道很窄,一般只有 2～6mm,当换热介质含有较大颗粒或纤维物质时,容易堵塞板间通道,因此一旦发现板片结垢必须拆开清洗。

2.2.1 板式换热器的基本结构

2.2.1.1 整体结构

板式换热器主要由一组长方形的薄金属传热板片平行排列构成,用固定板片的框架将传热板片夹紧组装于支架上,其基本结构如图 2-9 所示。两相邻板片的边缘衬以垫片(橡胶或压缩石棉等)压紧,达到密封的目的。板片四角有圆孔,形成液体的通道。冷、热流体交替地在板片两侧流过,通过板片进行换热。板片厚度为 0.5～3mm,其表面通常被压制成各种槽形或波纹形的表面,这样增强了刚度,不致受压变形,同时也增强液体的湍动程度,增大传热面积,亦利于流体的均匀分布。框架常设计成可拆卸式结构,板片与框架由紧固件连接。已有标准系列化产品(详见国家标准 GB 16409—1996《板式换热器》)。

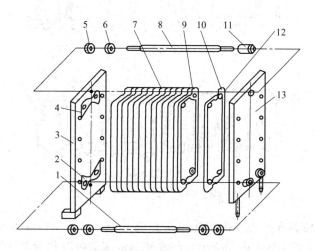

图 2-9 板式换热器的基本结构

1—压紧螺杆;2,4—固定端板垫片;3—固定端板;5—六角螺母;6—小垫圈;7—传热板片;
8—定位螺杆;9—中间垫片;10—活动端板垫片;11—定位螺母;12—换向板片;13—活动端板

板片尺寸,常见宽度为 200～1000mm,高度最大可达 2m,板间距通常为 2～6mm。板片材料为不锈钢,亦可用其他耐腐蚀合金材料。

板片为传热元件,垫片为密封元件,垫片粘贴在板片的垫片槽内。粘贴好垫片的板片,按一定的顺序(根据组装图样)置于固定压紧板和活动压紧板之间,用压紧螺柱将固定压紧板、板片、活动压紧板夹紧。压紧板、导杆、压紧装置、前支柱统称为板式换热器的框架。按一定规律排列的所有板片,称为板束。在压紧后,相邻板片的触点互相接触,使板片间保持一定的间隙,形成流体的通道。换热介质从固定压紧板、活动压紧板上的接管中出入,并相间地进入板片之间的流体通道进行换热。

组装或检修后进行打压试验时,出现内漏或外漏现象,可能的原因分为以下几项。

① 进行板片清洁时不彻底,刷毛或线头夹在板片中;
② 密封条老化或松脱;
③ 板片变形或穿孔;
④ 紧固力矩不够或坚固力矩不均匀等。

2.2.1.2 组装形式

板式换热器的流程是根据实际操作的需要设计和选用的,而流程的选用和设计是根据板式换热器的传热方程和流体阻力进行计算的。图 2-10 为三种典型的组装形式。

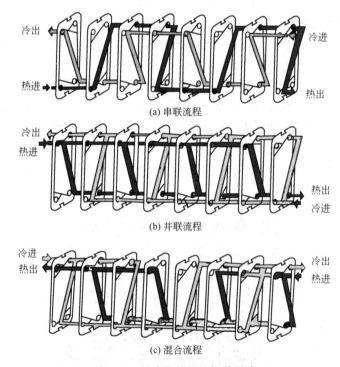

图 2-10 板式换热器的组装形式

① 串联流程 流体在一程内流经每一垂直流道后,接着就改变方向,流经下一程。在这种流程中,两流体的主体流向是逆流,但在相邻的流道中有并流也有逆流。

② 并联流程 流体分别流入平行的流道,然后汇聚成一股流出,为单程。

③ 复杂流程 也称混合流程,为并联流动和串联流动的组合,在同一程内流道是并联的,而程与程之间为串联。

流体在板片间的流动有"单边流"和"对角流"两种,如图 2-11 所示。对"单边流"的板片,如果甲流体流经的角孔的位置都在换热器的左边,则乙流体流经的角孔的位置都在换热器的右边。对"对角流"的板片，如果甲流体流经一个方向的对角线的角孔位置，则乙流体流经的总是另一个方向的对角线的角孔位置。

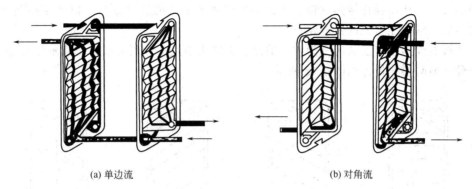

(a) 单边流　　　　　　　　　　　(b) 对角流

图 2-11　液体在板片间的流动

板式换热器组装形式的表示方法为

$$\frac{m_1 a_1 + m_2 a_2}{n_1 b_1 + n_2 b_2}$$

其中，m_1、m_2、n_1、n_2 表示程数；a_1、a_2、b_1、b_2 表示每程流道数。原则上规定分子为热流体流程，分母为冷流体流程。

总板片数：$m_1 a_1 + m_2 a_2 + n_1 b_1 + n_2 b_2 + 1$（包括两块端板）

实际传热板数：$m_1 a_1 + m_2 a_2 + n_1 b_1 + n_2 b_2 - 1$

总流道数：$m_1 a_1 + m_2 a_2 + n_1 b_1 + n_2 b_2$

例如：$\dfrac{2 \times 2 + 1 \times 3}{1 \times 7}$ 表示热流体第一程2个流道，第二程2个流道，第三程3个流道；冷流体为一程，7个流道。冷、热流体只有14个流道，总板片数为15块，实际传热板为13块。

板式换热器规格型号表示方法为

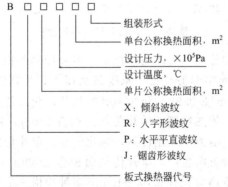

例如，BX0.05$\dfrac{8}{120}$/2-$\dfrac{1 \times 20}{1 \times 20}$ 表示倾斜波纹板式换热器，单片公称换热面积为0.05m²，设计压力为8×10^5Pa，设计温度为120℃，设备总的公称换热面积为2m²，组装形式为 $\dfrac{1 \times 20}{1 \times 20}$。

2.2.1.3　传热板片

传热板片是板式换热器的关键性元件，板片的性能直接影响整个设备的技术经济性能。

为了增加板片有效的传热面积，将板片冲压成有规则的波纹，板片的波纹形状及结构尺寸的设计主要考虑以下两个因素：一是提高板的刚性，能耐较高的压力；二是使介质在低流速下发生强烈湍动，从而强化传热过程。人们构思出各种型式的波纹板片，以满足换热效率高、流体阻力低、承压能力大的性能要求。

板片按波纹的几何形状区分为水平波纹、人字形波纹、倾斜波纹、锯齿形波纹等波纹板片。几种典型的换热板片如图 2-12 所示。

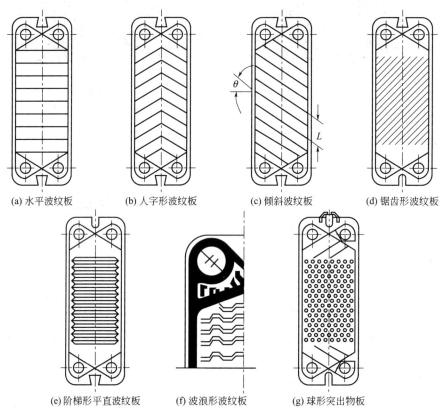

图 2-12 几种典型的换热板片

水平波纹板具有较好的传热和流体力学性能，单片传热面积有 $0.2m^2$ 和 $0.5m^2$ 两种，允许使用压力为 $6×10^5$ Pa。人字形波纹板可承受较高压力，传热性能也好，但阻力较大；单片传热面积有 $0.1m^2$、$0.2m^2$、$0.3m^2$ 和 $0.4m^2$ 等几种，允许使用压力为 $10×10^5$ Pa。倾斜波纹板提高了板片的刚性和传热性能，单片传热面积有 $0.05m^2$ 和 $0.1m^2$ 两种规格。锯齿形波纹板能在高流速下操作，阻力小，刚性强，强化传热，单片传热面积为 $0.2m^2$。阶梯形平直波纹板、波浪形波纹板为英国生产，单片传热面积有 $0.03m^2$ 到 $2.2m^2$ 多种规格；球形突出物板为日本生产，单片传热面积有 $0.03\sim1.5m^2$ 多种规格。生产这些形式板片的目的也是为了改善流动状况，强化传热。

几种典型的传热板片性能参数及传热特征数关联式可以参考相关文献。板片材料多选用不锈钢材质，主要有 1Cr18Ni9Ti、1Cr18Ni 和 12Mo2Ti。板片尺寸的常见宽度为 200～1000mm，高度最大可达 2m，板间距通常为 2～6mm。

2.2.1.4 密封垫片

密封垫片是板式换热器的重要构件，基本要求是耐热、耐压、耐介质腐蚀。板式换热器是通过压板压紧垫片，达到密封的要求。为确保可靠的密封性，必须在操作条件下密封面上保持足够的压紧力。板式换热器由于密封周边长，需用垫片量大，在使用过程中需要频繁拆卸和清洗，泄漏的可能性很大。如果垫片材质选择不当，弹性不好，所用的胶水不黏或涂得不均匀，都可导致运行中发生脱垫、伸长、变形、老化、断裂等。加之板片在制造过程中，有时发生翘曲，也可造成泄漏。一台板式换热器往往由几十片甚至几百片传热板片组成，垫片的中心线很难对准，组装时容易使垫片某段压扁或挤出，造成泄漏，因此必须适当增加垫片上下接触面积。

垫片材料广泛采用天然橡胶、丁腈橡胶、氯丁橡胶、丁苯橡胶、丁酯橡胶、硅橡胶和氰化橡胶等。这些材料的安全使用温度一般在 150℃ 以下，最高不超过 200℃。橡胶垫片有不耐有机溶剂腐蚀的缺点。目前国外采用压缩石棉垫片和压缩石棉橡胶垫片，不仅抗有机溶剂腐蚀，而且可耐较高温度。压缩石棉垫片由于含橡胶量特别少，和橡胶垫片比几乎是无弹性的，因此需要较高的密封压紧力；其次当温度升高后，垫片的热膨胀有助于更好密封。为了承受这种较大的密封压紧力和热膨胀力，框架和垫片必须有足够的强度。

2.2.2　板式换热器设计的一般原则

为某一工艺过程设计板式换热器时，应分析其设计压力、设计温度、介质特性、经济性等因素，具体设计的一般原则为下述几个方面。

(1) 选择板片的波纹型式

选择板片的波纹型式，主要是考虑板式换热器的工作压力、流体的压降和传热系数。如果工作压力在 1.6MPa 以上，则要采用人字形波纹板片；如果工作压力不高又特别要求阻力降低，则选用水平直波纹板片会好一些；如果由于安装位置所限，需要高的换热效率以减少换热器占地面积，而压降可以不受限制，则应选用人字形波纹板片。

(2) 单板面积的选取

单板面积过小，则板式换热器的板片数多，也会使占地面积增大，程数增多（造成压降增大）；反之，虽然占地面积和压降减小了，但难以保证板间通道必要的流速。单板面积可按流体流过角孔的速度为 6m/s 左右考虑，则各种单板面积组成的板式换热器单台最大处理量见表 2-15。

表 2-15　单板面积组成的板式换热器单台最大处理量参考值

单板面积/m²	0.1	0.2	0.3	0.5	0.8	1.0	2.0
角孔直径/mm	40~50	65~80	80~100	125~150	175~200	200~250	~400
单台最大处理量/(m³/h)	27~42	71.4~137	103~170	264~381	520~678	678~1060	~2500

(3) 流速的选取

流体在板间的流速影响换热性能和流体的压降，流速高固然换热系数高，但流体的压降也增大，反之则情况相反。一般板间平均流速为 0.2~0.8m/s。流速低于 0.2m/s 时流体就达不到湍流状态且会形成较大的死角区，流速过高则会导致压降剧增。具体设计时，可以先确定一流速，计算其压降是否在给定范围内，也可按给定的压降来求出流速的初选值。

(4) 流程的选取

对于一般对称型流道的板式换热器，两流体的体积流量大致相当时，应尽可能按等程布置，若两侧流量相差悬殊时，则流量小的一侧可按多程布置。另外，当某一介质温升或温降幅度较大时，也可采取多程布置。相变板式换热器的相变一侧一般为单程。多程换热器，除非特殊需要，一般对同一流体在各程中应采用相同的流道数。在给定的总允许压降下，多程布置使每一程对应的允许压降变小，迫使流速降低，对换热不利。此外，不等程的多程布置是平均传热温差减小的重要原因之一，应尽可能避免。

(5) 流向的选取

单相换热时，逆流具有最大的平均传热温差。在一般换热器的设计中都尽量把流体布置为逆流。对板式换热器来说，要做到这一点，两侧必须为等程。若安排为不等程，则顺流与逆流将交替出现，此时，平均传热温差将明显小于纯逆流时的平均传热温差。

(6) 并联流道数的选取

一程中并联流道数目的多少视给定流量及选取的流速而定，流速的高低受制于允许压降，在可能的最大流速以内，并联流道数目取决于流量的大小。

(7) 垫片材料的选择

选择垫片材料主要考虑耐温和耐腐蚀两个因素。国产垫片材料的选择可参见表2-16。其中硬度一般采用 ASTM-D2240 硬度计测量并以 durometerA 单位表示，即邵氏 A 硬度。

表 2-16 国产垫片性能和使用温度

项目		氯丁橡胶	丁腈橡胶	硅橡胶	氟橡胶	石棉纤维板
性能	拉断强度/MPa	≥8.00	≥9.00	≥7.00	≥10.00	7.0~10.0
	拉断伸长率/%	≥300	≥250	≥200	≥200	—
	硬度	75±2	75±2	60±2	80±5	—
	永久压缩变形/%	≤20	≤20	≤25	≤25	—
使用温度/℃		−40~100	−20~120	−65~230	−20~200	20~350

2.2.3 板式换热器的设计计算

设计计算是板式换热器设计的核心，主要包括两部分内容，即传热计算与流动阻力计算。

2.2.3.1 传热计算

基本传热方程式

$$Q = KA\Delta t_m \tag{2-11}$$

通过冷热流体的热量衡算方程式计算换热器的热负荷 Q。

(1) 总平均温差 Δt_m 的计算

总平均温差 Δt_m 求解通常采用修正逆流情况下对数平均温差的办法，即先按逆流考虑再进行修正

$$\Delta t'_m = \frac{\Delta t_2 - \Delta t_1}{\ln\dfrac{\Delta t_2}{\Delta t_1}}, \quad \Delta t_m = \phi_{\Delta t} \Delta t'_m \tag{2-29, 30}$$

温差校正系数 $\phi_{\Delta t}$ 随冷、热流体的相对流动方向的不同组合而异，在并流和串流时可按图 2-13、图 2-14 来确定；混流时可采用列管式换热器的温差校正系数。

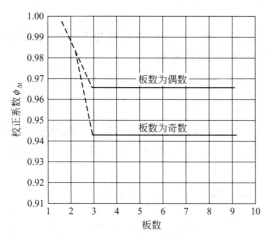

图 2-13 并流时的温差校正系数

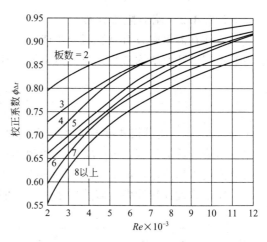

图 2-14 串流时的温差校正系数

(2) 对流传热系数的计算

流体在板式换热器的通道中流动时，湍流条件下，通常用式(2-31)计算流体沿整个流程的平均对流传热系数。

$$Nu = C Re^m Pr^n \left(\frac{\mu}{\mu_w}\right)^z \tag{2-31}$$

式中系数和各指数的范围：$C=0.15\sim0.4$，$n=0.65\sim0.85$，$m=0.3\sim0.45$，$z=0.05\sim0.2$。层流时，可采用下式计算：

$$Nu = C \left(Re Pr \frac{d}{L}\right)^n \left(\frac{\mu}{\mu_w}\right)^z \tag{2-32}$$

式中系数和各指数的范围：L 为流体的流动长度，$C=1.86\sim4.5$，$n=1/3$，$z=0.14$。

过渡流时所得的关联式比较复杂，通常可根据 Re 的数值，由板式换热器的特性图线查得。

(3) 污垢热阻的确定

由于板式换热器中流体高度湍流，一方面使污垢的聚集量减小，另一方面还起到冲刷清洗作用，所以板式换热器中垢层一般都比较薄。在设计选取板式换热器的污垢热阻值时，其数值应不大于列管式换热器的污垢热阻值的 1/5。各种介质的污垢热阻值见表 2-17。

表 2-17 板式换热器中各介质的污垢热阻值

流体名称	污垢热阻/(m²·℃/W)	流体名称	污垢热阻/(m²·℃/W)
软水,蒸馏水	0.86×10^{-5}	润滑油	$(1.7\sim4.3)\times10^{-5}$
工业用软水	1.7×10^{-5}	植物油	$(1.7\sim5.2)\times10^{-5}$
工业用硬水	4.3×10^{-5}	有机溶剂	$(0.86\sim2.6)\times10^{-5}$
循环冷却水	3.4×10^{-5}	水蒸气	0.86×10^{-5}
海水	2.6×10^{-5}	一般液体	$(0.86\sim5.2)\times10^{-5}$
河水	4.3×10^{-5}		

2.2.3.2 流动阻力计算

流体在流动中只有克服阻力才能前进，流速越高阻力越大。在同样的流速下，不同的板型或不同的几何结构参数，阻力也不同。其压降可用式(2-33)表示

$$\Delta p = f_0 \frac{L}{D_e} \frac{\rho u^2}{2} n \tag{2-33}$$

式中，Δp——通过板式换热器的压降，Pa；f_0——摩擦系数，无量纲；L——流道长度，即板面展开后的长度，m；D_e——流道当量直径，m；ρ——流体密度，kg/m³；u——流道内流体的平均流速，m/s；n——换热器的程数。

在工程设计计算中，多采用 $\Delta p\text{-}u$ 图直接查取 Δp，参见图 2-15～图 2-19。

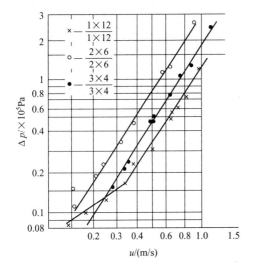

图 2-15　0.1m² 人字形波纹板式换热器 $\Delta p\text{-}u$ 图（水-水）

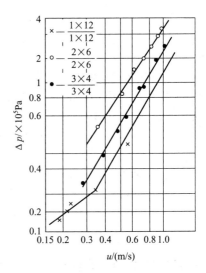

图 2-16　0.1m² 人字形波纹板式换热器 $\Delta p\text{-}u$ 图（油-水）

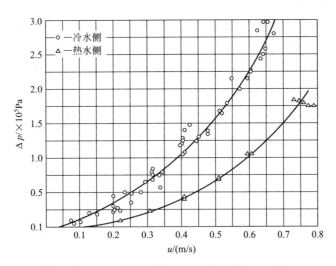

图 2-17　0.3m² 人字形波纹板式换热器 $\Delta p\text{-}u$ 图

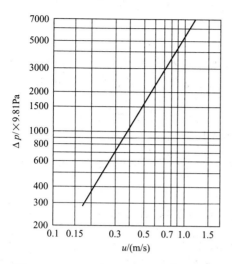

图 2-18 0.2m² 锯齿形波纹板式换热器 Δp-u 图（斜率 $m=1.67$）

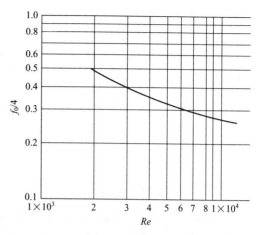

图 2-19 0.2m² 锯齿形波纹板式换热器 f_0-Re 图

2.2.4 板式换热器设计示例

一、设计题目

试选择一台板式换热器，用20℃的冷水（工业硬水）将油由70℃冷却至40℃。已知油的流量为12000kg/h，水的流量为20000kg/h，油侧与水侧的允许压降均小于10^5Pa。油在定性温度下的物性数据为 $\rho_h=850$kg/m³，$\mu_h=3.2\times10^{-3}$Pa·s，$C_{ph}=1.8$kJ/(kg·℃)，$\lambda_h=0.12$W/(m·℃)。

二、设计计算过程

1. 计算热负荷

$$Q=W_hC_{ph}(T_1-T_2)=\frac{12000}{3600}\times1.8\times10^3\times(70-40)=1.8\times10^5\text{W}$$

2. 计算平均温差

根据热量衡算计算水的出口温度

$$t_2=t_1+\frac{Q}{W_cC_{pc}}=20+\frac{180000}{\frac{20000}{3600}\times4.18\times10^3}=27.75℃$$

逆流平均温差

$$\Delta t'_m=\frac{(70-27.75)-(40-20)}{\ln\frac{70-27.75}{40-20}}=29.75℃$$

水的定性温度

$$t_m=\frac{20+27.75}{2}=23.9℃$$

查出定性温度下的物性数据：$\rho_c = 997 \text{kg/m}^3$，$\mu_c = 9.1 \times 10^{-4} \text{Pa} \cdot \text{s}$，$C_{pc} = 4.18 \text{kJ/(kg} \cdot \text{℃)}$，$\lambda = 0.606 \text{W/(m} \cdot \text{℃)}$。

3. 初估换热面积及初选板型

黏度大于 $1 \times 10^{-3} \text{Pa} \cdot \text{s}$ 的油与水换热时，列管式换热器的 K 值大约为 $115 \sim 470 \text{W/(m}^2 \cdot \text{℃)}$，而板式换热器的传热系数为列管式换热器的 $2 \sim 4$ 倍，则可初估 K 值为 $1000 \text{W/(m}^2 \cdot \text{℃)}$。

初估换热器面积
$$A = \frac{1.8 \times 10^5}{29.75 \times 1000} = 6.05 \text{m}^2$$

初选 BR0.1 型板式换热器，其单通道横截面积为 $8.4 \times 10^{-4} \text{m}^2$，实际单板换热面积为 0.1152m^2。

试选组装型式为 $6 - \frac{3 \times 10}{1 \times 30}$，$3 \times 10$ 为油的流程，程数为 3，每程通道数为 10；1×30 为水的流程，程数为 1，通道数为 30；换热面积为 6m^2。

因所选板型为混流，采用列管式换热器的温差校正系数：

$$R = \frac{T_1 - T_2}{t_2 - t_1} = \frac{70 - 40}{27.75 - 20} = 3.87, \quad P = \frac{t_2 - t_1}{T_1 - t_1} = \frac{27.75 - 20}{70 - 20} = 0.155$$

查单壳程温差校正系数图，得 $\phi_{\Delta t} = 0.96$。

$$\Delta t_m = \phi_{\Delta t} \Delta t_m' = 0.96 \times 29.75 = 28.6 \text{℃}$$

初估换热器面积
$$A = \frac{1.8 \times 10^5}{28.6 \times 1000} = 6.29 \text{m}^2$$

实际换热器面积为 $(60-1) \times 0.1152 = 6.8 \text{m}^2$。

4. 核算总传热系数 K

(1) 油侧的对流传热系数 α_1

流速
$$u_1 = \frac{12000}{3600 \times 850 \times 10 \times 8.4 \times 10^{-4}} = 0.467 \text{m/s}$$

采用 0.1m^2 人字形波纹板式换热器，其板间距 $\delta = 4 \text{mm}$。

其当量直径 $D_e = 2\delta = 2 \times 4 = 8 \text{mm} = 0.08 \text{m}$

$$Re_1 = \frac{D_e u_1 \rho_h}{\mu_h} = \frac{0.008 \times 0.467 \times 850}{3.2 \times 10^{-3}} = 992.4, \quad Pr_1 = \frac{C_{ph} \rho_h}{\lambda_h} = \frac{1.8 \times 10^3 \times 3.2 \times 10^{-3}}{0.12} = 48$$

$$\alpha_1 = 0.18 \frac{\lambda_h}{D_e} Re_1^{0.7} Pr_1^{0.43} \left(\frac{\mu}{\mu_w}\right)^{0.14}$$

油被冷却，取 $\left(\frac{\mu}{\mu_w}\right)^{0.14} = 0.95$，则

$$\alpha_1 = 0.18 \times \frac{0.12}{0.008} \times 992.4^{0.7} \times 48^{0.43} \times 0.95 = 1697 \text{W/(m}^2 \cdot \text{℃)}$$

(2) 水侧的对流传热系数 α_2

流速
$$u_2 = \frac{20000}{3600 \times 997 \times 30 \times 8.4 \times 10^{-4}} = 0.22 \text{m/s}$$

$$Re_2=\frac{D_e u_2 \rho_c}{\mu_c}=\frac{0.008\times 0.22\times 997}{9.1\times 10^{-4}}=1928, \quad Pr_2=\frac{C_{pc}\rho_c}{\lambda_c}=\frac{4.18\times 10^3\times 9.1\times 10^{-4}}{0.606}=6.28$$

$$\alpha_2=0.18\frac{\lambda_c}{D_e}Re_2^{0.7}Pr_2^{0.43}\left(\frac{\mu}{\mu_w}\right)^{0.14}$$

水被加热，取 $\left(\dfrac{\mu}{\mu_w}\right)^{0.14}=1.05$

$$\alpha_2=0.18\times\frac{0.606}{0.008}\times 1928^{0.7}\times 6.28^{0.43}\times 1.05=6290\text{W}/(\text{m}^2\cdot\text{℃})$$

（3）金属板的热阻 $\dfrac{b}{\lambda_w}$

板材为不锈钢（1Cr18Ni9Ti），其热导率 $\lambda_w=16.8\text{W}/(\text{m}\cdot\text{℃})$，板厚 $b=0.8\text{mm}$，则

$$\frac{b}{\lambda_w}=\frac{0.8\times 10^{-3}}{16.8}=0.0000476\text{m}^2\cdot\text{℃}/\text{W}$$

（4）污垢热阻

油侧 $R_1=0.000052\text{m}^2\cdot\text{℃}/\text{W}$，水侧 $R_2=0.000043\text{m}^2\cdot\text{℃}/\text{W}$

（5）总传热系数 K

$$\frac{1}{K}=\frac{1}{\alpha_1}+R_1+\frac{b}{\lambda_w}+R_2+\frac{1}{\alpha_2}=\frac{1}{1697}+0.000052+0.0000476+0.000043+\frac{1}{6290}$$

$$=0.0008906\text{m}^2\cdot\text{℃}/\text{W}$$

$$K=1123\text{W}/(\text{m}^2\cdot\text{℃})$$

5. 需要的传热面积 A

$$A=\frac{Q}{K\Delta t_m}=\frac{1.8\times 10^5}{1123\times 28.6}=5.6\text{m}^2$$

安全系数为 $\dfrac{6.8-5.6}{5.6}\times 100\%=21.3\%$，传热面积的富裕量可满足工艺要求。

6. 压降计算

查图 2-15，0.1m^2 人字形板式换热器 Δp-u（油-水）图（三程压降图）。

油侧 $u_1=0.467\text{m/s}$，$\Delta p=0.91\times 10^5\text{Pa}<10^5\text{Pa}$，满足要求。

水侧 $u_2=0.22\text{m/s}$，$\Delta p=0.2\times 10^5\times 30/12=0.5\times 10^5\text{Pa}<10^5\text{Pa}$，满足要求。

7. 所选板式换热器的规格型号

$$\text{BR}0.1\frac{6}{100}/6\text{-}\frac{3\times 10}{1\times 30}$$

其主要性能参数：

外形尺寸（长×宽×高）/mm	625×235×0.8	流道宽度/mm	210
有效传热面积/m²	0.1152	平均板间距/mm	4
波纹形式	等腰三角形	平均流道横截面积/m²	0.00084
波纹高度/mm	4	平均当量直径/mm	8

2.3 换热器设计任务书

一、冷却器的设计任务书

(一) 设计题目

煤油冷却器的设计

(二) 设计任务及操作条件

(1) 处理能力：19.8×10^4 t/a 煤油。

(2) 设备型式：列管式换热器。

(3) 操作条件：

① 煤油 入口温度140℃，出口温度40℃。

② 冷却介质 循环水，入口温度30℃，出口温度40℃。

③ 允许压降 不大于 10^5 Pa。

④ 煤油定性温度下的物性数据为

$\rho_c = 825 \text{kg/m}^3$，$\mu_c = 7.15 \times 10^{-4}$ Pa·s，$C_{pc} = 2.22$ kJ/(kg·℃)，$\lambda_c = 0.14$ W/(m·℃)。

⑤ 每年按8000h连续运行。

(4) 建厂地址：天津地区。

(三) 设计要求

设计并选择适宜的列管式换热器并进行核算。

二、换热器的设计任务书

(一) 设计题目

热水冷却器的设计

(二) 设计任务及操作条件

(1) 处理能力：2.5×10^4 t/a 热水。

(2) 设备型式：锯齿形板式换热器。

(3) 操作条件：

① 热水 入口温度80℃，出口温度60℃。

② 冷却介质 循环水，入口温度30℃，出口温度40℃。

③ 允许压降 不大于 10^5 Pa。

④ 每年按8000h连续运行。

(4) 建厂地址：天津地区。

(三) 设计要求

设计并选择适宜的锯齿形波纹板式换热器并进行核算。

本章符号说明

英文字母

A——换热面积，m^2；
b——传热壁面厚度，m；
B——折流板间距，m；
C——系数，无量纲；
C_p——比热容，kJ/(kg·℃)；
d——管径，m；
D——壳程直径，m；
f——摩擦系数；
F——系数；
G——质量流速，kg/(m^2·s)；
Gr——格拉斯霍夫数；
h——圆缺高度，m；
K——总传热系数，W/(m^2·℃)；
l——传热特征尺寸，m；
L——管长，m；
m——程数；
n——管子数目；指数；程数；

N——管数；程数；
N_B——折流板数；
Nu——努塞尔数；
p——压力，Pa；
P——因数；
Δp——压差或压降，Pa；
Pr——普朗特数；
q——传热通量，W/m^2；
Q——传热速率，W 或 kW；
r——半径，m；或相变热，kJ/kg；
R——热阻，m^2·℃/W；因数；
Re——雷诺数；
t——冷流体温度，℃；管心距，m；
T——热流体温度，℃；
Δt——温度差，℃；
u——流速，m/s；
W——质量流量，kg/s。

希腊字母：

α——对流传热系数，W/(m^2·℃)；
β——体积膨胀系数；
ε——黑度或校正系数；
θ——角度或时间，(°) 或 s；
ϕ——校正系数；

λ——热导率，W/(m·℃)；
μ——黏度，Pa·s；
ρ——密度，kg/m^3；
ψ——角度系数；
η——管板利用率。

下标

c——冷流体；
e——当量；
h——热流体；
i——管内；

m——平均；
o——管外；
s——饱和状态；
w——管壁。

第3章

塔设备设计

3.1 概述

3.1.1 塔设备的类型

塔设备是炼油、化工、石油化工、精细化工、生物化工、制药、食品和环保等行业广泛采用的气(汽)液传质设备,可使得气(汽)液或液液两相之间进行密切接触,达到相际传质与传热的目的。在塔设备中完成的常见单元操作有精馏、吸收、解吸和萃取等。根据塔内气液接触构件的结构形式,可分为板式塔和填料塔两大类。无论是板式塔还是填料塔,均由塔体、塔内件和塔附件三部分组成,其基本结构如图3-1所示。

板式塔内设置一定数量的塔板,气体以鼓泡或喷射形式穿过板上的液层,进行传质与传热。一般操作情况下,气相为分散相,液相为连续相,气液相组成呈阶梯变化,属逐级接触逆流操作过程。

填料塔内装有一定高度的填料层,液体自塔顶沿填料表面下流,气体逆流向上(有时也采用并流向下)沿填料表面液膜和填料空隙流动,气液两相密切接触进行传质与传热。在正常操作下(一般是泛点以下),气相为连续相,液相为分散相,气液相组成呈连续变化,属微分接触逆流操作过程。

3.1.2 板式塔与填料塔的比较及选型

3.1.2.1 板式塔与填料塔的比较

工业上,评价塔设备的性能指标主要有以下几个方面:①生产能力;②分离效率;③塔压降;④操作弹性和持液量;⑤结构、制造、安装维修、抗腐蚀及造价等。现就板式塔与填料塔的性能比较结果如下。

(1) 生产能力

板式塔与填料塔的液体流动和传质机理不同。板式塔的传质是通过上升气体穿过板上的液层来实现,塔板的开孔率一般占塔截面积的7%~10%;而填料塔的传质是通过上升气体和靠重力沿填料表面下降的液流接触实现。填料塔内件的开孔率通常在50%以上,而填料层的空隙率则超过90%,液泛点较高,故单位塔截面积上,填料塔的生产能力一般均高于

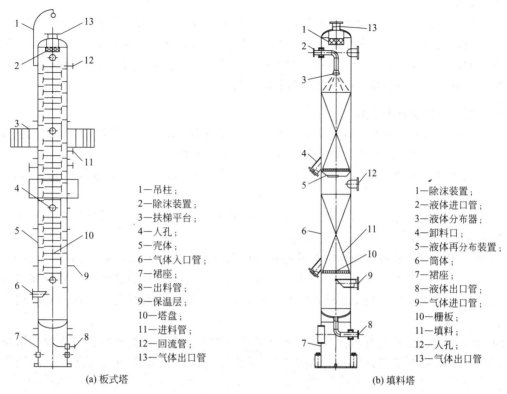

图 3-1 塔设备的基本结构

板式塔。

(2) 分离效率

一般情况下,填料塔具有较高的分离效率。工业上常用填料塔每米理论级为 2~8 级。而常用的板式塔,每米理论板最多不超过 2 级。研究表明,在减压、常压和低压(压力小于 0.3MPa)操作下,填料塔的分离效率明显优于板式塔,高压操作时,板式塔的分离效率略优于填料塔。

(3) 塔压降

填料塔由于空隙率高,故其压降远远小于板式塔。一般情况下,板式塔的每个理论级压降约在 0.4~1.1kPa,填料塔约为 0.01~0.27kPa,通常,板式塔的压降高于填料塔 5 倍左右。压降低不仅能降低操作费用,节约能耗,对于精馏过程,可使塔釜温度降低,有利于热敏性物系的分离和减压操作。

(4) 操作弹性和持液量

一般来说,填料本身对气液负荷变化的适应性很大,故填料塔的操作弹性取决于塔内件的设计和填料的润湿性,特别是液体分布器的设计,因而可根据实际需要确定填料塔的操作弹性。而板式塔的操作弹性则受到塔板液泛、液沫夹带及降液管能力的限制,设计良好的板式塔一般操作弹性较大。板式塔对液气比的适用范围较宽,因为板上液层等的要求,具有较大的持液量,约为塔体积的 8%~12%;填料塔的持液量较小,约为塔体积的 1%~6%。

(5) 结构、制造及造价等

一般来说,填料塔的结构较板式塔简单,故制造、维修也较为方便,但填料塔的造价通常高于板式塔。

应予指出，持液量大，可使塔的操作平稳，不易引起产品的迅速变化，填料塔的持液量小于板式塔，故板式塔较填料塔更易于操作。板式塔容易实现侧线进料和出料，而填料塔对侧线进料和出料等复杂情况不太适合。对于比表面积较大的高性能填料，填料层容易堵塞，故填料塔不宜直接处理有悬浮物或容易聚合的物料。

3.1.2.2 塔设备的选型

对于多数气液逆流接触过程，板式塔和填料塔都适用，设计者必须根据具体情况进行选用。板式塔和填料塔各具特点，选用时应注意一些基本原则。

① 对于腐蚀性物系，通常选用填料塔。因为填料可以选用耐腐蚀性能好的非金属材料，比板式塔便于处理。

② 对于易起泡物系，选用填料塔更适合。因填料对泡沫有限制和破碎作用。而采用板式塔则容易产生过度液沫夹带，以致淹塔。

③ 对于处理易聚合或含固体颗粒的物料，宜采用板式塔。这样不易堵塞且便于清洗。

④ 对于热敏性物系，宜采用填料塔。因为填料塔的持液量比板式塔少，物料在塔内的停留时间短，填料塔的塔压降比板式塔低，所以处理热敏性物系时更适宜在填料塔内真空操作。

⑤ 对于在分离过程中有明显吸热或放热效应的物系，宜采用板式塔。因为板式塔持液量大，便于在塔板上安置加热或冷却蛇管。而填料塔因涉及液体均布问题，而使结构复杂化。

⑥ 对于有多个进料和/或侧线出料的塔器，宜采用板式塔。

⑦ 对于处理量或负荷波动较大的场合，板式塔优于填料塔。因填料塔的液体量过小，会造成填料层中液体分布不均匀，填料表面未充分润湿，影响塔的效率。而当液体负荷过大时，则容易产生液流。但设计良好的板式塔，则具有较大的操作弹性。

⑧ 对于中、小规模的塔器，当塔径小于600mm时，宜选用填料塔，这样可节省费用。

工业上，塔设备主要用于蒸馏和吸收等传质单元操作过程。传统的设计中，蒸馏过程多选用板式塔，而吸收过程多选用填料塔。近年来，随着塔设备设计水平的提高及新型塔构件的出现，上述传统已被逐渐打破。在蒸馏过程中采用填料塔及在吸收过程中采用板式塔已有不少应用范例，尤其是填料塔在精馏过程中的应用已非常普遍。

对于一个具体的分离过程，设计中选用何种塔型，应根据生产能力、分离效率、塔压降、操作弹性等要求，并结合制造、维修、造价等因素综合考虑。一般来说，对于热敏性物系的分离，要求塔压降尽可能低，选用填料塔较为适宜；对于有侧线进料和出料的工艺过程，选用板式塔较为适宜；对于有悬浮物或容易聚合物系的分离，为防止堵塞，宜选用板式塔；对于液体喷淋密度极小的工艺过程，若采用填料塔，填料层得不到充分润湿，使其分离效率明显下降，故宜选用板式塔；对于易发泡物系的分离，因填料层具有破碎泡沫的作用，宜选用填料塔。

3.2 板式塔设计

本节以精馏过程介绍板式塔设计。

板式塔的类型很多，但其设计原则基本相同。一般来说，板式塔的设计步骤大致如下。

① 根据设计任务和工艺要求，确定设计方案；对所选装置的流程、操作条件、设备型式等进行选择论证；

② 根据设计任务和工艺要求，选择塔板类型；进行相关的工艺计算；

③ 确定塔径、塔高等工艺尺寸；

④ 进行塔板的工艺设计，包括溢流装置的设计、塔板的布置、升气道（泡罩、筛孔或浮阀等）的设计及排列；

⑤ 进行流体力学验算；

⑥ 绘制塔板的负荷性能图；

⑦ 根据负荷性能图，对设计进行分析，若设计不够理想，可对某些参数进行调整，重复上述设计过程，直至达到要求为止；

⑧ 完成塔附件和辅助设备的设计与选型；

⑨ 编写设计说明书；

⑩ 绘制板式塔装置的工艺流程简图和设备的工艺条件图。

3.2.1 设计方案的确定

以精馏为例，设计方案的确定是指确定整个精馏装置的工艺流程、主要设备的结构型式和相关的操作方式及操作条件等。

3.2.1.1 装置流程的确定

蒸馏装置包括精馏塔、原料预热器，蒸馏釜（再沸器）、冷凝器、釜液冷却器和产品冷却器等设备。蒸馏过程按操作方式的不同，分为连续蒸馏和间歇蒸馏两种流程。连续蒸馏具有生产能力大，产品质量稳定等优点，工业生产中以连续蒸馏为主。间歇蒸馏具有操作灵活、适应性强等优点，适合于小规模、多品种或多组分物系的初步分离。

蒸馏是通过物料在塔内的多次部分汽化与多次部分冷凝实现分离的，热量自塔釜输入，由冷凝器和冷却器中的冷却介质将余热带走。在此过程中，热能利用率很低，为此，在确定装置流程时应考虑余热的利用。譬如，用原料作为塔顶产品（或釜液产品）冷却器的冷却介质，既可将原料预热，又可节约冷却介质。

另外，为保持塔的操作稳定性，流程中除用泵直接送入塔原料外也可采用高位槽送料，以免受泵操作波动的影响。

塔顶冷凝装置可采用全凝器、分凝器-全凝器两种不同的设置。工业上以采用全凝器为主，以便于准确地控制回流比。塔顶分凝器对上升蒸汽有一定的增浓作用，若后继装置使用气态物料，则宜采用分凝器。

设计方案的确定是指设计者需要根据给定的任务来确定装置的基本流程、主体设备的结构型式以及主要的操作条件。所需方案必须满足：①满足工艺要求，达到指定的产量和质量；②操作条件平稳，易于控制和调节；③经济合理；④生产安全，满足环境保护要求等。在实际设计时，这些方面都要综合考虑。总之，确定流程时要较全面、合理地兼顾设备、操作费用、操作控制及安全等因素。

3.2.1.2 操作压力的选择

蒸馏过程按操作压力不同，分为常压蒸馏、减压蒸馏和加压蒸馏。操作压力的确定，主要是根据处理物料的性质、技术上的可行性和经济上的合理性来考虑。

一般，除热敏性物系外，凡通过常压蒸馏就能够实现分离要求，并能用江河水或循环水将馏出物冷凝下来的物系，都应采用常压蒸馏；对热敏性物系或者混合物泡点过高的物系，则宜采用减压蒸馏；对常压下馏出物的冷凝温度过低的物系，需提高塔压或者采用深井水、冷冻盐水作为冷却剂；而常压下呈气态的物系必须采用加压蒸馏。例如苯乙烯常压沸点为145.2℃，而将其加热到102℃以上就会发生聚合，故苯乙烯应采用减压蒸馏；脱丙烷塔操作压力提高到1765kPa时冷凝温度约为50℃，便可用江河水或者循环水进行冷却，使运转费用减少；石油气常压呈气态，必须采用加压蒸馏。

3.2.1.3 进料热状态的选择

根据精馏原理，要使回流充分发挥作用，全部冷量应由塔顶加入，全部热量应由塔底加入。那么，原料不应作任何预热，前道工序的来料状态就是操作的进料热状态。

蒸馏操作有五种进料热状态，进料热状态不同，影响塔内各层塔板的气（汽）、液相负荷。从操作费用、设备费用以及稳定操作等方面考虑，工业上多采用接近泡点的液体进料和饱和液体（泡点）进料，通常用釜残液预热原料。若工艺要求减少塔釜的加热量，以避免釜温过高，料液产生聚合或结焦，则应采用气态进料。

实际设计时，进料热状态与总费用、操作调节方便与否有关，还要考虑整个车间的流程安排，应在整体上综合考虑。

3.2.1.4 加热方式的选择

蒸馏大多采用间接蒸汽加热，设置再沸器。有时也可采用直接蒸汽加热，例如蒸馏釜残液中的主要组分是水，且在低浓度下轻组分的相对挥发度较大时（如乙醇与水混合液）可以采用直接蒸汽加热，其优点是可以利用压力较低的加热蒸汽以节省操作费用，并省掉间接加热设备。但由于直接蒸汽的加入，对釜内溶液起一定稀释作用，在进料条件和产品纯度、轻组分收率一定的前提下，釜液浓度相应降低，故需要在提馏段增加塔板以达到生产要求。

3.2.1.5 回流比的选择

回流比是精馏操作的重要工艺条件，其选择的原则是使设备费用和操作费用之和为最低。设计时，应根据实际需要选定回流比，也可参考同类生产的经验值选定。必要时可选用若干个R值，利用吉利兰图（简捷法）求出对应理论板数N，作出N-R曲线，从中找出适宜的操作回流比R，也可作出R对精馏操作费用的关系线，从中确定适宜回流比R。也可根据操作要求，先计算出最小回流比，然后取最小回流比的某个倍数作为实际的操作回流比。

如果原料来源复杂多变，浓度差异较大，需要考虑多股进料设计。

3.2.2 塔板的类型与选择

塔板是板式塔的主要构件，分为错流式塔板和逆流式塔板两类，工业应用以错流式塔板为主，常用的错流式塔板主要有下列几种。

3.2.2.1 泡罩塔板

泡罩塔板是工业上应用最早的塔板，其主要元件为升气管及泡罩。泡罩安装在升气管的顶部，分圆形和条形两种，国内应用较多的是圆形泡罩。泡罩尺寸分为$\phi 80mm$、$\phi 100mm$、$\phi 150mm$三种，可根据塔径的大小选择。通常塔径小于1000mm时，多选用$\phi 80mm$的泡罩；对于塔径大于2000mm的塔器，一般选用$\phi 150mm$的泡罩。

泡罩塔板的主要优点是操作弹性较大，液气（汽）比范围大，适于处理各种物料，操作稳定可靠。其缺点是结构复杂，易堵塞，造价高；板上液层厚，塔板压降大，生产能力及板效率较低。近年来，泡罩塔板已逐渐被筛板、浮阀塔板所取代。在设计中除特殊需要（如分离黏度大、易结焦等物系）外一般不宜选用。

3.2.2.2 筛孔塔板

筛孔塔板简称筛板，结构特点为塔板上开有许多均匀的小孔。根据孔径的大小，分为小孔径筛板（孔径为 3~8mm）和大孔径筛板（孔径为 10~25mm）两类。工业应用中以小孔径筛板为主，大孔径筛板多用于某些特殊场合（如分离黏度大、易结焦的物系）。

筛板的优点是结构简单，造价低；板上液面落差小，气体压降低，生产能力较大；气体分散均匀，传质效率较高。其缺点是筛孔易堵塞，不宜处理易结焦、黏度大的物料。

应予指出，尽管筛板传质效率高，但若设计和操作不当，易产生漏液，使得操作弹性减小，传质效率下降，故过去工业上应用较为谨慎。近年来，由于设计和控制水平的不断提高，可使筛板的操作非常精确，弥补了上述不足，故应用日趋广泛。在确保精确设计和采用先进控制手段的前提下，设计中可大胆选用。

3.2.2.3 浮阀塔板

浮阀塔板是在泡罩塔板和筛孔塔板的基础上发展起来的，它吸收了两种塔板的优点。其结构特点是在塔板上开有若干个阀孔，每个阀孔装有一个可以上下浮动的阀片。气流从浮阀周边水平地进入塔板上液层，浮阀可根据气流流量的大小而上下浮动，自行调节。浮阀的类型很多，国内常用的有 F1 型、V-4 型及 T 型等，其中以 F1 型浮阀应用最为普遍。图 3-2 为各种浮阀的结构示意图，主要尺寸见表 3-1。

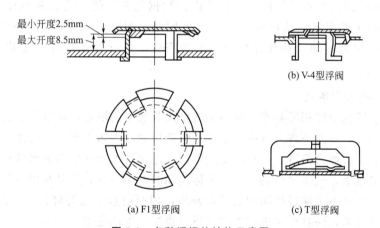

图 3-2 各种浮阀的结构示意图

表 3-1　F1 型、V-4 型及 T 型浮阀的主要尺寸

型式	F1 型(重阀)	V-4 型	T 型
阀孔直径/mm	39	39	39
阀片直径/mm	48	48	50
阀片厚度/mm	2	1.5	2
最大开度/mm	8.5	8.5	8
静止开度/mm	2.5	2.5	1.0~2.0
阀片质量/g	32~34	25~26	30~32

浮阀塔具有下列优点。

① 生产能力大　由于浮阀塔板具有较大的开孔率，故其生产能力比泡罩塔的大 20%～40%，而与筛板塔相近。

② 操作弹性大　由于阀片可以自由升降以适应气量的变化，故维持正常操作所允许的负荷波动范围比泡罩塔和筛板塔的都大。

③ 塔板效率高　因上升气体以水平方向吹入液层，故气、液接触时间较长而液沫夹带量较小，板效率较高。

④ 气体压强降及液面落差较小　因为气、液流过浮阀塔板时所遇到的阻力较小，故气体的压强降及板上的液面落差都比泡罩塔板的小。

⑤ 造价低　因结构简单，易于制造，浮阀塔的造价一般为泡罩塔的 60%～80%，而为筛板塔的 120%～130%。

浮阀塔板的缺点是处理易结焦、高黏度的物料时，阀片易与塔板黏结；在操作过程中有时会发生阀片脱落或卡死等现象，使塔板效率和操作弹性下降，但对于黏度稍大及有一般聚合现象的系统，浮阀塔也能正常操作。

应予指出，以上介绍的仅是几种较为典型的浮阀类型。由于浮阀具有生产能力大，操作弹性大及塔板效率高等优点，且加工方便，故有关浮阀塔板的研究开发远较其他型式的塔板广泛，是目前新型塔板研究开发的主要方向之一。近年来研究开发出的新型浮阀有船型浮阀、管型浮阀、梯型浮阀、双层浮阀、V-V 浮阀、混合浮阀等，其共同的特点是加强了流体的导向作用和气体的分散作用，使气液两相的流动更趋于合理，操作弹性和塔板效率得到进一步的提高。但应指出，在工业应用中，目前还多采用 F1 型浮阀，其原因是 F1 型浮阀已有系列化标准，各种设计数据完善，便于设计和对比。而采用新型浮阀，设计数据不够完善，给设计带来一定的困难，但随着新型浮阀性能测定数据的不断发表及工业应用的增加，其设计数据会逐步完善，在有较完善的性能数据下，设计中可选用新型浮阀。

3.2.2.4　喷射型塔板

上述泡罩、筛孔及浮阀塔基本上都属于气体为分散型的塔板，在这类塔板上，气体分散于板上流动液层中，在鼓泡或泡沫状态下进行气液接触。为防止严重的液沫夹带，操作气速不可能很高，故生产能力的进一步提高受到限制。近年发展起来的喷射型塔板克服了这个弱点。在喷射型塔板上，气体喷出的方向与液体流动的方向一致，充分利用气体的动能来促进两相间的接触。气体不再通过较深的液层而鼓泡，因而塔板压强降降低，液沫夹带量减小，不仅提高了传质效果，而且可采用较大的气速，提高了生产能力。

① 舌形塔板　舌形塔板是喷射型塔板的一种，其结构如图 3-3 所示。塔板上冲出许多舌形孔，舌片与板面成一定角度，向塔板的溢流出口侧张开。舌孔一般按正三角形排列，塔板的液流出口侧不设溢流堰，只保留降液管，降液管截面积要比一般塔板设计得大些。

上升气流穿过舌孔后，以较高的速度（20～30m/s）沿舌片的张角向斜上方喷出。从上层塔板降液管流出的液体，流过每排舌孔时，即为喷出的气流强烈扰动而形成泡沫体，并有部分液滴被斜向喷射到液层上方，喷射的液流冲至降液管上方的塔壁后流入降液管中。

舌形塔板的开孔率较大，可采用较高的空塔气速，故生产能力大。气体通过舌孔斜向喷出时，有一个推动液体流动的水平分力，使液面落差减小，又因液沫夹带量减小，板上无返混现象，从而强化了相际传质，故能获得较高的塔板效率。且板上液层较薄，塔板压强降低。

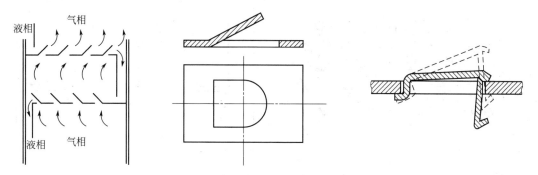

图 3-3 舌形塔板示意图　　　　　　　图 3-4 浮舌塔板示意图

由于舌形塔板的气流截面积是固定的,故舌形塔板对负荷波动的适应能力差,操作弹性小;此外,被气体喷射的液流在通过降液管时,会夹带气泡到下层塔板,使板效率下降。

为了提高舌形塔板的操作弹性,可采用浮动舌片,这种塔板称为浮舌塔板。浮舌塔板是综合浮阀和固定舌形塔板的优点而提出的又一种新型塔板,其结构如图 3-4 所示。

仅将固定舌形板的舌片改为浮动舌片即成为浮舌塔板。其特点为:操作弹性大,负荷变动范围甚至可超过浮阀塔;压强降小,特别适宜于减压蒸馏;结构简单,制造方便;效率也较高,介于浮阀塔板与固定舌形塔板之间。

② 斜孔塔板　筛板塔板上气流的垂直向上喷射,浮阀塔板上阀与阀之间喷出气流的相互冲击,都容易造成较大的液沫夹带,影响传质效果。在舌形塔板上气、液并流,虽能做到气流水平喷出,减轻了液沫夹带量,但气流向一个方向喷出,液体被不断加速,往往不能保证气、液的良好接触,使传质效率下降。

斜孔塔板克服了上述的缺点,其结构见图 3-5。板上开有斜孔,孔口与板面成一定角度。斜孔的开口方向与液流方向垂直,同一排孔的孔口方向一致,相邻两排开孔方向相反,使相邻两排孔的气体反方向喷出,这样,气流不会对喷又能相互牵制,既可得到水平方向较大的气速,又阻止了液沫夹带,使板面上液层低而均匀,气、液接触良好,传质效率提高。

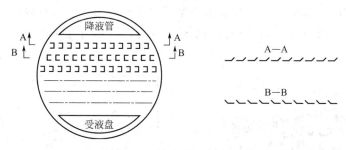

图 3-5 斜孔塔板示意图

斜孔塔板结构简单,加工制造方便,压降较低,塔板效率与浮阀塔相当,生产能力比浮阀塔约大 30%,适用于大塔装置及减压操作系统。

3.2.2.5 立体喷射型塔板

① 垂直筛板　最早出现的立体喷射型塔板是垂直筛板(New VST)。垂直筛板的塔板上开有若干直径为 100~200mm 的大圆孔,板孔上设置圆柱形的帽罩,帽罩侧壁开有许多筛孔(因其与塔板板面垂直,故称为垂直筛板),其结构及气液流动如图 3-6 所示。帽罩的

 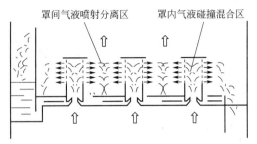

图 3-6 New VST 塔板及气液流动示意图

下缘与塔板有一定间隙，称为底隙，液体能由此进入罩内。

这种塔板在操作时，从底隙进入罩内的液体被上升的气流拉成液膜沿罩壁上升，并与气流一起经帽罩侧壁筛孔喷出。之后，气体上升，液体回落塔板。落回塔板的液体将重新进入帽罩，再次被吹成液滴由筛孔喷出。液体自塔板入口流至降液管，多次经历上述过程，从而为两相传质提供了很大的不断更新的相际接触表面，提高了板效率。

在垂直筛板上，板上存在一层清液，其深度是由堰高和液流强度决定的。清液高度必须能够维持帽罩底部的液封并保证一定的进入罩内的液体量。

和普通筛板不同，垂直筛板充分利用液层以上的塔板空间作为传质区域，板上基本为清液层，特别适于处理易发泡物系。由于高速气流的冲刷，不易发生堵孔现象，适于处理带固体颗粒以及易结垢的物系。垂直筛板的喷射方向是水平的，液滴在垂直方向的初始速度为零，液沫夹带量很小。因此，在较低的液气比情况下，垂直筛板的生产能力可以大幅度提高。

② 立体传质塔板　如图 3-7 所示，立体传质塔板（CTST）的核心部件为具有梯矩形立体结构的帽罩单元，由喷射板、端板和分离板组成。喷射板上开有喷射孔，端板与喷射板组成帽罩的罩体，兼有固定和支撑的作用，分离板设置在罩体顶部，起到强制气液分离的作用。在分离板与喷射板之间设有气液两相流动的通道，喷射板与塔板之间留有底隙。罩体对应的塔板上开有适当尺寸的矩形孔，即板孔，是气相通过塔板的通道。帽罩安装在塔板上时，可以独立成为一个单元，也可以将多个帽罩组合在一起。CTST 结构上与 New VST 根本的不同在于梯矩形罩体的设计、分离板的设计和罩顶气相通道的设计。

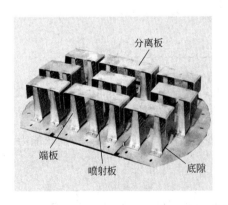 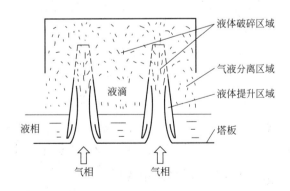

图 3-7　立体传质塔板及操作状态示意图

CTST 的工作原理与 New VST 基本相同，但结构的改进使其流体力学性能比 New

VST 有了明显的改善，解决了 New VST 的一些固有缺陷。主要体现在以下几方面。

① New VST 气液两相从圆形罩体喷出时存在液体回喷现象，造成液体沿板上流动方向的返混；而 CTST 气液喷出的方向与板上液体流动方向垂直，液相返混程度很小，同时在一定程度上减小了液面落差。

② New VST 罩内压强较高，气量较大时，会使罩外液体进入罩内的阻力增加，甚至出现罩内气体直接从底隙吹出罩外的现象，破坏气液两相的接触传质。而 CTST 的梯形罩体结构使气体进入罩内后表现为缩流加速过程，在底隙附近形成负压，具有"自吸"能力，可将罩外液体吸入罩内，从根本上解决了"底隙吹出"问题。

③ New VST 存在罩内憋压问题，一定操作条件下会产生有节奏的振动，俗称**喘振**。喘振严重时会损坏罩体，造成罩体脱落。CTST 罩顶采用开放式通道设计，有效地解决了喘振问题，而且使塔板压降显著降低。

④ CTST 的分离板结构实现了气液两相的强制分离，使液沫夹带量更低，塔板可以承受更高的气相负荷。实际工业数据显示，CTST 的空塔动能因子最高已达 $3.5 \text{m/s} \cdot (\text{kg/m}^3)^{0.5}$ 以上。

3.2.2.6 多降液管塔板

当液气比比较大时，允许通过的液体流量将成为塔板生产能力的控制因素。液体流量过大时，塔板上的液层太厚并造成很大的液面落差。而且，此时传统的弓形降液管往往难以满足液体通过的需要。这时，可在普通塔板上设置多根降液管以适应大液量的要求（见图 3-8）。为避免过多占用塔板面积，降液管多设计为悬挂式的。在这种降液管的底部开有若干缝隙，其开孔率必须正确设计，使液体得以流出的同时又保持一定高度的液封，防止气体窜入降液管内。降液管下端并不浸没于下一层塔板的液层中，而是处在泡沫层之上的气相空间。为避免液体短路，相邻两塔板的降液管交错 90°。

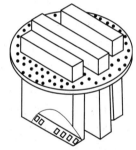

图 3-8　多降液管塔板

与普通塔板相比，多降液管塔板有以下优点：由于溢流堰长度远大于一般塔板，可用于处理很高的液相负荷；塔板上液流路程短，几乎没有液面落差，使气相分布均匀；增大了塔板有效区面积，提高了气相处理能力；在较宽的气液流量范围内，能良好地控制泡沫高度，具有较好的操作稳定性；矩形降液管增强了塔板的刚性，可省去其他支承结构。当然，采用多降液管时液体流程缩短，在液体行程上不容易建立浓度差，板效率有所降低。

目前，多降液管塔板也发展出许多改进的结构型式，如：DJ 系列塔板、VGMD 塔板、ECMD 塔板、EEMD 塔板、短矩形多降液管塔板等。

层出不穷的新型塔板结构各具特点，将几种部件组合在一块塔板上的组合塔板近几年也比较多见。实际使用中，应根据不同的工艺及生产需要来选择塔板，不是任何情况下都追求塔板效率。一般来说，对难分离物质的高纯度分离希望得到高的塔板效率，对处理量大又易分离的物质往往追求高的生产能力，而对真空精馏则要求有低的塔板压强降等。

3.2.3 板式塔工艺设计计算

精馏过程的工艺计算包括物系组分的物性选择、相平衡关系、物料衡算、热量衡算、操作线方程、进料热状况的确定、最小回流比与回流比的选取、理论板数与实际板数的计算与确定、板效率的估算等内容。可参见化工原理教材和相关论著，设计过程可参见设计示例。

3.2.3.1 塔的工艺计算

(1) 物性数据和相平衡关系的查取与计算

表达温度、气（汽）液相摩尔分率之间关系的有 t-x-y、y-x 以及用相对挥发度表示的相平衡方程。查取操作条件下的物性参数和相平衡关系数据，可以参阅相关物性手册和化工原理教材附录。

当液体为理想溶液，气相为理想气体时，相对挥发度可用式(3-1)表示

$$\alpha = \frac{p_A^0}{p_B^0} \tag{3-1}$$

式中，p_A^0——操作温度下 A 组分的饱和蒸气压；p_B^0——操作温度下 B 组分的饱和蒸气压。

饱和蒸气压可直接由手册查取，也可由 Antoine 方程计算。饱和蒸气压数据和 Antoine 方程常数可以参考相关文献或化工原理教材附录。

当相对挥发度 α 随组分变化不大时，其平均值可用式(3-2)计算

$$\alpha = \sqrt{\alpha_1 \alpha_2} \tag{3-2}$$

式中，α_1、α_2——塔顶、塔底组成的相对挥发度。

气液两相平衡关系可用式(3-3)表示

$$y = \frac{\alpha x}{1+(\alpha-1)x} \tag{3-3}$$

(2) 物料衡算

物料衡算的任务是：①根据设计任务给定的原料处理量、原料浓度及分离要求（塔顶、塔底产品的浓度），计算出每小时塔顶、塔底的产品产量；②在进料热状态 q 和回流比 R 选定后，分别计算出精馏段和提馏段的上升蒸汽量和下降液体量；③写出精馏段和提馏段的操作线方程。为计算理论板数以及塔径和塔板结构参数提供依据。

通常，原料量和产量都以 kg/h 或吨/年表示，但在理论板数计算时必须转换为 kmol/h；在塔板设计时，汽液流量又须用 m³/s 表示。因此，要注意在不同阶段使用相应的流量单位。

总物料衡算 $$F = D + W \tag{3-4}$$

易挥发组分的物料衡算 $$Fx_F = Dx_D + Wx_W \tag{3-5}$$

式中，F——原料液量，kmol/h；D——塔顶产品（馏出液）量，kmol/h；W——塔底产品（釜液）量，kmol/h；x_F——原料液组成，摩尔分数；x_D——塔顶产品组成，摩尔分数；x_W——塔底产品组成，摩尔分数。

在精馏计算中，对分离过程除要求用塔顶和塔底的产品组成表示外，有时还用回收率表示。若以塔顶轻组分为主要产品，则塔顶易挥发组分的回收率 η 为

$$\eta = \frac{Dx_D}{Fx_F} \times 100\% \tag{3-6}$$

根据进料热状态 q 和相平衡方程，可以确定最小回流比

$$R_{\min} = \frac{x_D - y_e}{y_e - x_e} \tag{3-7}$$

式中，y_e、x_e——汽、液相平衡组成。

取操作回流比为：$R = (1.05 \sim 2.0) R_{\min}$

若进料热状态 q 和回流比 $R(R=L/D)$ 已经确定,则可计算塔内上升蒸汽量、下降液体量和操作线方程。其中,设定塔顶为全凝器,泡点回流。

精馏段,上升蒸汽量为 $\qquad V=L+D=(R+1)D \qquad$ (3-8)

下降液体量为 $\qquad L=RD \qquad$ (3-9)

式中,L——精馏段中向下流动的液体流量,kmol/h;V——精馏段中上升蒸汽流量,kmol/h。

根据恒摩尔流假设,在此系统内没有其他加料与出料,L 和 V 均为常数,可以得到操作线方程

$$y_{n+1} = \frac{R}{R+1}x_n + \frac{x_D}{R+1} \qquad (3-10)$$

提馏段,上升蒸汽量为 $\qquad V'=(R+1)D-(1-q)F \qquad$ (3-11)

下降液体量为 $\qquad L'=RD+qF \qquad$ (3-12)

式中,L'——提馏段中向下流动的液体流量,kmol/h;V'——提馏段中上升蒸汽流量,kmol/h。

根据恒摩尔流假设,L' 和 V' 均为常数,可以得到操作线方程

$$y_{m+1} = \frac{L'}{V'}x_m - \frac{W}{V'}x_W \qquad (3-13)$$

(3) 理论板层数计算

对给定的设计任务,当分离要求和操作条件确定后,若物系符合恒摩尔流假定,操作线为直线,可用逐板计算法、图解法或简捷算法求取理论板数和理论进料板位置。非理想物系一般采用图解法。分离物系的相对挥发度较小或分离要求较高时,所需理论板数很多,图解法误差增大,应该采用逐板计算法。有关内容在化工原理教材的"蒸馏"章节中已有详细的叙述与分析讨论,此处不再赘述。

应予指出,近年来,随着模拟计算技术和计算机技术的发展,已开发出许多用于精馏过程模拟计算的软件,设计中常用的软件有 ASPEN、PRO/Ⅱ 等。这些模拟软件虽有各自的特点,但其模拟计算的原理基本相同,即采用数学方法,联立求解物料衡算方程(M 方程)、相平衡方程(E 方程)、热量衡算方程(H 方程)及组成加和方程(S 方程),简称 MEHS 方程组。在 ASPEN、PRO/Ⅱ 等软件包中,存储了大多数物系的物性参数及汽液平衡数据,对缺乏数据的物系,可通过软件包内的计算模块,结合合适的算法,求出相关的参数。设计中,给定相应的设计参数,通过模拟计算,即可获得所需的理论板层数,进料板位置,各层理论板的汽液相负荷、汽液相密度、汽液相黏度,各层理论板的温度与压力等,计算快捷准确。

3.2.3.2 塔的有效高度计算

板式塔的塔体工艺尺寸包括塔体的有效高度和塔径。

(1) 基本计算公式

板式塔的有效高度是指安装塔板部分的高度,可按式(3-14)计算

$$Z = \left(\frac{N_T}{E_T} - 1\right)H_T \qquad (3-14)$$

式中,Z——板式塔的有效高度,m;N_T——塔内所需的理论板层数;E_T——总板效率,参见后文的介绍;H_T——塔板间距,m。

（2）塔板间距的确定

塔板间距 H_T 的选取与塔高、塔径、物系性质、分离效率、操作弹性以及塔的安装、检修等因素有关。设计时通常根据塔径的大小，由表 3-2 列出的塔板间距与塔径关系的经验数值选取。

表 3-2　塔板间距与塔径的关系

塔径 D/m	0.3～0.5	0.5～0.8	0.8～1.6	1.6～2.4
H_T/mm	200～400	300～450	350～500	400～800

选取塔板间距时，还要考虑实际情况。例如塔板层数很多时，宜选用较小的板间距，适当加大塔径以降低塔的高度；塔内各段负荷差别较大时，也可采用不同的板间距以保持塔径的一致；对易发泡的物系，板间距应取大些，以保证塔的分离效果；对生产负荷波动较大的场合，也需加大板间距以提高操作弹性。在设计中，有时需反复调整，选定适宜的板间距。

塔板间距的数值应按系列标准选取，常用的塔板间距有 300mm、350mm、400mm、450mm、500mm、600mm、800mm 等几种系列标准。应予指出，板间距的确定除考虑上述因素外，还应考虑安装、检修的需要。例如在塔体的人孔处，应采用较大的板间距，一般不低于 600mm。

3.2.3.3　塔径的计算

塔径可依据流量公式计算，即

$$D = \sqrt{\frac{4V_s}{\pi u}} \tag{3-15}$$

式中，D——塔径，m；V_s——气体体积流量，m³/s；u——空塔气速，m/s。

由式(3-15)可知，计算塔径的关键是计算空塔气速 u。设计中，空塔气速 u 的计算方法是，先求得最大空塔气速 u_{max}，然后根据设计经验，乘以一定的安全系数（一般取 0.6～0.8），即

$$u = (0.6 \sim 0.8) u_{max} \tag{3-16}$$

安全系数的选取与分离物系的发泡程度密切相关。对不易发泡的物系，可取较高的安全系数，对易发泡的物系，应取较低的安全系数。

最大空塔气速 u_{max}，可依据悬浮液滴沉降原理导出，其结果为

$$u_{max} = C \sqrt{\frac{\rho_L - \rho_v}{\rho_v}} \tag{3-17}$$

式中，ρ_L——液相密度，kg/m³；ρ_v——气相密度，kg/m³；C——负荷因子，m/s。

负荷因子 C 值与气液负荷、物性及塔板结构有关，一般由实验确定。史密斯（Smith）等依据泡罩、筛板和浮阀塔的数据，整理成负荷因子与这些影响因素间的关联曲线，如图 3-9 所示。

图 3-9 中，横坐标 $\frac{L}{V}\left(\frac{\rho_L}{\rho_v}\right)^{0.5}$ 是无量纲的比值，称为液气动能参数，它反映液、气两相的负荷与密度对负荷因子的影响；纵坐标 C_{20} 是液体表面张力为 20mN/m 时的负荷因子；塔板间距与板上液层高度的差值 $H_T - h_L$ 反映液滴沉降空间高度对负荷因子的影响。

设计中，板上液层高度 h_L 由设计者选定。对常压塔一般取为 0.05～0.08m；对减压塔一般取为 0.025～0.03m。

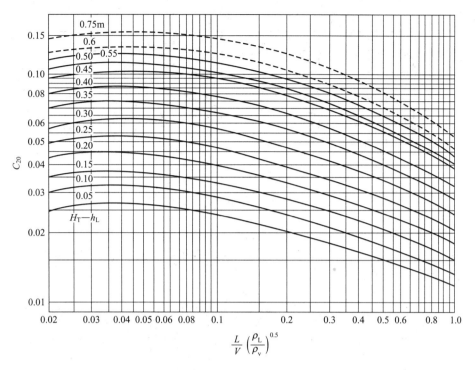

图 3-9 史密斯关联图

V、L—分别为塔内气、液两相的体积流量,m³/s;ρ_v、ρ_L—分别为塔内气、液两相的密度,kg/m³;H_T—塔板间距,m;h_L—板上液层高度,m

图 3-9 是按液体表面张力为 20mN/m 的物系绘制的,若所处理的物系表面张力为其他值,则须按式(3-18) 校正查出的负荷因子,即

$$C = C_{20}\left(\frac{\sigma}{20}\right)^{0.2} \tag{3-18}$$

式中,σ——操作物系的液体表面张力,mN/m;C——操作物系的负荷因子,m/s。

应予指出,由式(3-15) 计算出塔径 D 后,还应按塔径系列标准进行圆整。常用的标准塔径为 400mm、500mm、600mm、700mm、800mm、1000mm、1200mm、1400mm、1600mm、2000mm、2200mm 等。

由于以上算出的塔径只是初估值,还要根据流体力学原则进行验算。另外,对于精馏过程,精馏段和提馏段的气(汽)、液相负荷及物性数据是不同的,故设计中两段的塔径应分别计算,若二者相差不大,应取较大者作为塔径,若二者相差较大,应采用变径塔。

3.2.4 板式塔的塔板工艺尺寸设计计算

3.2.4.1 溢流装置的设计

板式塔的溢流装置包括溢流堰、降液管和受液盘等几部分,其结构和尺寸对塔的性能有着重要的影响。

(1) 降液管的类型与溢流方式选择

① 降液管的类型 降液管是塔板间流体流动的通道,也是使溢流液中所夹带气体得以分离的场所。降液管有圆形与弓形两类,如图 3-10 所示。通常,圆形降液管一般只用于小

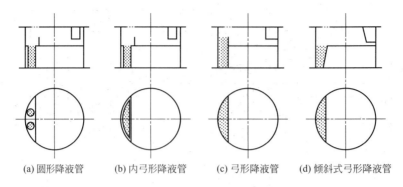

(a) 圆形降液管　　(b) 内弓形降液管　　(c) 弓形降液管　　(d) 倾斜式弓形降液管

图 3-10　降液管的类型

直径塔，对于直径较大的塔，常用弓形降液管。

② 溢流方式　溢流方式与降液管的布置有关。常用的降液管布置方式有 U 形流、单溢流、双溢流及阶梯式双溢流等，如图 3-11 所示。

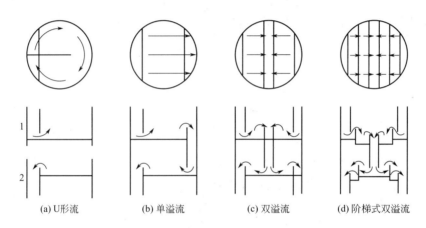

(a) U形流　　(b) 单溢流　　(c) 双溢流　　(d) 阶梯式双溢流

图 3-11　常用降液管布置方式

U 形流也称回转流。其结构是将弓形降液管用挡板隔成两半，一半作为受液盘，另一半作为降液管，降液和受液装置安排在同一侧。此种溢流方式液体流径长，可以提高板效率，其板面利用率也高，但它的液面落差大，只适用于小塔及液体流量小的场合。

单溢流又称直径流。液体自受液盘横向流过塔板至溢流堰。此种溢流方式液体流径较长，塔板效率较高，塔板结构简单，加工方便，在直径小于 2.2m 的塔中被广泛使用。

双溢流又称半径流。其结构是降液管交替设在塔截面的中部和两侧，来自上层塔板的液体分别从两侧的降液管进入塔板，横过半块塔板而进入中部降液管，液体由中央向两侧流动到下层塔板。此种溢流方式的优点是液体流动的路程短，可降低液面落差，但塔板结构复杂，板面利用率低，一般用于直径大于 2m 的塔中。

阶梯式双溢流塔板做成阶梯型式，每一阶梯均有溢流。此种溢流方式可在不缩短液体流径的情况下减小液面落差。这种塔板结构最为复杂，只适用于塔径很大、液流量很大的场合。

溢流类型与液体负荷及塔径有关。表 3-3 列出了溢流类型与液体负荷及塔径的经验关系，可供设计时选择参考。

表 3-3　溢流类型与液体负荷及塔径的经验关系

塔径/mm	液体流量 $L_h/(m^3/h)$			
	U 形流	单溢流	双溢流	阶梯式双溢流
600	<5	5～25	—	—
900	<7	7～50	—	—
1000	<7	<45	—	—
1200	<9	9～70	—	—
1400	<9	<70	—	—
2000	<11	<90	90～160	—
2400	<11	<110	110～180	—
3000	<11	<110	110～200	200～300
4000	<11	<110	110～230	230～350
5000	<11	<110	110～250	250～400
6000	<11	<110	110～250	250～450
应用场合	用于较低液气比	一般场合	用于高液气比或大型塔板	用于极高液气比或超大型塔板

（2）溢流装置的设计计算

为维持塔板上有一定高度的流动液层，必须设置溢流装置。溢流装置的设计包括堰长 l_w、堰高 h_w、弓形降液管的宽度 W_d、截面积 A_f，降液管底隙高度 h_o，进口堰的高度 h'_w、与降液管间的水平距离 h_1 等，如图 3-12 所示。

① 溢流堰（出口堰）　溢流堰设置在塔板上液体出口处，为了保证塔板上有一定高度的清液层并使液体在板上能均匀流动，降液管上端必须高出塔板板面一定高度，即形成溢流堰，这一高度称为**堰高**，以 h_w 表示。弓形溢流管的弦长称为**堰长**，以 l_w 表示。溢流堰板形状有平直形与齿形两种。

② 堰长 l_w　根据液体负荷及溢流型式而定。对单溢流，一般取 l_w 为 $(0.6\sim0.8)D$，对双溢流，一般取 l_w 为 $(0.5\sim0.6)D$，其中 D 为塔径。

③ 堰高 h_w　降液管端面高出塔板板面的距离。板上液层高度为堰高与堰上液层高度之和。

$$h_L = h_w + h_{ow} \qquad (3-19)$$

式中，h_L——板上液层高度，mm；h_w——堰高，mm；h_{ow}——堰上液层高度，mm。

设计时，一般应保持塔板上液层高度在50～100mm，所以，堰高可由板上液层高度及堰上液层高度而定。堰上液层高度太小会造成液体在堰上分布不均，影响传质效果，设计时应使堰上液层高度 h_{ow} 大于 6mm，若小于此值需要采用齿

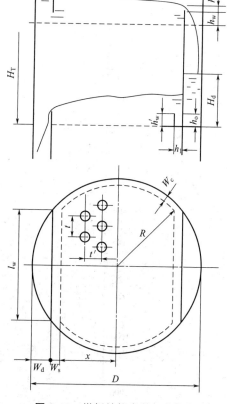

图 3-12　塔板结构参数示意图

第 3 章　塔设备设计 | 83

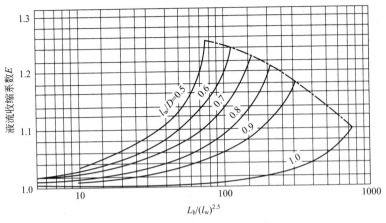

图 3-13 液流收缩系数 E 值关联图

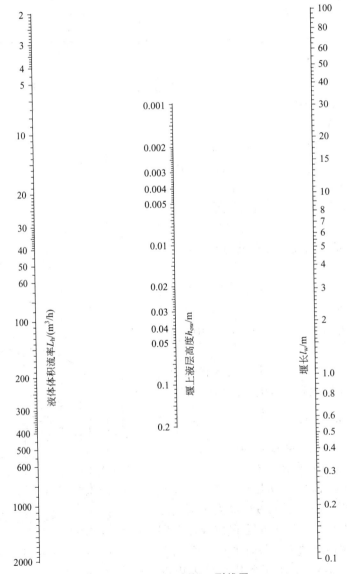

图 3-14 $E=1$ 时的 h_{ow} 列线图

形堰。但 h_{ow} 也不宜过大，否则会增大塔板压降及液沫夹带量。一般设计时，h_{ow} 不超过 60～70mm，超过此值时可采用双溢流型式。

平直堰和齿形堰的 h_{ow} 可分别按式(3-20)～式(3-23) 计算。

④ 平直堰

$$h_{ow} = \frac{2.84}{1000} E \left(\frac{L_h}{l_w} \right)^{\frac{2}{3}} \tag{3-20}$$

式中，L_h——塔内液体流量，m^3/h；l_w——堰长，m；E——液流收缩系数，一般情况下可取 E 值为 1，所引起的误差不大。E 值可由图 3-13 查取。$E=1$ 时，h_{ow} 还可根据 L_h 和 l_w 由图 3-14 查得。

⑤ 齿形堰　如图 3-15 所示为齿形堰，齿深 h_n 一般在 15mm 以下。

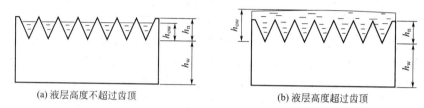

(a) 液层高度不超过齿顶　　　(b) 液层高度超过齿顶

图 3-15　齿形堰示意图

当液层高度不超过齿顶时，可用式(3-21) 计算 h_{ow}

$$h_{ow} = 0.0442 \left(\frac{L_h h_n}{l_w} \right)^{2/5} \tag{3-21}$$

当液层高度超过齿顶时

$$h_{ow} = 1.17 \left(\frac{L_s h_n}{l_w} \right)^{2/5} \tag{3-22a}$$

其中

$$L_s = 0.735 \left(\frac{l_w}{h_n} \right) \left[h_{ow}^{5/2} - (h_{ow} - h_n)^{5/2} \right] \tag{3-22b}$$

式中，L_s——塔内液体的流量，m^3/s；h_n——齿深，m；h_{ow}——由齿根算起的堰上液层高度。由式(3-22a) 求 h_{ow} 时，需用试差法。也可查图 3-16 求算。

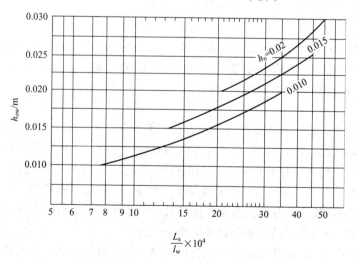

图 3-16　溢流液层超过齿顶时的 h_{ow} 值

前已述及，板上液层高度 h_L 对常压塔可在 $0.05 \sim 0.1$m 范围内选取，因此，在求出 h_{ow} 之后即可按式(3-23)给出的范围确定 h_w，即

$$0.1 - h_{ow} \geq h_w \geq 0.05 - h_{ow} \tag{3-23}$$

在工业塔设计中，堰高 h_w 一般在 $0.04 \sim 0.05$m 范围内，减压塔为 $0.015 \sim 0.025$m；加压塔为 $0.04 \sim 0.08$m，一般不宜超过 0.1m。

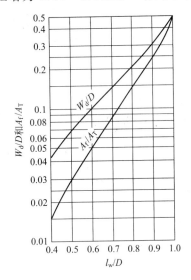

图 3-17 弓形降液管的宽度及截面积

⑥ 弓形降液管的宽度和截面积　弓形降液管的宽度 W_d 及截面积 A_f 可根据堰长与塔径之比查图 3-17 求算。实际上，在塔径 D 和板间距 H_T 一定的条件下，确定了溢流堰长 l_w，就已固定了弓形降液管的尺寸。

降液管的截面积应保证液体在降液管内有足够的停留时间，使溢流液体中夹带的气泡能来得及分离。为此液体在降液管内的停留时间不应小于 $3 \sim 5$s，对于高压下操作的塔及易起泡沫的系统，停留时间应更长些。

因此，在求得降液管截面积 A_f 之后，应按式(3-24)验算降液管内液体的停留时间 θ，即

$$\theta = \frac{3600 A_f H_T}{L_h} \geq 3 \sim 5 \text{s} \tag{3-24}$$

若不能满足式(3-24)要求，应调整降液管尺寸或板间距，直至满足要求。

⑦ 降液管底隙高度　降液管底隙高度 h_o 即为降液管底缘与塔板的距离。确定降液管底隙高度 h_o 的原则是既能保证液体流经此处时的局部阻力不太大，以防止沉淀物在此堆积而堵塞降液管，同时又要有良好的液封，防止气体通过降液管造成短路。一般按式(3-25)计算 h_o

$$h_o = \frac{L_h}{3600 l_w u'_o} \tag{3-25}$$

式中，u'_o——液体通过降液管底隙时的流速，m/s。根据经验，一般可取 $u'_o = 0.07 \sim 0.25$m/s。

为简便起见，有时运用式(3-26)确定 h_o，即

$$h_o = h_w - 0.006 \tag{3-26}$$

这样使降液管底隙高度比溢流堰高度低 6mm，以保证降液管底部的液封。

降液管底隙高度一般不宜小于 $20 \sim 25$mm，否则易于堵塞，或因安装偏差而使液流不畅，造成液泛。设计时对小塔可取 h_o 为 $25 \sim 30$mm，对大塔取 h_o 为 40mm 左右，最大可达 150mm。

⑧ 受液盘及进口堰　受液盘有平受液盘和凹形受液盘两种结构。参见图 3-18。平受液盘一般需在塔板上设置进口堰，以保证降液管的液封，并使液体在塔板上分布均匀。若设进口堰时，其高度 h'_w 可按下述原则考虑。当出口堰高 h_w 大于降液管底隙高度 h_o（一般都是这样）时，则取 h'_w 与 h_w 相等。在个别情况下，当 $h_w < h_o$ 时，则应取 $h'_w > h_o$，以保证液封，避免气体走短路经降液管而上升至上层塔板。为了保证液体由降液管流出时不致受到很大阻力，进口堰与降液管间的水平距离不应小于 h_o。

在较大的塔中，有时在液体进入塔板处设有进口堰，以保证降液管的液封，而设置进口堰要占用较多塔面，还易使沉降物淤积此处造成堵塞，故多数不采用进口堰。

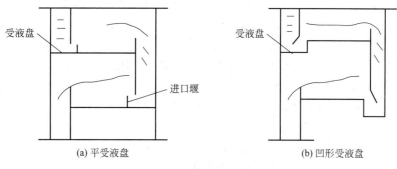

图 3-18 受液盘示意图

对于直径 600mm 以上的塔,目前多采用凹形受液盘结构。这种结构不用设置进口堰,也能在较低的液体流量下形成良好液封,又有改变液体流向的缓冲作用,同时便于液体从侧线抽出。凹形受液盘的深度一般在 50mm 以上,有侧线采出时宜取深些。凹形受液盘不适于易聚合及有悬浮固体的情况,因易造成死角而堵塞。

3.2.4.2 塔板设计

塔板具有不同的类型。不同类型塔板的设计原则虽基本相同,但又有各自的特点,现分别对浮阀和筛板的设计方法进行讨论。

(1) 塔板结构与布置

塔板按结构特点,可分为整块式和分块式两类。直径在 800mm 以内的小塔采用整块式塔板;直径在 900mm 以上的大塔通常采用分块式塔板,以便通过人孔装拆塔板;直径在 800~900mm 之间时,可根据制造与安装具体情况,任意选取一种结构。对于单溢流型塔板,塔板分块数如表 3-4 所示,其常用的分块方法如图 3-19 所示。

表 3-4 塔板分块数

塔径/mm	800~1200	1400~1600	1800~2000	2200~2400
塔板分块数	3	4	5	6

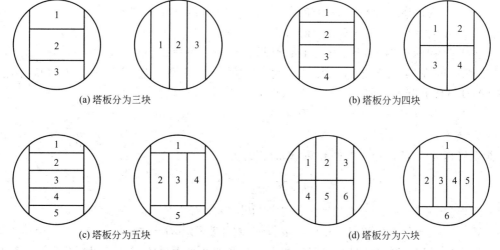

图 3-19 单溢流型塔板分块示意图

塔板板面可分为如图 3-12 所示的四个区域，分别具有不同的功能。

① 鼓泡区　图 3-12 中虚线以内的区域为鼓泡区，也称为开孔区。塔板上气、液接触构件（浮阀、筛孔等）设置在此区域内，故此区为气、液传质的有效区域。

需要注意的是，对分块式塔板，由于各分块板之间的连接和固定占用少部分塔板面积，实际的有效传质区面积会有所减小。

② 溢流区　降液管及受液盘所占的区域为溢流区。其中降液管所占面积以 A_f 表示，受液盘所占面积以 A_f' 表示。

③ 破沫区　鼓泡区与溢流区之间的区域为破沫区，也称安定区，此区域内不装浮阀或筛孔。在液体进入降液管之前，设置这段不鼓泡的安定地带，以免液体大量夹带泡沫进入降液管，其宽度为 W_s。进口堰后也要设置破沫区，其作用是在液体入口处，由于板上液面落差，液层较厚，设置不鼓泡的安定地带，可减少漏液量，其宽度为 W_s'。破沫区的宽度可按下述范围选取。

当 $D<1.5m$ 时，W_s（W_s'）=60~75mm；当 $D>1.5m$ 时，W_s（W_s'）=80~110mm；对直径小于 1m 的塔，W_s（W_s'）可适当减少。

④ 无效区　无效区也称边缘区，因靠近塔壁的部分需要留出一圈边缘区域，以便支承塔板的边梁。其宽度 W_c 视塔板的支承需要而定，小塔一般为 30~50mm，大塔一般为 50~70mm。为防止液体经无效区流过而产生短路现象，可在塔板上沿塔壁设置挡板。

应予指出，为便于设计及加工，塔板的结构参数已逐渐系列化。附录 4 中列出了部分塔板结构参数的系列化标准，可供设计时参考。

(2) 浮阀的数目计算与排列

浮阀塔的操作性能以板上所有浮阀处于刚刚全开时的情况为最好，这时塔板的压降及板上液体的泄漏都比较小而操作弹性大。浮阀的开度与阀孔处气相的动压有关，而动压又取决于气体的速度与密度。综合实验结果得知，可采用由气体速度与密度组成的动能因数作为衡量气体流动时动压的指标，以动能因数 F 表示，其定义式为

$$F = u\sqrt{\rho_v} \tag{3-27}$$

气体通过阀孔时的动能因数 F_o 为

$$F_o = u_o\sqrt{\rho_v} \tag{3-28}$$

式中，F_o——气体通过阀孔时的动能因数，$m \cdot s^{-1}/(kg \cdot m^{-3})^{0.5}$；$u_o$——气体通过阀孔时的速度，m/s；$\rho_v$——气体密度，kg/m³。

根据工业生产装置的数据，对 F1 型浮阀（重阀）而言，当板上所有浮阀刚刚全开时，F_o 的数值一般在 9~12 之间。所以，设计时可在此范围内选择合适的 F_o 值，然后按式(3-29)计算阀孔气速，即

$$u_o = \frac{F_o}{\sqrt{\rho_v}} \tag{3-29}$$

阀孔气速 u_o 与每层板上的阀孔数 N 的关系为

$$N = \frac{V_s}{\frac{\pi}{4}d_o^2 u_o} \tag{3-30}$$

式中，V_s——上升气体的流量，m³/s；d_o——阀孔直径，d_o=39mm。

浮阀在塔板鼓泡区内的排列有正三角形与等腰三角形两种方式，按照阀孔中心连线与液流方向的关系，又有顺排与叉排之分，如图 3-20 所示。叉排时气液接触效果较好，故一般

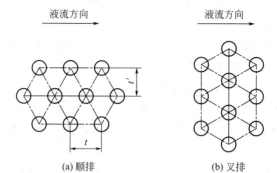

图 3-20 浮阀排列方式

都采用叉排。对整块式塔板，多采用正三角形叉排，孔心距 t 为 75~125mm；对于分块式塔板，宜采用等腰三角形叉排，此时常把同一横排的阀孔中心距 t 定为 75mm，而相邻两排间的中心距 t' 可取为 65mm、70mm、80mm、90mm、100mm、110mm 等多种尺寸，推荐使用 65mm、80mm、100mm。

分析鼓泡区内阀孔排列的几何关系可知，同一排的阀孔中心距 t 应大致符合以下关系：

正三角形排列

$$t = d_o \sqrt{\frac{0.907 A_a}{A_o}} \tag{3-31}$$

等腰三角形排列

$$t = \frac{A_a}{Nt'} \tag{3-32}$$

式中，d_o——阀孔直径，39mm；A_o——阀孔总面积，m^2；A_a——鼓泡区面积，m^2；t——同一排的阀孔中心距，m；t'——相邻两排阀孔中心线的距离，m；N——阀孔总数。

对单溢流塔板，鼓泡区面积 A_a 可按式(3-33)计算，式中符号意义参见图 3-12。

$$A_a = 2 \left[x \sqrt{R^2 - x^2} + \frac{\pi}{180°} R^2 \arcsin \frac{x}{R} \right] \tag{3-33}$$

式中，$x = \frac{D}{2} - (W_d + W_s)$；$R = \frac{D}{2} - W_c$；$\arcsin \frac{x}{R}$——以角度数表示的反三角函数值。

按式(3-30)计算出浮阀个数后，应根据已确定的排列方式和孔距在坐标纸上作图，确切排出鼓泡区内可以布置的阀孔总数。若此数与前面算得的浮阀数相近，则按此阀孔数目重新计算阀孔气速 u_o，并核算实际的阀孔动能因数 F_o。如 F_o 仍在 9~12 范围以内，即可认为作图得出的阀数能够满足要求。否则应调整孔距，并重新作图，反复计算，直至满足要求为止。也可根据已经算出的阀数及溢流装置尺寸等，用作图法求出所需的塔径，若与初估塔径相符即为所求，否则应重新调整有关参数，直至两者相符为止。

一层塔板上的阀孔总面积与塔截面积之比称为开孔率 ϕ。开孔率也是空塔气速与阀孔气速之比。塔板的工艺尺寸计算完毕，应核算塔板开孔率，对常压塔或减压塔开孔率 ϕ 一般在 10%~15% 之间，对加压塔 ϕ 常小于 10%。

(3) 筛孔工艺尺寸的计算及其排列

① 筛孔直径　筛孔直径 d_o 的选取与塔的操作性能要求、物系性质、塔板厚度、加工要求等有关，是影响气相分散和气液接触的重要工艺尺寸。按设计经验，表面张力为正系统的物系，可采用 d_o 为 3~8mm（常用 4~6mm）的小孔径筛板；表面张力为负系统的物系或易堵塞物系，可采用 d_o 为 10~25mm 的大孔径筛板。近年来，随着设计水平的提高和操作

经验的积累，采用大孔径筛板逐渐增多，因大孔径筛板加工简单、造价低且不易堵塞，只要设计合理，操作得当，仍可获得满意的分离效果。

② 筛板厚度　筛孔的加工一般采用冲压法，故确定筛板厚度应根据筛孔直径的大小，考虑加工的可能性。对于碳钢塔板，板厚 δ 为 3~4mm，孔径 d_o 应不小于板厚 δ；对于不锈钢塔板，板厚 δ 为 2~2.5mm，d_o 应不小于 (1.5~2)δ。

③ 孔中心距　相邻两筛孔中心的距离称为孔中心距，以 t 表示。孔中心距 t 一般为 (2.5~5)d_o，t/d_o 过小易使气流相互干扰，过大则鼓泡不均匀，都会影响传质效率。设计推荐值为 $t/d_o=3\sim4$。

④ 筛孔的排列与筛孔数　设计时，筛孔按正三角形排列，如图 3-21 所示。当采用正三角形排列时，筛孔的数目 n 可按式(3-34)计算，即

$$n=\frac{1.155A_a}{t^2} \tag{3-34}$$

式中，A_a——鼓泡区面积，m²；t——筛孔的中心距，m。

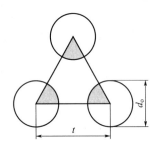

图 3-21　筛孔的正三角形排列

⑤ 开孔率　筛板上筛孔总面积 A_o 与开孔区面积 A_a 的比值称为开孔率 ϕ，即

$$\phi=\frac{A_o}{A_a}\times100\% \tag{3-35}$$

筛孔按正三角形排列时，可以导出开孔率 ϕ 计算公式为

$$\phi=\frac{A_o}{A_a}=0.907\left(\frac{d_o}{t}\right)^2 \tag{3-36}$$

应予指出，按上述方法确定筛孔的直径 d_o 并求出筛孔数目 n 后，要按照设计数据进行实际筛孔的布置，并按照实际筛孔数据进行塔板的流体力学验算，检验是否合理，若不合理需进行调整。

3.2.5　塔板的流体力学验算

塔板的工艺尺寸初步设计完成后，还应该进行流体力学验算。塔板流体力学验算的目的在于检验初步设计的塔板计算结果是否合理，塔板能否正常操作，是否能保证塔板上气液两相处于良好的操作状态。

3.2.5.1　浮阀塔板的流体力学验算

浮阀塔板流体力学验算的内容一般有以下几项：塔板压强降、液泛、液沫夹带及漏液等。

(1) 气体通过浮阀塔板的压强降

气体通过一层浮阀塔板时的压强降由式(3-37a)计算。

$$\Delta p = \Delta p_c + \Delta p_1 + \Delta p_\sigma \tag{3-37a}$$

式中，Δp——气体通过一层塔板的总压强降，Pa；Δp_c——气体克服干板阻力所产生的压强降，Pa；Δp_1——气体克服板上充气液层静压强所产生的压强降，Pa；Δp_σ——气体克服液体表面张力所产生的压强降，Pa。

但习惯上常把这些压强降折合成塔内液体的液柱高度表示为

$$h_p = h_c + h_1 + h_\sigma \tag{3-37b}$$

式中，h_p——与 Δp 相当的液体高度，m 液柱；h_c——与 Δp_c 相当的液体高度，m 液柱；h_1——与 Δp_1 相当的液体高度，m 液柱；h_σ——与 Δp_σ 相当的液体高度，m 液柱。

① 干板阻力 气体通过浮阀塔板的干板阻力，在浮阀全部开启前后有着不同的规律。板上所有浮阀刚好全部开启时，气体通过阀孔的速度称为临界孔速，以 u_{oc} 表示。

对 F1 型浮阀（重阀）可用以下经验公式求取 h_c 值：

阀全开前（$u_o \leqslant u_{oc}$） $h_c = 19.9 \dfrac{u_o^{0.175}}{\rho_L}$ \hfill (3-38)

阀全开后（$u_o \geqslant u_{oc}$） $h_c = 5.37 \dfrac{u_o^2 \rho_v}{2 g \rho_L}$ \hfill (3-39)

式中，u_o——阀孔气速，m/s；ρ_L——液相密度，kg/m³；ρ_v——气相密度，kg/m³；ρ_L——液相密度，kg/m³。计算 h_c 时，可先将式(3-38) 与式(3-39) 联立而解出临界气速 u_{oc}，即

$$19.9 \frac{u_{oc}^{0.175}}{\rho_L} = 5.37 \frac{u_{oc}^2 \rho_v}{2 g \rho_L} \tag{3-40}$$

将 $g = 9.81 \text{m}^2/\text{s}$ 代入，解得

$$u_{oc} = \sqrt[1.825]{\frac{72.7}{\rho_v}} \tag{3-41}$$

然后将算出的 u_{oc} 与 u_o 相比较，便可选定式(3-38) 及式(3-39) 中的一个来计算与干板压降所相当的液柱高度 h_c。

② 板上充气液层阻力 一般用下面的经验公式计算 h_1 值，即

$$h_1 = \varepsilon_o h_L \tag{3-42}$$

式中，h_L——板上液层高度，m；ε_o——反映板上液层充气程度的因数，称为充气因数，无量纲。液相为水时，ε_o 取 0.5；液相为油时，ε_o 取 0.2～0.35；液相为碳氢化合物时，ε_o 取 0.4～0.5。

③ 液体表面张力所造成的阻力

$$h_\sigma = \frac{19.6 \sigma}{\rho_L h_{\max}} \tag{3-43}$$

式中，σ——液体的表面张力，N/m；$h_{\max}$——浮阀的最大开度，m。浮阀塔的 h_σ 值通常很小，计算时可以忽略。

(2) 液泛

为使液体能由上层塔板稳定流入下层塔板，降液管内必须维持一定高度的液柱。降液管内的清液层高度 H_d 用来克服相邻两层塔板间的压强降、板上液层阻力和液体流过降液管的阻力。因此，H_d 可用式(3-44) 表示

$$H_d = h_p + h_L + h_d \tag{3-44}$$

式中，h_p——与上升气体通过一层塔板的压强降所相当的液柱高度，m 液柱；h_L——板上液层高度，m，此处忽略了板上液面落差，并认为降液管出口液体中不含气泡；h_d——与液

体流过降液管的压强降相当的液柱高度，m 液柱。

式(3-44)等号右端各项中，h_p 可由式(3-37b)计算，h_L 为已知数。流体流过降液管的压强降 h_d 主要是由降液管底隙处的局部阻力造成，可按下面的经验公式计算：

塔板上不设进口堰

$$h_d = 0.153\left(\frac{L_s}{l_w h_o}\right)^2 = 0.153(u'_o)^2 \tag{3-45}$$

塔板上设有进口堰

$$h_d = 0.2\left(\frac{L_s}{l_w h_o}\right)^2 = 0.2(u'_o)^2 \tag{3-46}$$

式中，L_s——液体流量，m³/s；l_w——堰长，即降液管底隙长度，m；h_o——降液管底隙高度，m；u'_o——液体通过降液管底隙时的流速，m/s。

按式(3-44)可计算出降液管内清液层高度 H_d。实际降液管中的液体和泡沫的总高度大于此值。为了防止液泛，应保证降液管中泡沫液体总高度不超过上层塔板的出口堰，即

$$H_d \leqslant \beta(H_T + h_w) \tag{3-47}$$

式中，H_T——塔板间距，m；h_w——堰高，m；β——校正系数，是考虑到降液管内充气及操作安全两种因素的校正系数。对于一般的物系，β 取 0.3～0.4；对不易发泡的物系，β 取 0.6～0.7。

(3) 液沫夹带

通常采用操作时的空塔气速与发生液泛时的空塔气速的比值作为估算液沫夹带量的指标。此比值称为泛点百分数，或称泛点率。

在下列泛点率数值范围内，一般可保证液沫夹带量 $e_v < 0.1$ kg(液)/kg(气)。

  大塔   泛点率<80%
  直径 0.9m 以下的塔 泛点率<70%
  减压塔   泛点率<75%

泛点率可按下面的经验公式计算，即

$$\text{泛点率} = \frac{V_s\sqrt{\dfrac{\rho_v}{\rho_L - \rho_v}} + 1.36 L_s Z_L}{KC_F A_b} \times 100\% \tag{3-48}$$

或

$$\text{泛点率} = \frac{V_s\sqrt{\dfrac{\rho_v}{\rho_L - \rho_v}}}{0.78 KC_F A_T} \times 100\% \tag{3-49}$$

式中，V_s、L_s——塔内气、液负荷，m³/s；ρ_v、ρ_L——塔内气、液密度，kg/m³；Z_L——板上液体流径长度，m，对单溢流塔板，$Z_L = D - 2W_d$，对双溢流塔板，$Z_L = 1/2(D - 2W_d - W'_d)$；$A_b$——板上液流面积，m²，对单溢流塔板 $A_b = A_T - 2A_f$，其中 A_T 为塔截面积，A_f 为弓形降液管截面积；C_F——泛点负荷系数，可根据气相密度 ρ_v 及板间距 H_T 从图 3-22 中查得；K——物系系数，其值见表 3-5。

一般按式(3-48)及式(3-49)分别计算泛点率，取其中数值较大者为验算的依据。若上述两式之一算得的泛点率不在规定范围内，则应适当调整有关参数，并重新计算。

(4) 漏液

一般取阀孔动能因数 $F_o = 5\sim 6$ 时的阀孔气速（称为漏液点气速）作为控制漏液的操作下限，此时，漏液量接近液相负荷的 10%，设计结果应不低于此值。也可采用稳定系数的

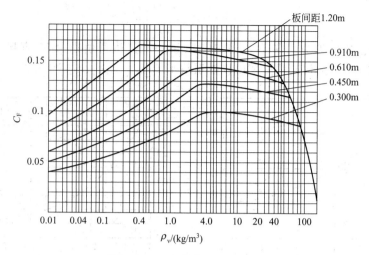

图 3-22 泛点负荷系数关联图

表 3-5 物系系数 K

物　系	物系系数 K
炼油装置较轻组分的分馏系统,如原油常压塔、气体分馏塔	0.95~1.0
炼油装置重黏油品分馏系统,如常减压的减压塔	0.85~0.9
无泡沫,正常系统	1.0
氟化物(如 BF_3,氟利昂)	0.9
中等发泡物系(如油吸收塔、胺及乙二醇再生塔)	0.85
多泡沫物系(如胺及乙二醇吸收塔)	0.73
严重发泡物系(如甲乙酮、一乙醇胺装置)	0.60
形成稳定泡沫的物系(如碱再生塔)	0.30

方法确定控制漏液的操作下限,一般要求操作时的阀孔气速是漏液点气速的 1.5~2 倍。

3.2.5.2 筛板塔板的流体力学验算

塔板流体力学验算的目的在于检验初步设计的塔板计算是否合理,塔板能否正常操作。筛板验算内容有以下几项:塔板压降、液面落差、液沫夹带、漏液及液泛等。

(1) 塔板压降

气体通过筛板时,需克服筛板本身的干板阻力 h_c、板上充气液层的阻力 h_l 及液体表面张力造成的阻力 h_σ,这些阻力即形成了筛板的压降。气体通过筛板的压降 Δp_p 可由式(3-50) 计算

$$\Delta p_p = h_p \rho_L g \tag{3-50}$$

式中,液柱高度 h_p 可按式(3-37b) 计算,即

① 干板阻力　干板阻力 h_c 可按以下经验公式即式(3-51) 估算

$$h_c = 0.051 \left(\frac{u_o}{c_0}\right)^2 \left(\frac{\rho_v}{\rho_L}\right) \left[1 - \left(\frac{A_o}{A_a}\right)^2\right] \tag{3-51}$$

式中,u_o——气体通过筛孔的速度,m/s;c_0——流量系数。A_o——筛板上筛孔总面积,m^2;A_a——开孔区面积,m^2。

通常,筛板的开孔率 $\phi \leqslant 15\%$,故式(3-51) 可简化为

$$h_c = 0.051 \left(\frac{u_o}{c_0}\right)^2 \left(\frac{\rho_v}{\rho_L}\right) \tag{3-52}$$

流量系数 c_0 的求取方法较多，当 $d_o < 10$mm，其值可由图 3-23 直接查出。当 $d_o \geqslant 10$mm 时，由图 3-23 查得 c_0 后再乘以校正系数 1.15。

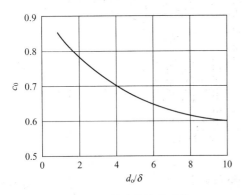

图 3-23　干筛孔的流量系数 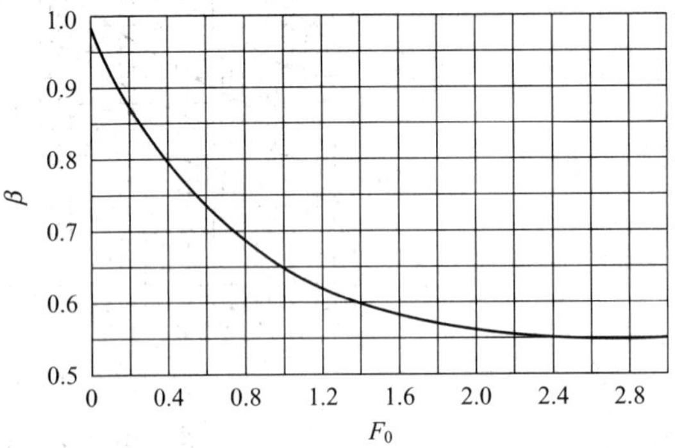　　　　图 3-24　筛板充气系数关联图

② 气体通过液层的阻力　气体通过液层的阻力 h_l 与板上清液层的高度 h_L 及气泡的状况等许多因素有关，其计算方法很多，设计中常采用式(3-53)估算

$$h_l = \beta h_L = \beta (h_w + h_{ow}) \tag{3-53}$$

式中，β，充气系数，反映板上液层的充气程度，其值可从图 3-24 查取，通常可取 $\beta = 0.5 \sim 0.6$。

图 3-24 中 F_0 为气相动能因数，其定义式为

$$F_0 = u_a \sqrt{\rho_v} \tag{3-54}$$

$$u_a = \frac{V_s}{A_T - A_f} \text{(单溢流板)} \tag{3-55}$$

式中，F_0——气相动能因数，$\mathrm{m \cdot s^{-1}/(kg \cdot m^{-3})^{0.5}}$；$u_a$——通过有效传质区的气速，m/s；$A_T$——塔截面积，$m^2$。

③ 液体表面张力的阻力　液体表面张力的阻力 h_σ 可由式(3-56)估算，即

$$h_\sigma = \frac{4\sigma_L}{\rho_L g d_o} \tag{3-56}$$

式中，σ_L——液体的表面张力，N/m。

由以上各式分别求出 h_c、h_l 及 h_σ 后，即可计算出气体通过筛板的压降 Δp_p，该计算值应低于设计允许值。

(2) 液面落差

当液体横向流过塔板时，为克服板上的摩擦阻力和板上构件的局部阻力，需要一定的液位差，即液面落差。筛板上由于没有突起的气液接触构件，故液面落差较小。在正常的液体流量范围内，对于 $D \leqslant 1600$mm 的筛板，液面落差可忽略不计。对于液体流量很大及 $D \geqslant 2000$mm 的筛板，需要考虑液面落差的影响。液面落差的计算方法可参考有关资料。

(3) 液沫夹带

液沫夹带造成液相在塔板间的返混，严重的液沫夹带会使塔板效率急剧下降，为保证塔

板效率的基本稳定，通常将液沫夹带量限制在一定范围内，设计中规定液沫夹带量 $e_v < 0.1 \text{kg}$（液）/kg（气）。

计算液沫夹带量的方法很多，设计中常采用亨特关联图，如图 3-25 所示。

图 3-25 中直线部分可回归成

$$e_v = \frac{5.7 \times 10^{-6}}{\sigma_L} \left(\frac{u_a}{H_T - h_f} \right)^{3.2} \quad (3-57)$$

式中，e_v——液沫夹带量，kg（液）/kg（气）；h_f——塔板上鼓泡层高度，m。根据设计经验，一般取 $h_f = 2.5 h_L$。

(4) 漏液

当气体通过筛孔的流速较小，气体的动能不足以阻止液体向下流动时，便会发生漏液现象。根据经验，当漏液量小于塔内液流量的 10% 时对塔板效率影响不大。故漏液量等于塔内液流量的 10% 时的气速称为漏液点气速，它是塔板操作气速的下限，以 $u_{o.\min}$ 表示。

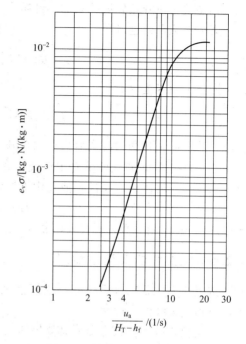

图 3-25 亨特液沫夹带关联图

计算筛板塔漏液点气速有不同的方法。设计中可采用式（3-58）计算，即

$$u_{o.\min} = 4.4 c_0 \sqrt{(0.0056 + 0.13 h_L - h_\sigma) \rho_L / \rho_v} \quad (3-58)$$

当 $h_L < 30 \text{mm}$ 或筛孔孔径 $d_o < 3 \text{mm}$ 时，用式（3-59）计算较适宜

$$u_{o.\min} = 4.4 c_0 \sqrt{(0.01 + 0.13 h_L - h_\sigma) \rho_L / \rho_v} \quad (3-59)$$

因漏液量与气体通过筛孔的动能因数有关，故也可采用动能因数计算漏液点气速，即：

$$u_{o.\min} = \frac{F_{o.\min}}{\sqrt{\rho_v}} \quad (3-60)$$

式中，$F_{o.\min}$——漏液点动能因数，其取值范围为 5～6。

气体通过筛孔的实际速度 u_o 与漏液点气速 $u_{o.\min}$ 之比，称为稳定系数，即

$$K = \frac{u_o}{u_{o.\min}} \quad (3-61)$$

式中，K——稳定系数，无量纲，K 值的适宜范围为 1.5～2。

(5) 液泛

液泛分为降液管液泛和液沫夹带液泛两种情况。因设计中已对液沫夹带量进行了验算，故在筛板的流体力学验算中通常只对降液管液泛进行验算。

为使液体能由上层塔板稳定地流入下层塔板，降液管内须维持一定的清液层高度 H_d。降液管内液层高度用来克服相邻两层塔板间的压降、板上清液层阻力和液体流过降液管的阻力，因此，可用式（3-62）计算 H_d，即

$$H_d = h_p + h_1 + h_d \quad (3-62)$$

式中，H_d——降液管中清液层高度，m 液柱；h_d——与液体流过降液管的压降相当的液柱高度，m 液柱。

h_d 主要是由降液管底隙处的局部阻力造成的,可按下面经验公式估算:

塔板上不设置进口堰

$$h_d = 0.153 \left(\frac{L_s}{l_w h_o}\right)^3 = 0.153 (u_o')^3 \tag{3-63}$$

塔板上设置进口堰

$$h_d = 0.2 \left(\frac{L_s}{l_w h_o}\right)^2 = 0.2 (u_o')^2 \tag{3-64}$$

式中,u_o'——流体流过降液管底隙时的流速,m/s。

按式(3-62)可算出降液管中清液层高度 H_d,而降液管中液体和泡沫的实际高度大于此值。为了防止液泛,应保证降液管中泡沫液体总高度不能超过上层塔板的出口堰,即:

$$H_d \leqslant \psi(H_T + h_w) \tag{3-65}$$

式中,ψ——安全系数。对易发泡物系,$\psi=0.3\sim0.5$;不易发泡物系,$\psi=0.6\sim0.7$。

3.2.6 板式塔的负荷性能图

按上述方法分别对浮阀塔板或筛板进行流体力学验算后,还应绘制出塔板的负荷性能图,以检验设计的合理性。

影响板式塔操作状况和分离效果的主要因素为物料性质、塔板结构及气液负荷。对一定的塔板结构,处理固定的物系时,其操作状况只随气液负荷而改变。要维持塔板正常操作,必须将塔内的气液负荷的波动限制在一定范围内。通常在直角坐标系中,以气相负荷 V_s 对液相负荷 L_s 标绘各种极限条件下的 V_s-L_s 关系曲线,从而得到塔板的适宜气、液流量范围图形,该图形称为塔板的**负荷性能图**。

负荷性能图对检验塔的设计是否合理、了解塔的操作状况以及改进塔板操作性能都具有一定的指导意义。典型的塔板负荷性能图如图 3-26 所示。其通常由以下几条曲线组成。

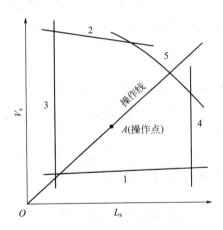

图 3-26 塔板负荷性能图
1—漏液线(气相负荷下限线);2—液沫夹带线;3—液相负荷下限线;
4—液相负荷上限线;5—液泛线(气相负荷上限线)

(1) 漏液线

线 1 为漏液线,该线即为气相负荷下限线。气相负荷低于此线将发生严重的漏液现象,气液不能充分接触,板效率下降。漏液线由漏液量占板上液体流量 10% 时的气相流量来确定。

（2）液沫夹带线

线 2 为液沫夹带线。是决定气相负荷上限的参数之一。当气相负荷超过此线时，液沫夹带量将过大，使板效率严重下降。通常以液沫夹带量 $e_v=0.1$ kg（液）/kg（气）时的气体流量来确定此线的位置。塔板适宜操作区应在液沫夹带线以下。

（3）液相负荷下限线

线 3 为液相负荷下限线。液相负荷低于此线时塔板上液流不能均匀分布，易出现液相滞留、反流、偏流等现象，导致板效率下降。一般以堰上液层高度 $h_{ow}=6$ mm 来确定液相的下限负荷。

（4）液相负荷上限线

线 4 为液相负荷上限线，该线又称降液管超负荷线。液体流量超过此线，表明液体流量过大，液体在降液管内停留时间过短。液相负荷上限线由降液管停留时间 $\theta>(3\sim5)$ s 确定。

（5）液泛线

线 5 为液泛线。是另一个决定气相负荷上限的参数。塔板的适宜操作区应在此线以下，否则将会发生液泛现象，使塔不能正常操作。

各条线所包围的区域是塔的适宜操作范围。操作时的气相流量 V_s 与液相流量 L_s 在负荷性能图上的坐标点称为**操作点**。一般情况下，塔板上的 V_s/L_s 为定值。因此，每层塔板上的操作点是沿通过原点、斜率为 V_s/L_s 的直线而变化，该直线称为**操作线**。

操作线与负荷性能图上各曲线最内侧的两个交点分别表示塔的上、下操作极限，两极限的气相（或液相）流量之比称为塔板的**操作弹性**。操作弹性大，说明塔适应负荷变动的能力大，操作性能好。同一层塔板，若操作的气液比不同，控制负荷上下限的因素也不同。如图 3-26 中，在 OA 线的气液比下操作，上限为液泛控制，下限为漏液控制。

操作点位于操作区内的适中位置，可获得稳定良好的操作效果，如果操作点紧靠某一条边界线，则当负荷稍有波动时，便会使塔的正常操作受到破坏。

物系一定时，负荷性能图中各条线的相对位置随塔板结构尺寸而变。因此，在设计塔板时，根据操作点在负荷性能图中的位置，可通过适当调整塔板的某些结构参数，以改进负荷性能图，满足所需的操作弹性范围。例如，加大板间距或增大塔径可使液泛线上移；增加降液管截面积可使液相负荷上限线右移；减少塔板开孔率可使漏液线下移等。

应该指出，各层塔板上的操作条件（温度、压强）及物料组成和性质均有所不同，因而各层塔板上的气、液负荷不同，表明各层塔板操作范围的负荷性能图也有差异。设计计算中在考察塔的操作性能时，应以最不利情况下的塔板进行验算。

塔板的负荷性能图的详细计算与绘制方法参见"3.2.10 筛板精馏塔设计示例"。

3.2.7 塔板效率

3.2.7.1 塔板效率的表示方法

塔板效率反映了实际塔板上气、液两相间传质进行的程度。板式塔的效率有以下几种不同的表示方法：总板效率、单板效率及点效率。

（1）总板效率 E_T

总板效率又称全塔效率，是指达到指定分离效果所需理论板层数与实际板层数的比值，即

$$E_T = \frac{N_T}{N_p} \tag{3-66}$$

式中，E_T——全塔效率；N_T——塔内所需理论板的层数；N_P——塔内实际板的层数。

式(3-66)将影响传质过程的动力学因素全部归结到总板效率内。板式塔内各层塔板的传质效率并不相同，总板效率简单地反映了整个塔内的平均传质效果。

(2) 单板效率 E_M

应用比较普遍的单板效率表示方法是默弗里（Murphree）板效率，它是指气相或液相经过一层塔板前后的实际组成变化与经过该层塔板前后的理论组成变化的比值。第 n 层塔板的效率有如下两种表达方式。

按气相组成变化表示的单板效率为

$$E_{MV} = \frac{y_n - y_{n+1}}{y_n^* - y_{n+1}} \tag{3-67}$$

按液相组成变化表示的单板效率为

$$E_{ML} = \frac{x_{n+1} - x_n}{x_{n-1} - x_n^*} \tag{3-68}$$

式中，y_n^*——与 x_n 成平衡的气相组成；x_n^*——与 y_n 成平衡的液相组成。其他符号的意义参见图 3-27。

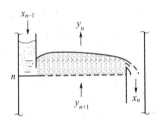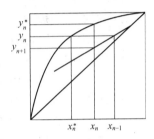

图 3-27　单板效率定义示意图

一般来说，同一层塔板的 E_{MV} 与 E_{ML} 数值并不相同。在一定的简化条件下通过对第 n 层塔板作物料衡算，可以得到 E_{MV} 与 E_{ML} 存在如下关系，即

$$E_{MV} = \frac{E_{ML}}{E_{ML} + \frac{mV}{L}(1 - E_{ML})} \tag{3-69}$$

式中，m——第 n 层塔板所涉及浓度范围内的平衡线斜率；L/V——液气两相摩尔流量比，即操作线斜率。可见，只有当操作线与平衡线平行时，E_{MV} 与 E_{ML} 才会相等。

单板效率可直接反映该层塔板的传质效果，各层塔板的单板效率通常不相等。即使塔内各板效率相等，全塔效率在数值上也不等于单板效率。这是因为二者定义的基准不同，全塔效率是基于所需理论板数的概念，而单板效率是基于该板理论增浓程度的概念。

还应指出，单板效率的数值有可能超过 100%，在精馏操作中，液体沿精馏塔板面流动时，易挥发组分浓度逐渐降低，对第 n 板而言，其上液相组成由 x_{n-1} 的高浓度降为 x_n 的低浓度，尤其在塔板直径较大、液体流径较长时，液体在板上的浓度差异更加明显，这就使得穿过板上液层而上升的气相有机会与浓度高于 x_n 的液体相接触，从而得到较大程度的增浓。y_n 为离开第 n 板上各液面的气相平均浓度，而 y_n^* 是与离开第 n 板的最终液相浓度 x_n 成平衡的气相浓度，y_n 有可能大于 y_n^*，致使 $y_n - y_{n+1}$ 大于 $y_n^* - y_{n+1}$，此时，单板效率 E_{MV} 就超过 100%。

(3) 点效率

点效率是指塔板上各点的局部效率。以气相点效率 E_{ov} 为例，其表达式为

$$E_{ov} = \frac{y_{i,n} - y_{i,n+1}}{y_{i,n}^* - y_{i,n+1}} \tag{3-70}$$

式中，$y_{i,n}$——离开第 n 层塔板上某微元的气相浓度；$y_{i,n+1}$——由下层塔板进入该微元的气相浓度；$y_{i,n}^*$——与该微元液相浓度 $x_{i,n}$ 成平衡的气相浓度。

点效率与单板效率的区别在于，点效率中的 x_i、y_i 为塔板上某局部点的液相和气相组成，而单板效率中的 x、y 均为平均组成，只有当板上液体完全混合时，点效率 E_{ov} 与板效率 E_{MV} 才具有相同的数值。

3.2.7.2 塔板效率的估算

影响塔板效率的因素很多，概括起来有物系性质、塔板结构及操作条件等三个方面，物系性质主要是指黏度、密度、表面张力、扩散系数及相对挥发度等。塔板结构主要包括塔径、板间距、堰高及开孔率等。操作条件是指温度、压强、气体上升速度及气、液流量比等。影响塔板效率的因素多而复杂，很难找到各种因素之间的定量关系。设计中所用的塔板效率数据，一般是从条件相近的生产装置或中试装置中取得的经验数据。此外，人们在长期实践的基础上，积累了丰富的生产数据，加上理论研究的不断深入，逐渐总结出一些估算塔板效率的经验关联式。

塔板效率的估算方法大体分两类。一类是较全面地考虑各种传质和流体力学因素的影响，从点效率的计算出发，逐步推算出塔板效率。目前，被认为能较好反映实际情况的是美国化学工程师学会提出的一套预测塔板效率的计算方法（简称 A.I.Ch.E 法）。该方法不仅考虑了较多的影响因素，而且能反映塔径放大对效率的影响，对于过程开发很有意义。但是，这套计算方法程序颇为复杂，此处不作具体介绍。

另一类是简化的经验计算法。该法归纳了试验数据及工业数据，得出总板效率与少数主要影响因素的关系。奥康奈尔（O'Connell）方法目前被认为是较好的简易方法。例如，对于精馏塔，奥康奈尔将总板效率对液相黏度与相对挥发度的乘积进行关联，得到如图 3-28 所示曲线，该曲线也可用式(3-71)表达，即

$$E_T = 0.49 (\alpha \mu_L)^{-0.245} \tag{3-71}$$

图 3-28 及式(3-71) 中的符号意义为：α——塔顶与塔底平均温度下的相对挥发度，对多组分系统，应取关键组分间的相对挥发度；μ_L——塔顶与塔底平均温度下的液相黏度，mPa·s。对于多组分系统可按下式计算

$$\mu_L = \sum x_i \mu_{Li} \tag{3-72}$$

式中，μ_{Li}——进料的液相组分 i 的黏度，mPa·s；x_i——进料的液相中组分 i 的摩尔分率。

应指出，图 3-28 及式(3-71)是根据若干个老式的工业塔及试验塔的总板效率关联得到的，因此，对于新型高效的精馏塔，总板效率要适当提高。

对于吸收塔，奥康奈尔也得出全塔效率与液相黏度、溶解度系数及总压之间的关系曲线，如图 3-29 所示。

图 3-29 中，μ_L 是按塔顶及塔底平均组成及平均温度计算的液相黏度，mPa·s；H_p 是塔顶及塔底平均组成及平均温度下溶质溶解度系数，$kmol/(m^3 \cdot kPa)$；p 是操作压强，kPa。

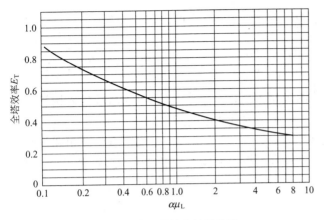

图 3-28 精馏塔效率关联曲线

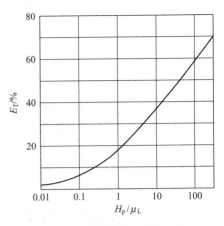

图 3-29 吸收塔效率关联曲线

3.2.8 板式塔的结构与附属设备

3.2.8.1 塔体结构

(1) 塔顶空间

塔顶空间是指塔内最上层塔板与塔顶的间距。为利于出塔气体夹带的液滴沉降,其高度应大于板间距,设计中通常取塔顶间距为 $(1.5\sim2.0)H_T$。若需要安装除沫器时,要根据除沫器的安装要求确定塔顶间距。塔顶封头多采用椭圆形,其曲面高度一般是塔公称直径的 1/4,直边高度为 25mm 或 40mm,由此可确定封头部分的高度。

(2) 塔底空间

塔底空间是指塔内最下层塔板到塔底的间距。其值由如下因素决定:

① 塔底储液空间依储存液体量停留 3~8min(易结焦物料可缩短停留时间);

② 再沸器的安装方式及安装高度;

③ 塔底液面至最下层塔板之间要留有 1~2m 的间距。

(3) 人孔

对于 $D \geqslant 1000mm$ 的板式塔,为安装、检修的需要,一般每隔 6~8 层塔板设一人孔。人孔直径一般为 400~600mm,其伸出塔体的筒体长度为 200~250mm,人孔中心距操作平台约 800~1200mm。一般人孔处的板间距应等于或大于 600mm,通常情况下可取为 1000mm。

(4) 进料板处板间距

有时在进料口处安装防冲板,可以取进料板处板间距为 800~1000mm。

(5) 裙座

裙座是塔设备的常用支承部件,有圆筒形和锥体形两种形式。考虑再沸器的高度和安装,可取裙座高度为 3m。

(6) 塔高

按照图 3-30 的基本结构,板式塔的塔高可按式(3-73)计

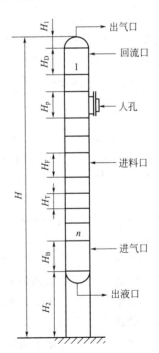

图 3-30 板式塔塔高示意图

算,即

$$H = (n - n_F - n_p - 1)H_T + n_F H_F + n_p H_p + H_D + H_B + H_1 + H_2 \quad (3\text{-}73)$$

式中,H——塔高,m;n——实际塔板数;n_F——进料板数;H_F——进料板处板间距,m;n_p——人孔数;H_B——塔底空间高度,m;H_p——设人孔处的板间距,m;H_D——塔顶空间高度,m;H_1——封头高度,m;H_2——裙座高度,m。

3.2.8.2 精馏塔的附属设备

精馏塔的附属设备包括塔顶回流冷凝器、产品冷却器、再沸器(蒸馏釜)、原料预热器等,可根据有关教材或化工手册进行选型与设计。以下着重介绍塔顶回流冷凝器和再沸器(蒸馏釜)的型式和特点,具体设计计算过程从略。

(1) 塔顶回流冷凝器

塔顶回流冷凝器通常采用管壳式换热器,有卧式、立式、管内或管外冷凝等形式,见图3-31。按冷凝器与塔的相对位置区分,有以下几类。

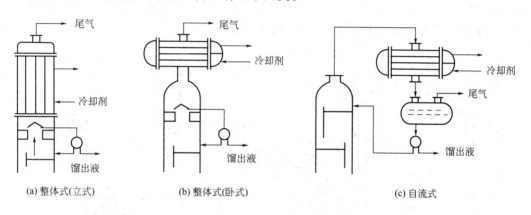

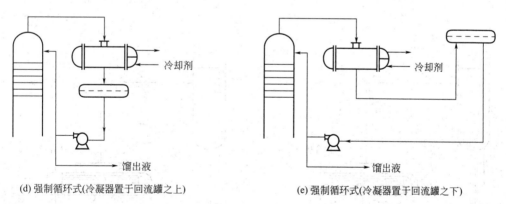

图3-31 塔顶回流冷凝器

① 整体式及自流式 将冷凝器直接安置于塔顶,冷凝液借重力回流入塔,此即整体式冷凝器,又称内回流式。其优点是蒸汽压降较小,节省安装面积,可借改变升气管或塔板位置调节位差以保证回流与采出所需的压头。缺点是塔顶结构复杂,维修不便,且回流比难以精确控制。该方式常用于以下几种情况:a. 传热面较小(例如50m²以下);b. 冷凝液难以用泵输送或用泵输送有危险的场合;c. 减压蒸馏过程。

目前多采用自流式冷凝器,即将冷凝器置于塔顶附近的台架上,靠改变台架高度获得回流和采出所需的位差。

② 强制循环式 当塔的处理量很大或塔板数很多时，若回流冷凝器置于塔顶将造成安装、检修等诸多不便，且造价高，可将冷凝器置于塔下部适当位置，用泵向塔顶输送回流液，在冷凝器和泵之间需设回流罐，即为强制循环式。冷凝器置于回流罐之上，回流罐的位置应保证其中液面与泵入口间的位差大于泵的汽蚀余量，若罐内液体温度接近沸点时，应使罐内液面比泵入口高出 3m 以上。可将回流罐置于冷凝器的上部，冷凝器置于地面，冷凝液借压差流入回流罐中，这样可减少台架，且便于维修，主要用于常压或加压蒸馏。

（2）再沸器（蒸馏釜）

再沸器（蒸馏釜）的作用是加热塔底料液使之部分汽化，以提供精馏塔内的上升气流。工业上常用的再沸器（蒸馏釜）有以下几种。

① 内置式再沸器（蒸馏釜） 将加热装置直接设置于塔的底部，称为内置式再沸器（蒸馏釜），如图 3-32(a) 所示。加热装置可采用夹套、蛇管或列管式加热器等不同形式，其装料系数依物系起泡倾向取为 60%～80%。内置式再沸器（蒸馏釜）的优点是安装方便、可减少占地面积，通常用于直径小于 600mm 的蒸馏塔中。

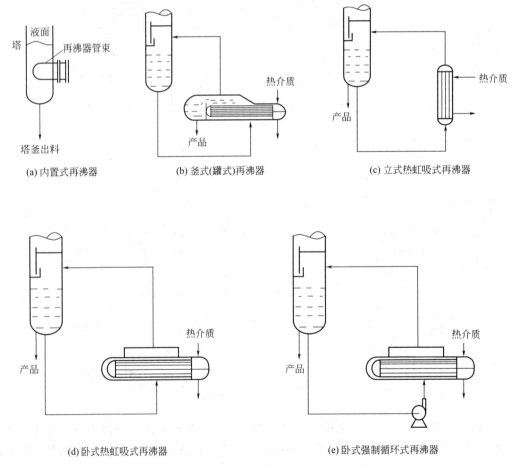

图 3-32 塔底再沸器

② 釜式(罐式)再沸器 对直径较大的塔，一般将再沸器置于塔外，如图 3-32(b) 所示。其管束可抽出，为保证管束浸于沸腾液中，管束末端设溢流堰，堰外空间为出料液的缓

冲区。其液面以上空间为汽液分离空间，设计中，一般要求汽液分离空间为再沸器总体积的30%以上。釜式（罐式）再沸器的优点是汽化率高，可达80%以上。若工艺过程要求较高的汽化率，宜采用釜式（罐式）再沸器。此外，对于某些塔底物料需分批移除的塔或间歇精馏塔，因操作范围变化大，也宜采用釜式（罐式）再沸器。

③ 热虹吸式再沸器　利用热虹吸原理，即再沸器内液体被加热部分汽化后，汽液混合物密度小于塔内液体密度，使再沸器与塔间产生静压差，促使塔底液体被"虹吸"进入再沸器，在再沸器内汽化后返回塔中，因而不必用泵便可使塔底液体循环。热虹吸式再沸器有立式、卧式两种形式。

如图3-32(c)所示的立式热虹吸式再沸器的优点是，按单位面积计的金属耗用量显著低于其他型式，并且传热效果较好、占地面积小、连接管线短。但立式热虹吸式再沸器安装时要求精馏塔底部液面与再沸器顶部管板持平，要有固定标高，其循环速率受流体力学因素制约。当处理能力大，要求循环量大，传热面也大时，常选用卧式热虹吸式再沸器，如图3-32(d)所示。一是由于随传热面加大其单位面积的金属耗量降低较快，二是其循环量受流体力学因素影响较小，可在一定范围内调整塔底与再沸器之间的高度差以适应要求。

热虹吸式再沸器的汽化率不能大于40%，否则传热不良，且因加热管不能充分润湿而易结垢，故对要求汽化率较高的工艺过程和处理易结垢的物料不宜采用。

④ 强制循环式再沸器　用泵使塔底液体在再沸器与塔间进行循环，称为强制循环式再沸器，如图3-32(e)所示为卧式强制循环式再沸器。强制循环式再沸器的优点是，液体流速大，停留时间短，便于控制和调节液体循环量。该方式特别适用于高黏度液体和热敏性物料的蒸馏过程。

强制循环式再沸器因采用泵循环，使得操作费用增加，而且釜温较高时需选用耐高温的泵，设备费用较高。另外料液易发生泄漏，故除特殊需要外，一般不宜采用。

再沸器设计时，需要考虑的因素有：再沸器进料的黏度、进料的流动类型、进料的汽化率和为再沸器提供进料的塔内液位等。应予指出，再沸器的传热面积是决定塔操作弹性的主要因素之一，故估算其传热面积时安全系数要选大一些，以防塔底汽化量不足影响操作。

3.2.8.3　冷凝器和再沸器的热量衡算

冷凝器和再沸器的热量衡算内容包括热负荷、冷却介质用量和传热面积计算（参考第2章换热器设计）。

（1）冷凝器

对精馏装置中的全凝器作热量衡算，并忽略热损失，可得全凝器的热负荷

$$Q_c = VI_D - (L+D)i_D = (R+1)D(I_D - i_D) \tag{3-74}$$

泡点回流时，式(3-74)可简化为

$$Q_c = (R+1)Dr_D \tag{3-75}$$

式中，Q_c——全凝器的热负荷，kJ/h；I_D——塔顶上升蒸汽的千摩尔焓，kJ/kmol；i_D——馏出液的千摩尔焓，kJ/kmol；r_D——馏出液的千摩尔汽化潜热，kJ/kmol。

冷却介质用量可按式(3-76)计算

$$W_c = \frac{Q_c}{C_{pc}(t_2 - t_1)} \tag{3-76}$$

式中，W_c——冷却介质用量，kg/h；C_{pc}——冷却介质的比热容，kJ/(kg·℃)；t_1、t_2——进、出冷凝器的冷却介质温度，℃。

(2) 再沸器

对如图 3-32(c) 所示的立式热虹吸式再沸器作热量衡量，此时常需考虑热损失。再沸器的热负荷为

$$Q_h = V'I_W + Wi_W - L'i_N + Q' \tag{3-77}$$

式中，Q_h——再沸器的热负荷，kJ/h；Q'——再沸器的热损失，kJ/h；I_W——再沸器上升蒸汽的千摩尔焓，kJ/kmol；i_W——最末一块塔板的千摩尔焓，kJ/kmol；i_N——塔釜采出液的千摩尔焓，kJ/kmol；V'——进入塔釜的蒸汽流量，kmol/h；L'——塔釜下降的液体流量，kmol/h；W——塔底产品的流量，kmol/h。

最末一块塔板液体的千摩尔焓 i_W 与塔釜采出液的千摩尔焓 i_N 近似相等，式(3-77) 简化为

$$Q_h = V'r_W + Q' \tag{3-78}$$

式中，r_W——塔釜采出液的千摩尔汽化潜热，kJ/kmol。

水蒸气用量可用式(3-79) 计算

$$W_h = \frac{Q_h}{r} \tag{3-79}$$

式中，W_h——水蒸气用量，kg/h；r——水的汽化潜热，kJ/kg。

3.2.9 精馏过程的节能

精馏过程是能量消耗较大的单元操作之一。降低精馏过程能量消耗，具有重要的经济意义。由热力学分析可知，减少有效能损失是精馏过程节能的基本途径。

(1) 降低向再沸器的供热量

选择经济合理的回流比，即减小回流比与最小回流比的比值。新型板式塔和高效填料塔的采用，可在塔高不变的前提下而大幅度提高精馏塔的理论板数，这为精馏塔设计及操作中采用较小的回流比提供了条件。尽可能采用小的回流比是全世界的发展趋势。

减小再沸器和冷凝器的温度差，可减少向再沸器提供的热量。塔底和塔顶温度差较大时，可在精馏段中间设置冷凝器，在提馏段中间设置再沸器，这样可降低低温位冷却剂的用量和高温位加热剂的用量，从而达到降低操作费的目的。

(2) 热泵精馏

采用如图 3-33 所示的热泵精馏流程，除开工阶段外，可基本上不向再沸器提供额外的热量。其基本过程是：将塔顶蒸汽经压缩机 2 绝热压缩后升温，重新作为再沸器的热源，使其中部分液体汽化，而压缩气体本身冷凝成液体。冷凝液经节流阀 4 后一部分作为塔顶馏出液抽出，另一部分返回塔顶作为回流液。此种装置节能效果十分显著。

(3) 多效蒸馏

多效蒸馏原理与多效蒸发相同，即采用压力依次降低的若干个精馏塔串联的操作流程，前一精馏塔的塔顶蒸汽用作后一精馏塔的加热介质。这样，除两端精馏塔外，中间精馏装置不再从外界引入加热介质和冷却介质。

(4) 热能的综合利用

回收精馏装置的余热，用于本系统或其他装置的加热热

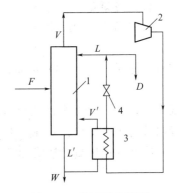

图 3-33 热泵精馏流程
1—精馏塔；2—压缩机；
3—再沸器；4—节流阀

源，也是精馏过程节能的有效途径。例如，利用塔顶蒸汽或塔釜采出液预热原料液等。

（5）其他节能措施

对精馏装置优化控制，使其在最佳工作状况下运行；多组分精馏中选择合理的流程；设备的完善保温措施，都可达到精馏过程节能的目的。

3.2.10 筛板精馏塔设计示例

一、设计题目

在一常压操作的连续精馏塔内分离苯-甲苯混合物。已知原料液的处理量为 4000kg/h，组成为 0.41（苯的质量分数，下同），要求塔顶馏出液的组成为 0.96，塔底釜液的组成为 0.01。

二、设计条件

操作压力 4kPa（塔顶表压）；进料热状况自选；回流比自选；单板压降≤0.7kPa；全塔效率 $E_T=52\%$；建厂地址：天津地区。

试根据上述工艺条件作出筛板塔的设计计算。

三、设计计算过程

（一）设计方案的确定

本设计任务为分离苯-甲苯混合物。对于二元混合物的分离，应采用连续精馏流程。设计中采用泡点进料，将原料液通过预热器加热至泡点后送入精馏塔内。塔顶上升蒸汽采用全凝器冷凝，冷凝液在泡点下一部分回流至塔内，其余部分经产品冷却器冷却后送至储罐。该物系属易分离物系，最小回流比较小，故操作回流比可取最小回流比的 2 倍。塔釜采用间接蒸汽加热，塔底产品经冷却后送至储罐。

（二）精馏塔的物料衡算

1. 原料液及塔顶、塔底产品的摩尔分数

苯的摩尔质量：$M_A=78.11\text{kg/kmol}$

甲苯的摩尔质量：$M_B=92.13\text{kg/kmol}$

$$x_F=\frac{0.41/78.11}{0.41/78.11+0.59/92.13}=0.450, \quad x_D=\frac{0.96/78.11}{0.96/78.11+0.04/92.13}=0.966,$$

$$x_W=\frac{0.01/78.11}{0.01/78.11+0.99/92.13}=0.012$$

2. 原料液及塔顶、塔底产品的平均摩尔质量

$$M_F=0.450\times78.11+(1-0.450)\times92.13=85.82\text{kg/kmol}$$
$$M_D=0.966\times78.11+(1-0.966)\times92.13=78.59\text{kg/kmol}$$
$$M_W=0.012\times78.11+(1-0.012)\times92.13=91.96\text{kg/kmol}$$

3. 物料衡算

原料处理量 $F=\dfrac{4000}{85.82}=46.61\text{kmol/h}$

总物料衡算：$F=D+W$

苯物料衡算：$Fx_F=Dx_D+Wx_W$

联立求解得
$$D=21.40\text{kmol/h}, \quad W=25.21\text{kmol/h}$$

(三) 塔板数的确定

1. 理论板层数 N_T 的求取

苯-甲苯属理想物系，可采用图解法（也可采用逐板计算法）求理论板层数。

(1) 由相关手册查得苯-甲苯物系的汽液平衡数据，绘出 x-y 图，见图 3-34。

(2) 求最小回流比及操作回流比。

采用作图法求最小回流比（泡点进料，$q=1$）。在图 3-34 中对角线上，自点 $e(0.45, 0.45)$ 作垂线 ef 即为进料线（q 线），该线与平衡线的交点坐标为
$$y_q = 0.667, \quad x_q = 0.450$$

故最小回流比为
$$R_{\min} = \frac{x_D - y_q}{y_q - x_q} = \frac{0.966 - 0.667}{0.667 - 0.450} = 1.38$$

取操作回流比为
$$R = 2R_{\min} = 2 \times 1.38 = 2.76$$

(3) 求精馏塔的汽、液相负荷
$$L = RD = 2.76 \times 21.40 = 59.06\text{kmol/h}$$
$$V = (R+1)D = (2.76+1) \times 21.40 = 80.46\text{kmol/h}$$
$$L' = L + F = 59.06 + 46.61 = 105.67\text{kmol/h}$$
$$V' = V = 80.46\text{kmol/h}$$

(4) 求操作线方程

精馏段操作线方程为
$$y = \frac{L}{V}x + \frac{D}{V}x_D = \frac{59.06}{80.46}x + \frac{21.40}{80.46} \times 0.966 = 0.734x + 0.257$$

提馏段操作线方程为
$$y' = \frac{L'}{V'}x' - \frac{W}{V'}x_W = \frac{105.67}{80.46}x' - \frac{25.21}{80.46} \times 0.012 = 1.313x' - 0.004$$

(5) 图解法求理论板层数

采用图解法求理论板层数，如图 3-34 所示。求解结果如下。

总理论板层数：$N_T = 13$（包括再沸器）

进料板位置：$N_F = 6$

采用逐板计算法求理论板层数的计算过程为

计算苯-甲苯物系的平均相对挥发度，得到相平衡方程；根据进料热状况（泡点进料），得到进料方程；这两个方程联立计算得交点坐标数据，计算可得最小回流比，进而得到操作回流比。

通过物料衡算得到精馏塔汽液相负荷及操作线方程。

由于采用了全凝器，泡点回流，所以由 $y_1 = x_D$ 开始，依次使用平衡线方程和精馏段操作线方程计算汽液相组成，当计算到 $x_m \leqslant x_F$ 时，精馏段计算完毕；更换操作线方程，依次使用平衡线方程和提馏段操作线方程计算汽液相组成，当计算到 $x_n \leqslant x_W$ 时，提馏段

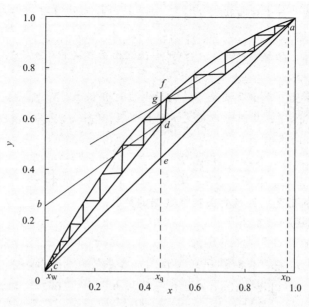

图 3-34 图解法求理论板层数

计算完毕。精馏段理论塔板数为 $m-1$，全塔理论塔板数为 n（包含再沸器）。

逐板计算法求理论板层数就是在计算过程中统计平衡线方程使用的次数，即为所求理论塔板层数。计算结果与图解法求理论板层数的基本一致。

理论板数的简捷算法是利用最小回流比、实际回流比、最小理论板数之间的经验关系计算理论板数。这一经验关系可以使用吉利兰图表示，如图 3-35 所示。

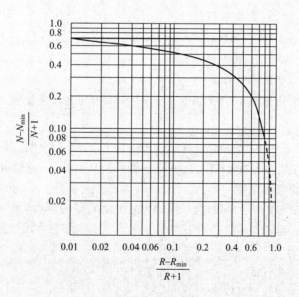

图 3-35 吉利兰图

简捷算法求理论板数的步骤：

① 根据物系性质和分离要求，求出 R_{min}，选择合适的 R。

② 求出全回流下所需理论板数 $N_{\min}$。对于接近理想体系的混合物，可以应用芬斯克方程计算。

③ 使用图 3-35，根据 $(R-R_{\min})/(R+1)$，由曲线查出 $(N-N_{\min})/(N+1)$，即可求出所需理论板数 N。

④ 确定加料位置。求出全回流下精馏段所需理论板数 N'_{TRmin} 后，查图 3-35 可得精馏段所需理论板数为 N_{TR}，从而可以确定加料位置为 $N_{\text{TR}}+1$。

2. 实际板层数的求取

精馏段实际板层数：$N_{\text{精}} = N_{\text{T精}}/E_{\text{T}} = 5/0.52 = 9.6 \approx 10$

提馏段实际板层数：$N_{\text{提}} = N_{\text{T提}}/E_{\text{T}} = 7/0.52 = 13.5 \approx 14$

(四) 精馏塔的工艺条件及有关物性数据的计算

以精馏段为例进行计算。

1. 操作压力计算

塔顶操作压力 $p_0 = 101.3 + 4 = 105.3\text{kPa}$，每层塔板压降 $\Delta p = 0.7\text{kPa}$，进料板压力 $p_F = 105.3 + 0.7 \times 10 = 112.3\text{kPa}$，精馏段平均压力 $p_m = (105.3 + 112.3)/2 = 108.8\text{kPa}$。

2. 操作温度计算

依据操作压力，由泡点方程通过试差法计算出泡点温度，其中苯、甲苯的饱和蒸气压由安托尼方程计算，相关常数见化工原理教材附录或相关资料，计算结果如下。

塔顶温度 $t_D = 82.1℃$，进料板温度 $t_F = 99.5℃$，精馏段平均温度 $t_m = (82.1 + 99.5)/2 = 90.8℃$。

3. 平均摩尔质量计算

(1) 塔顶平均摩尔质量计算

由 $x_D = y_1 = 0.966$，查平衡曲线（见图 3-34）得 $x_1 = 0.916$，则

$$M_{\text{VDm}} = 0.966 \times 78.11 + (1 - 0.966) \times 92.13 = 78.59\text{kg/kmol}$$

$$M_{\text{LDm}} = 0.916 \times 78.11 + (1 - 0.916) \times 92.13 = 79.29\text{kg/kmol}$$

(2) 进料板平均摩尔质量计算

由图解法计算理论板层数（见图 3-34）得 $y_F = 0.604$，查平衡曲线（见图 3-34）得 $x_F = 0.388$，则

$$M_{\text{VFm}} = 0.604 \times 78.11 + (1 - 0.604) \times 92.13 = 83.66\text{kg/kmol}$$

$$M_{\text{LFm}} = 0.388 \times 78.11 + (1 - 0.388) \times 92.13 = 86.69\text{kg/kmol}$$

(3) 精馏段平均摩尔质量

$$M_{\text{Vm}} = (78.59 + 83.66)/2 = 81.13\text{kg/kmol}, M_{\text{Lm}} = (79.29 + 86.69)/2$$
$$= 82.99\text{kg/kmol}$$

4. 平均密度计算

(1) 汽相平均密度计算

由理想气体状态方程计算，即

$$\rho_{\text{Vm}} = \frac{P_m M_{\text{Vm}}}{R T_m} = \frac{108.8 \times 81.13}{8.314 \times (90.8 + 273.15)} = 2.92\text{kg/m}^3$$

(2) 液相平均密度计算

液相平均密度依下式计算：

$$\frac{1}{\rho_{Lm}} = \sum \frac{a_i}{\rho_i}$$

式中，a_i——物质的质量分数。

① 塔顶液相平均密度的计算

由 $t_D = 82.1℃$，查手册得 $\rho_A = 812.7 \text{kg/m}^3$，$\rho_B = 807.9 \text{kg/m}^3$，则

$$\rho_{LDm} = \frac{1}{(0.96/812.7 + 0.04/807.9)} = 812.5 \text{kg/m}^3$$

② 进料板液相平均密度的计算

由 $t_F = 99.5℃$，查手册得 $\rho_A = 793.1 \text{kg/m}^3$，$\rho_B = 790.8 \text{kg/m}^3$，则进料板液相的质量分数为

$$a_A = \frac{0.388 \times 78.11}{0.388 \times 78.11 + 0.612 \times 92.13} = 0.350$$

$$\rho_{LFm} = \frac{1}{(0.35/793.1 + 0.65/790.8)} = 791.6 \text{kg/m}^3$$

精馏段液相平均密度为

$$\rho_{Lm} = (812.5 + 791.6)/2 = 802.1 \text{kg/m}^3$$

5. 液体平均表面张力计算

液相平均表面张力依下式计算，即

$$\sigma_{Lm} = \sum x_i \sigma_i$$

① 塔顶液相平均表面张力的计算

由 $t_D = 82.1℃$，查手册得 $\sigma_A = 21.24 \text{mN/m}$，$\sigma_B = 21.42 \text{mN/m}$，则

$$\sigma_{LDm} = 0.966 \times 21.24 + 0.034 \times 21.42 = 21.25 \text{mN/m}$$

② 进料板液相平均表面张力的计算

由 $t_F = 99.5℃$，查手册得 $\sigma_A = 18.90 \text{mN/m}$，$\sigma_B = 20.0 \text{mN/m}$，则

$$\sigma_{LFm} = 0.388 \times 18.90 + 0.612 \times 20.0 = 19.57 \text{mN/m}$$

精馏段液相平均表面张力为

$$\sigma_{Lm} = (21.25 + 19.57)/2 = 20.41 \text{mN/m}$$

6. 液体平均黏度计算

液相平均黏度依下式计算

$$\lg \mu_{Lm} = \sum x_i \lg \mu_i$$

① 塔顶液相平均黏度的计算

由 $t_D = 82.1℃$，查手册得 $\mu_A = 0.302 \text{mPa} \cdot \text{s}$，$\mu_B = 0.306 \text{mPa} \cdot \text{s}$，则

$$\lg \mu_{LDm} = 0.966 \times \lg 0.302 + 0.034 \times \lg 0.306$$

解出：$\mu_{LDm} = 0.302 \text{mPa} \cdot \text{s}$

② 进料板液相平均黏度的计算

由 $t_F = 99.5℃$，查手册得 $\mu_A = 0.256 \text{mPa} \cdot \text{s}$，$\mu_B = 0.265 \text{mPa} \cdot \text{s}$，则

$$\lg \mu_{LFm} = 0.388 \times \lg 0.256 + 0.612 \times \lg 0.265$$

解出：$\mu_{LFm} = 0.261 \text{mPa} \cdot \text{s}$

精馏段液相平均黏度为
$$\mu_{Lm}=(0.302+0.261)/2=0.282\text{mPa}\cdot\text{s}$$

7. 全塔效率估算

由图 3-34 的平衡曲线可得，操作条件下苯-甲苯物系的平均相对挥发度约为 $\alpha_m=2.42$；计算得液相平均黏度约为 $\mu_m=0.3\text{mPa}\cdot\text{s}$；计算得全塔效率约为 $E_T=53\%$。和题目给出的全塔效率 $E_T=52\%$ 吻合，因此上述计算结果可靠。

（五）精馏塔的塔体工艺尺寸计算

1. 塔径的计算

精馏段的气（汽）、液相体积流率为
$$V_s=\frac{VM_{Vm}}{3600\rho_{Vm}}=\frac{80.46\times81.13}{3600\times2.92}=0.621\text{m}^3/\text{s}$$
$$L_s=\frac{LM_{Lm}}{3600\rho_{Lm}}=\frac{59.06\times82.99}{3600\times802.1}=0.0017\text{m}^3/\text{s}$$

由 $u_{max}=C\sqrt{\dfrac{\rho_L-\rho_v}{\rho_v}}$，式中 C 由式 (3-18) 计算，其中的 C_{20} 由图 3-9 查取，图的横坐标为

$$\frac{L_h}{V_h}\left(\frac{\rho_L}{\rho_v}\right)^{1/2}=\frac{0.0017\times3600}{0.621\times3600}\times\left(\frac{802.1}{2.92}\right)^{1/2}=0.0454$$

取板间距 $H_T=0.40\text{m}$，板上液层高度 $h_L=0.06\text{m}$，则
$$H_T-h_L=0.40-0.06=0.34\text{m}$$

查图 3-9 得 $C_{20}=0.072$
$$C=C_{20}\left(\frac{\sigma_L}{20}\right)^{0.2}=0.072\times\left(\frac{20.41}{20}\right)^{0.2}=0.0723$$
$$u_{max}=0.0723\times\sqrt{\frac{802.1-2.92}{2.92}}=1.196\text{m/s}$$

取安全系数为 0.7，则空塔气速为
$$u=0.7u_{max}=0.7\times1.196=0.837\text{m/s}$$
$$D=\sqrt{\frac{4V_s}{\pi u}}=\sqrt{\frac{4\times0.621}{3.14\times0.837}}=0.972\text{m}$$

按标准塔径圆整后为 $D=1.0\text{m}$。

塔截面积：$A_T=\dfrac{\pi}{4}D^2=0.785\times1^2=0.785\text{m}^2$

实际空塔气速：$u=\dfrac{0.621}{0.785}=0.791\text{m/s}$

2. 精馏塔有效高度的计算

精馏段有效高度：$Z_{精}=(N_{精}-1)H_T=(10-1)\times0.4=3.6\text{m}$

提馏段有效高度：$Z_{提}=(N_{提}-1)H_T=(14-1)\times0.4=5.2\text{m}$

在进料板上方开一人孔，其高度为 0.8m，故精馏塔的有效高度为
$$Z=Z_{精}+Z_{提}+0.8=3.6+5.2+0.8=9.6\text{m}$$

(六) 塔板主要工艺尺寸的计算

1. 溢流装置计算

因塔径 $D=1.0\text{m}$，可选用单溢流弓形降液管，采用凹形受液盘。各项计算如下。

(1) 堰长 l_w

取 $l_w=0.66D=0.66\times 1.0=0.66\text{m}$

(2) 溢流堰高度 h_w

由 $h_w=h_L-h_{ow}$，选用平直堰，堰上液层高度 h_{ow} 由下式计算，即

$$h_{ow}=\frac{2.84}{1000}E\left(\frac{L_h}{l_w}\right)^{2/3}$$

近似取 $E=1$，则

$$h_{ow}=\frac{2.84}{1000}\times 1\times\left(\frac{0.0017\times 3600}{0.66}\right)^{2/3}=0.013\text{m}$$

取板上液层高度 $h_L=60\text{mm}$，故溢流堰高度 $h_w=0.06-0.013=0.047\text{m}$。

(3) 弓形降液管宽度 W_d 和截面积 A_f

由 $l_w=0.66D$，查图 3-16，得 $\frac{A_f}{A_T}=0.0722$，$\frac{W_d}{D}=0.124$，故

$$A_f=0.0722A_T=0.0722\times 0.785=0.0567\text{m}^2$$
$$W_d=0.124D=0.124\times 1.0=0.124\text{m}$$

依式(3-24)验算液体在降液管中停留时间，即

$$\theta=\frac{3600A_fH_T}{L_h}=\frac{3600\times 0.0567\times 0.40}{0.0017\times 3600}=13.34\text{s}>5\text{s}$$

故降液管设计合理。

(4) 降液管底隙高度 h_o

$$h_o=\frac{L_h}{3600l_wu'_o}$$

取 $u'_o=0.08\text{m/s}$，则

$$h_o=\frac{0.0017\times 3600}{3600\times 0.66\times 0.08}=0.032\text{m}$$

$$h_w-h_o=0.047-0.032=0.015\text{m}>0.006\text{m}$$

故降液管底隙高度设计合理。

选用凹形受液盘，深度 $h'_w=50\text{mm}$。

2. 塔板布置

(1) 塔板的分块

因 $D\geqslant 800\text{mm}$，故塔板采用分块式。查表 3-4 得，塔板分为 3 块。

(2) 边缘区宽度确定

取 $W_s=W'_s=0.065\text{m}$，$W_c=0.035\text{m}$。

(3) 开孔区面积计算

开孔区面积 A_a 按式(3-33)计算，即

$$A_a=2\left(x\sqrt{r^2-x^2}+\frac{\pi r^2}{180°}\sin^{-1}\frac{x}{r}\right)$$

其中，$x = \dfrac{D}{2} - (W_d + W_s) = \dfrac{1.0}{2} - (0.124 + 0.065) = 0.311 \text{m}$

$r = \dfrac{D}{2} - W_c = \dfrac{1.0}{2} - 0.035 = 0.465 \text{m}$

故 $A_a = 2 \times \left[0.311 \times \sqrt{0.465^2 - 0.311^2} + \dfrac{\pi \times 0.465^2}{180°} \sin^{-1}\left(\dfrac{0.311}{0.465}\right) \right] = 0.532 \text{m}^2$

(4) 筛孔计算及其排列

本例所处理的物系无腐蚀性，可选用 $\delta = 3\text{mm}$ 碳钢板，取筛孔直径 $d_o = 5\text{mm}$。筛孔按正三角形排列，取孔中心距 t 为

$$t = 3d_o = 3 \times 5 = 15 \text{mm}$$

筛孔数目 n：$n = \dfrac{1.155 A_0}{t^2} = \dfrac{1.155 \times 0.532}{0.015^2} = 2731 \text{ 个}$

开孔率：$\phi = 0.907 \left(\dfrac{d_o}{t}\right)^2 = 0.907 \times \left(\dfrac{0.005}{0.015}\right)^2 = 10.1\%$

气体通过筛孔的气速为

$$u_o = \dfrac{V_s}{A_0} = \dfrac{0.621}{0.101 \times 0.532} = 11.56 \text{m/s}$$

实际画图布置，筛孔数目为 2730 个，与计算结果相符。

(七) 筛板的流体力学验算

1. 塔板压降

(1) 干板阻力 h_c 计算

干板阻力 h_c 由式(3-52)计算，即

$$h_c = 0.051 \left(\dfrac{u_o}{c_0}\right)^2 \left(\dfrac{\rho_v}{\rho_L}\right)$$

由 $d_o / \delta = 5/3 = 1.67$，查图 3-23 得，$c_0 = 0.772$，故

$$h_c = 0.051 \times \left(\dfrac{11.56}{0.772}\right)^2 \times \left(\dfrac{2.92}{802.1}\right) = 0.0416 \text{m 液柱}$$

(2) 气体通过液层的阻力 h_l 计算

气体通过液层的阻力 h_l 可根据式(3-42)计算，即

$$h_l = \beta h_L$$

$$u_a = \dfrac{V_s}{A_T - A_f} = \dfrac{0.621}{0.785 - 0.0567} = 0.853 \text{m/s}$$

$$F_0 = 0.853 \times \sqrt{2.92} = 1.46 \text{kg}^{1/2}/(\text{s} \cdot \text{m}^{1/2})$$

查图 3-24，得 $\beta = 0.61$。故

$$h_l = \beta h_L = \beta(h_w + h_{ow}) = 0.61(0.047 + 0.013) = 0.0366 \text{m 液柱}$$

(3) 液体表面张力的阻力 h_σ 计算

液体表面张力所产生的阻力 h_σ 由式(3-56)计算，即

$$h_\sigma = \dfrac{4\sigma_L}{\rho_L g d_o} = \dfrac{4 \times 20.41 \times 10^{-3}}{802.1 \times 9.81 \times 0.005} = 0.0021 \text{m 液柱}$$

气体通过每层塔板的液柱高度 h_p 可按下式计算，即

$$h_p = h_c + h_l + h_\sigma$$
$$h_p = 0.0416 + 0.0366 + 0.0021 = 0.080 \text{m 液柱}$$

气体通过每层塔板的压降为

$$\Delta p_p = h_p \rho_L g = 0.08 \times 802.1 \times 9.81 = 629 \text{Pa} < 0.7 \text{kPa （设计允许值）}$$

2. 液面落差

对于筛板塔，液面落差很小，且本例的塔径和液流量均不大，故可忽略液面落差的影响。

3. 液沫夹带

液沫夹带量由式(3-57)计算，即

$$e_v = \frac{5.7 \times 10^{-6}}{\sigma_L} \left(\frac{u_a}{H_T - h_f} \right)^{3.2}$$

$$h_f = 2.5 h_L = 2.5 \times 0.06 = 0.15 \text{m}$$

则 $e_v = \frac{5.7 \times 10^{-6}}{20.41 \times 10^{-3}} \times \left(\frac{0.853}{0.40 - 0.15} \right)^{3.2} = 0.014 \text{kg（液）/kg（气）} < 0.1 \text{kg（液）/kg（气）}$

故在本设计中液沫夹带量 e_v 在允许范围内。

4. 漏液

对筛板塔，漏液点气速 $u_{o,\min}$ 可由式(3-58)计算，即

$$u_{o,\min} = 4.4 c_0 \sqrt{(0.0056 + 0.13 h_L - h_\sigma) \rho_L / \rho_v}$$
$$= 4.4 \times 0.772 \times \sqrt{(0.0056 + 0.13 \times 0.06 - 0.0021) \times 802.1 / 2.92} = 5.985 \text{m/s}$$

实际孔速 $u_o = 11.56 \text{m/s} > u_{o,\min}$。

稳定系数为

$$K = \frac{u_o}{u_{o,\min}} = \frac{11.56}{5.985} = 1.93 > 1.5$$

故在本设计中无明显漏液。

5. 液泛

为防止塔内发生液泛，降液管内液层高 H_d 应服从式(3-65)的关系，即

$$H_d \leqslant \psi (H_T + h_w)$$

苯-甲苯物系属一般物系，取 $\psi = 0.5$，则

$$\psi (H_T + h_w) = 0.5 \times (0.40 + 0.047) = 0.224 \text{m}$$

而 $$H_d = h_p + h_L + h_d$$

板上不设进口堰，h_d 可由式(3-63)计算，即

$$h_d = 0.153 (u_0')^2 = 0.153 \times (0.08)^2 = 0.001 \text{m 液柱}$$
$$H_d = 0.08 + 0.06 + 0.001 = 0.141 \text{m 液柱}$$
$$H_d \leqslant \psi (H_T + h_w)$$

故在本设计中不会发生液泛现象。

(八) 塔板负荷性能图

1. 漏液线

由 $u_{o,min} = 4.4c_0 \sqrt{(0.0056+0.13h_L - h_\sigma)\rho_L/\rho_v}$，$u_{o,min} = \dfrac{V_{s,min}}{A_0}$，$h_L = h_w + h_{ow}$，

$h_{ow} = \dfrac{2.84}{1000} E \left(\dfrac{L_h}{l_w}\right)^{2/3}$，得

$$V_{s,min} = 4.4 c_0 A_0 \sqrt{\left\{0.0056 + 0.13\left[h_w + \dfrac{2.84}{1000}E\left(\dfrac{L_h}{l_w}\right)^{2/3}\right] - h_\sigma\right\}\rho_L/\rho_v}$$

$$= 4.4 \times 0.772 \times 0.101 \times 0.532$$

$$\sqrt{\left\{0.0056 + 0.13 \times \left[0.047 + \dfrac{2.84}{1000} \times 1 \times \left(\dfrac{3600 L_s}{0.66}\right)^{2/3}\right] - 0.0021\right\} \times 802.1/2.92}$$

整理：$V_{s,min} = 3.025 \sqrt{0.00961 + 0.114 L_s^{2/3}}$

在操作范围内，任取几个 L_s 值，依上式计算出 V_s 值，计算结果列于表 3-6。

表 3-6 漏液线数据

$L_s/(m^3/s)$	0.0006	0.0015	0.0030	0.0045
$V_s/(m^3/s)$	0.309	0.319	0.331	0.341

由表 3-6 数据即可作出漏液线 1。

2. 液沫夹带线

以 $e_v = 0.1 \text{kg(液)/kg(气)}$ 为限，求 V_s-L_s 关系如下。

由 $e_v = \dfrac{5.7 \times 10^{-6}}{\sigma_L} \left(\dfrac{u_a}{H_T - h_f}\right)^{3.2}$，$u_s = \dfrac{V_s}{A_T - A_f} = \dfrac{V_s}{0.785 - 0.0567} = 1.373 V_s$，$h_f = $

$2.5 h_L = 2.5(h_w + h_{ow})$，$h_w = 0.047$，$h_{ow} = \dfrac{2.84}{1000} \times 1 \times \left(\dfrac{3600 L_s}{0.66}\right)^{2/3} = 0.88 L_s^{2/3}$，故

$$h_f = 0.118 + 2.2 L_s^{2/3}$$

$$H_T - h_f = 0.282 - 2.2 L_s^{2/3}$$

$$e_v = \dfrac{5.7 \times 10^{-6}}{20.41 \times 10^{-3}} \times \left(\dfrac{1.373 V_s}{0.282 - 2.2 L_s^{2/3}}\right)^{3.2} = 0.1$$

整理：
$$V_s = 1.29 - 10.07 L_s^{2/3}$$

在操作范围内，任取几个 L_s 值，依上式计算出 V_s 值，计算结果列于表 3-7。

表 3-7 液沫夹带线数据

$L_s/(m^3/s)$	0.0006	0.0015	0.0030	0.0045
$V_s/(m^3/s)$	1.218	1.158	1.081	1.016

由表 3-7 数据即可作出液沫夹带线 2。

3. 液相负荷下限线

对于平直堰，取堰上液层高度 $h_{ow} = 0.006$m 作为最小液体负荷标准。由下式可得

$$h_{ow} = \dfrac{2.84}{1000} E \left(\dfrac{3600 L_s}{l_w}\right)^{2/3} = 0.006$$

取 $E=1$

$$L_{s,\min}=\left(\frac{0.006\times1000}{2.84}\right)^{3/2}\times\frac{0.66}{3600}=0.00056\,\mathrm{m^3/s}$$

据此可作出与汽相流量无关的垂直液相负荷下限线3。

4. 液相负荷上限线

以 $\theta=4\mathrm{s}$ 作为液体在降液管中停留时间的下限，由下式得

$$\theta=\frac{A_f H_T}{L_s}=4$$

故

$$L_{s,\min}=\frac{A_f H_T}{4}=\frac{0.0567\times0.40}{4}=0.00567\,\mathrm{m^3/s}$$

据此可作出与汽相流量无关的垂直液相负荷上限线4。

5. 液泛线

令 $H_d=\psi(H_T+h_w)$，由 $H_d=h_p+h_L+h_d$，$h_p=h_c+h_l+h_\sigma$，$h_l=\beta h_L$，$h_L=h_w+h_{ow}$，联立得

$$\psi H_T+(\psi-\beta-1)h_w=(\beta+1)h_{ow}+h_c+h_d+h_\sigma$$

忽略 h_σ，将 h_{ow} 与 L_s、h_d 与 L_s、h_c 与 V_s 的关系式代入上式，并整理得

$$a'V_s^2=b'-c'L_s^2-d'L_s^{2/3}$$

其中，$a'=\dfrac{0.051}{(A_0 c_0)^2}\left(\dfrac{\rho_v}{\rho_L}\right)$，$b'=\psi H_T+(\psi-\beta-1)h_w$，$c'=0.153/(l_w h_o)^2$，$d'=2.84\times10^{-3}E(1+\beta)\left(\dfrac{3600}{l_w}\right)^{2/3}$。

将有关的数据代入，得

$$a'=\frac{0.051}{(0.101\times0.532\times0.772)^2}\times\left(\frac{2.92}{802.1}\right)=0.108$$

$$b'=0.5\times0.40+(0.5-0.61-1)\times0.047=0.148$$

$$c'=0.153/(0.66\times0.032)^2=343.01$$

$$d'=2.84\times10^{-3}\times1\times(1+0.61)\times\left(\frac{3600}{0.66}\right)^{2/3}=1.417$$

故 $\quad 0.108V_s^2=0.148-343.01L_s^2-1.417L_s^{2/3}$

或 $\quad V_s^2=1.37-3176L_s^2-13.12L_s^{2/3}$

在操作范围内，任取几个 L_s 值，依上式计算出 V_s 值，计算结果列于表3-8。

表3-8 液泛线数据

$L_s/(\mathrm{m^3/s})$	0.0006	0.0015	0.0030	0.0045
$V_s/(\mathrm{m^3/s})$	1.275	1.190	1.068	0.948

由表3-8数据即可作出液泛线5。

根据以上各线方程，可作出筛板塔的负荷性能图，如图3-36所示。

在负荷性能图上，作出操作点 A，连接 OA，即作出操作线。由图3-36可看出，该筛板的操作上限为液泛控制，下限为漏液控制。由图3-36查得

$$V_{s.\,max}=1.075\,\mathrm{m^3/s},\ V_{s.\,min}=0.317\,\mathrm{m^3/s}$$

故操作弹性为

$$\frac{V_{s.\,max}}{V_{s.\,min}}=\frac{1.075}{0.317}=3.391$$

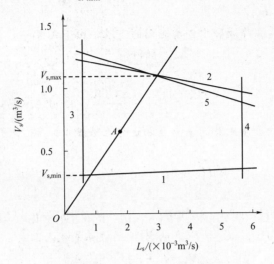

图 3-36 精馏段筛板塔的负荷性能图

所设计筛板塔的主要结果汇总于表 3-9 中。

表 3-9 筛板塔设计计算结果汇总

序号	项目	结果	序号	项目	结果
1	平均温度 t_m/℃	90.8	17	边缘区宽度/m	0.035
2	平均压力 p_m/kPa	108.8	18	开空区面积/m^2	0.532
3	汽相流量 V_s/(m^3/s)	0.621	19	筛孔直径/m	0.005
4	液相流量 L_s/(m^3/s)	0.0017	20	筛孔数目	2731
5	实际塔板数	24	21	孔中心距/m	0.015
6	有效段高度 Z/m	9.6	22	开孔率/%	10.1
7	塔径 D/m	1.0	23	空塔气速/(m/s)	0.791
8	板间距/m	0.4	24	筛孔气速/(m/s)	11.56
9	溢流形式	单溢流	25	稳定系数	1.93
10	降液管形式	弓形	26	每层塔板压降/Pa	629
11	堰长/m	0.66	27	负荷上限	液泛控制
12	堰高/m	0.047	28	负荷下限	漏液控制
13	板上液层高度/m	0.06	29	液沫夹带 e_v/[kg(液)/kg(气)]	0.1
14	堰上液层高度/m	0.013	30	汽相负荷上限/(m^3/s)	1.075
15	降液管底隙高度/m	0.032	31	汽相负荷下限/(m^3/s)	0.317
16	安定区宽度/m	0.065	32	操作弹性	3.391

3.3 填料塔设计

填料塔是化学工业中最常见的气（汽）液传质设备之一，适用于吸收解吸、精馏和液液萃取等化工单元操作。填料塔主要由填料、塔内件及筒体构成，如图3-37所示。填料是填料塔内气（汽）液传质、传热的基础元件，决定了填料塔内气（汽）液流动及接触传递方式，直接影响填料塔的分离效率。塔内件主要包括液体分布器、填料压紧装置、填料支承、液体再分布器、进出料装置、气体进料及分布装置、除沫器等。

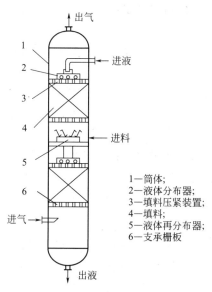

1—筒体；
2—液体分布器；
3—填料压紧装置；
4—填料；
5—液体再分布器；
6—支承栅板

图 3-37 填料塔结构简图

填料塔的塔身是一直立式圆筒，底部装有填料支承板，填料以乱堆或整砌的方式放置在支承板上。填料的上方安装填料压板，以防被上升气流吹动。液体从塔顶经液体分布器喷淋到填料上，并沿填料表面流下。气体从塔底送入，经气体分布装置分布后，与液体呈逆流连续通过填料层的空隙，在填料表面上，气液两相密切接触进行传质。填料塔属于连续接触式气液传质设备，两相组成沿塔高连续变化，在正常操作状态下，气相为连续相，液相为分散相。

当液体沿填料层向下流动时，有逐渐向塔壁集中的趋势，使得塔壁附近的液体流量逐渐增大，这种现象称为**壁流**。壁流效应造成气液两相在填料层中分布不均匀，从而使传质效率下降。因此，当填料层较高时，需要进行分段，中间设置再分布装置。液体再分布装置包括液体收集器和液体再分布器两部分，由上层填料流下来的液体经液体收集器收集后，送到液体再分布器，经重新分布后喷淋到下层填料上。

填料塔不仅结构简单，而且阻力小，便于使用耐腐蚀材料制造，对于直径较小的塔、处理有腐蚀性的物料或要求压降较小的真空蒸馏系统，填料塔都具有明显的优势。

填料塔也有不足之处，如填料造价高；当液体负荷较小时不能有效地润湿填料表面，使传质效率降低；不能直接用于有悬浮物或容易聚合的物料；对侧线进料和出料等复杂精馏不太适合等。

填料塔的类型很多，其设计的原则大体相同，一般来说，填料塔的设计步骤如下。
① 根据设计任务和工艺要求，确定设计方案和基本工艺流程；
② 确定操作温度与压力，确定气液平衡关系，选择合适的吸收剂，确定操作液气比；
③ 根据设计任务和工艺要求，合理地选择填料；
④ 确定塔径、填料层高度等工艺尺寸；
⑤ 计算填料层的压降；
⑥ 填料塔塔内件的设计与选型。

3.3.1 设计方案的确定

填料精馏塔设计方案的确定包括装置流程的确定、吸收剂的选择、操作温度与压力的确定、吸收因数的选择、进料热状况的选择、加热方式的选择及回流比的选择等，其确定原则与板式精馏塔基本相同。精馏过程的工艺设计计算参见 3.2 板式塔设计一节，本节增加了填料精馏塔设计示例。

填料吸收塔设计方案的确定包括吸收装置的基本流程、主体设备的型式和操作条件、选择合适的吸收剂等。所选方案必须满足指定的工艺要求，达到规定的生产能力和分离要求，经济合理，操作安全。

本节主要介绍填料吸收塔的工艺过程计算与设备设计步骤。

3.3.1.1 装置流程的确定
吸收装置的流程主要有以下几种。

(1) 逆流操作

气相自塔底进入由塔顶排出，液相自塔顶进入由塔底排出，此即逆流操作。逆流操作的特点是，传质平均推动力大，传质速率快，分离效率高，吸收剂利用率高。工业生产中多采用逆流操作。

(2) 并流操作

气液两相均从塔顶流向塔底，此即并流操作。并流操作的特点是，系统不受液流限制，可提高操作气速，以提高生产能力。并流操作通常用于以下情况：当吸收过程的平衡曲线较平坦时，流向对推动力影响不大；易溶气体的吸收或处理的气体不需吸收很完全；吸收剂用量特别大，逆流操作易引起液泛等。

(3) 吸收剂部分再循环操作

在逆流操作系统中，用泵将吸收塔排出液体的一部分冷却后与补充的新鲜吸收剂一同送回塔内，即为部分再循环操作。通常用于以下情况：当吸收剂用量较小，为提高塔的液体喷淋密度；对于非等温吸收过程，为控制塔内的温升，需取出一部分热量。该流程特别适宜于相平衡常数 m 值很小的情况，通过吸收液的部分再循环，提高吸收剂的使用效率。应予指出，吸收剂部分再循环操作较逆流操作的平均推动力要低，且需设置循环泵，操作费用增加。

(4) 多塔串联操作

若设计的填料层高度过大，或由于所处理物料等原因需经常清理填料，为便于维修，可把填料层分装在几个串联的塔内，每个吸收塔通过的吸收剂和气体量都相等，即为多塔串联操作。此种操作因塔内需预留较大空间，输液、喷淋、支承板等辅助装置增加，使设备投资加大。

(5) 串联-并联混合操作

当吸收过程处理的液量很大时，若采用通常的流程，则液体在塔内的喷淋密度过大，操作气速势必很小（否则易引起塔的液泛），塔的生产能力很低。实际生产中可采用气相串联、液相并联的混合流程；若吸收过程处理的液量不大而气相流量很大时，可采用液相串联、气相并联的混合流程。

(6) 解吸方法

① 气提解吸　在解吸塔底部通入某种不含溶质的惰性气体（空气、N_2、CO_2）或溶剂蒸气作为气提气，提供与逆流而下吸收液不相平衡的气相。在解吸推动力的作用下，溶质不断由液相析出，由塔顶得到溶质组分与惰性气体或蒸气的混合物，而于塔底排出较纯净的溶剂。一般气提解吸为连续逆流操作。需要注意的是，若以惰性气体为载气，很难获得较纯净的溶质气体。

② 改变压力和温度条件的解吸　由于大多数气体溶质的溶解度随压力减小或温度升高而降低，可以通过减压和升温使溶解的溶质气体解吸出来。具体可分为减压解吸、升温解吸、升温-减压解吸、升温吹气解吸等。一般情况下，解吸过程很少采用单一的一步解吸操作方法，通常是采用升温减压-气提的联合操作方式。

总之，在实际应用中，应根据生产任务、工艺特点，结合各种流程的优缺点选择适宜的流程布置。

3.3.1.2　吸收剂的选择

吸收过程是依靠气体溶质在吸收剂中的溶解度差异来实现的分离过程，因此，吸收剂性能的优劣，是决定吸收操作效果的关键因素之一，选择吸收剂时应着重考虑以下几方面。

① 溶解度　吸收剂对溶质组分的溶解度要大，以提高吸收速率并减少吸收剂的用量。

② 选择性　吸收剂对溶质组分要有良好的吸收能力，而对混合气体中的其他组分不吸收或吸收甚微，否则不能直接实现有效分离。

③ 挥发度要低　操作温度下吸收剂的蒸气压要低，以减少吸收和再生过程中吸收剂的挥发损失。吸收剂应具有良好的热稳定性。

④ 黏度　吸收剂在操作温度下的黏度越低，其在塔内的流动性越好，有助于传质速率和传热速率的提高。

⑤ 易于再生，循环使用。

⑥ 其他　所选用的吸收剂应尽可能满足无毒性、无腐蚀性、不易燃易爆、不发泡、冰点低、价廉易得以及化学性质稳定等要求。

一般来说，任何一种吸收剂都难以满足上述所有要求，选用时应针对具体情况和主要矛盾，既考虑工艺要求又兼顾经济合理性。工业上常用的吸收剂列于表3-10中。

表3-10　工业上常用的吸收剂

溶质	吸收剂	溶质	吸收剂
氨	水、硫酸	硫化氢	碱液、砷碱液、有机溶剂
丙酮蒸气	水	苯蒸气	煤油、洗油
氯化氢	水	丁二烯	乙醇、乙腈
二氧化碳	水、碱液、碳酸丙烯酯	二氯乙烯	煤油
二氧化硫	水	一氧化碳	铜氨液

3.3.1.3 操作温度与压力的确定

(1) 操作温度的确定

由吸收过程的气液平衡关系可知,温度降低可增加溶质组分的溶解度,即低温有利于吸收,但操作温度的低限应由吸收系统的具体情况决定。例如水吸收 CO_2 的操作中用水量极大,吸收温度主要由水温决定,而水温又取决于大气温度,故应考虑夏季循环水温高时需补充一定量地下水以维持适宜的操作温度。

(2) 操作压力的确定

由吸收过程的气液平衡关系可知,压力升高可增加溶质组分的溶解度,即加压有利于吸收。但随着操作压力的升高,对设备的加工制造要求提高,且能耗增加,因此需结合具体工艺条件综合考虑,以确定操作压力。

3.3.1.4 吸收因数 A 的选择

吸收因数 $A(A=L/mG)$ 综合反映了操作液气比和相平衡常数对传质过程的影响。对于给定的任务,A 值取得大,吸收剂用量(或溶剂循环量)必然大,操作费用增加;若 A 值取得小,则过程推动力小,塔必然很高。合理选取 A 值实质是将设备投资和操作费用总体优化的结果。在不具备优化条件时,可按照经验数值选取。因此,选定了 A 或 L/G 值后可确定吸收剂用量。

净化气体,提高溶质回收率的吸收,$1.2<A<2.0$,一般取 $A=1.4$;

制取液体产品的吸收,一般取 $A<1.0$;

解吸,$1.2<1/A<2.0$,一般取 $1/A=1.4$。

对特殊气液物系或有特殊要求的吸收过程,吸收因数 A 的取值需根据具体情况来考虑。

3.3.2 填料的类型与选择

塔填料是填料塔的核心构件,其作用是为气、液两相提供充分密切的接触表面,并为提高流体的湍动程度(主要是气相)创造条件,以实现相际间的高效传质与传热。它们应能使气、液接触面积大、传质系数高,同时通量大而阻力小,所以要求填料层具有空隙率高、比表面积大、表面湿润性能好等特点,并在结构上有利于两相密切接触,促进湍流。不同结构形式和尺寸的填料具有不同的几何特性,它决定着填料塔的通过能力(处理能力)、分离效率和过程能耗等各项经济技术指标。塔填料是填料塔中气液接触的基本构件,其性能的优劣是决定填料塔操作性能的主要因素,因此,塔填料的选择是填料塔设计的重要环节。

3.3.2.1 传质过程对塔填料的基本要求

传质过程对塔填料的具体要求表现在以下几个方面。

① 比表面积要大。比表面积是指单位体积填料层的填料所具有的表面积。填料表面是气液有效接触的场所。

② 能提供大的流体通量。所选填料结构要敞开,死角区域的空间要小,有效的空隙率要大。

③ 液体的再分布性能要好。

a. 填料在塔内装填之后,整个床层的结构要均匀。

b. 填料在塔内堆放的形状要利于液体向四周均匀分布。

c. 填料本身的结构要保证同一截面上的填料在接受上面流下来的液体之后,不仅能垂直向下传递,而且能横向传递。从目前的填料结构来看,曲面结构及倾斜放置均利于液体的横向传递。

d. 减轻液体向壁面的偏流或沟流。

④ 要有足够的机械强度，价格便宜等。

3.3.2.2 填料的特性

在填料塔内，气体由填料间的空隙流过，液体在填料表面形成液膜并沿填料间的空隙向下流动，气、液两相间的传质过程在润湿的填料表面上进行，因此，填料塔的生产能力和传质效率均与填料特性密切相关。

各种填料的性能特征各不相同，用来描述填料性能的物理量参数有以下几项：

① 填料数 n 指单位体积填料中填料的个数。对散装填料而言，这是一个统计数字，其数值需通过实验获得。

② 比表面积 a 单位体积填料层的填料所具有的表面积称为比表面积，以 a 表示，其单位为 m^2/m^3。同一种类的填料，尺寸越小，比表面积越大。填料的比表面积越大，所能提供的气、液传质面积就越大。

③ 空隙率 ε 单位体积填料层的填料所具有的空隙体积称为空隙率，以 ε 表示，其单位为 m^3/m^3。填料的空隙率越大，气、液通过能力也越大且气体流动阻力越小，这种填料塔具有较大的操作弹性范围。实际操作中，由于填料表面附有一层液体，所以实际的空隙率要低于持液前的空隙率。

④ 填料因子 ϕ 将 a 与 ε 组合成 a/ε^3 的形式称为填料因子，单位为 $1/m$。没有液体时的 a/ε^3 值称为干填料因子。当填料被喷淋的液体润湿后，填料表面覆盖了一层液膜，a 与 ε 均发生相应的变化，此时 a/ε^3 称为湿填料因子，用 ϕ 表示。ϕ 代表实际操作时填料的流体力学特性，故进行填料塔计算时，应采用液体喷淋条件下实测的湿填料因子。ϕ 值小，表明流动阻力小，泛点气速可以提高。

在选择填料时，一般要求比表面积及空隙率要大，填料的润湿性能好，单位体积填料的质量轻，造价低，并有足够的机械强度。

3.3.2.3 填料的类型

填料的类型很多，根据装填方式的不同，可分为散装填料和规整填料两大类。

(1) 散装填料

散装填料是一个个具有一定几何形状和尺寸的颗粒体，一般以随机的方式堆积在塔内，又称为乱堆填料或颗粒填料。散装填料根据结构特点不同，又可分为环形填料、鞍形填料、环鞍形填料及球形填料等。现介绍几种较典型的散装填料。

① 拉西环填料 拉西环填料是最早提出的工业填料，其结构为外径与高度相等的圆环，可用陶瓷、塑料、金属等材质制造。拉西环填料的气液分布较差，传质效率低，阻力大，通量小，目前工业上已很少应用。

② 鲍尔环填料 鲍尔环是在拉西环的基础上改进而得。其结构为在拉西环的侧壁上开出两排长方形的窗孔，被切开的环壁一侧仍与壁面相连，另一侧向环内弯曲，形成内伸的舌叶，各舌叶的侧边在环中心相搭，可用陶瓷、塑料、金属等材质制造。鲍尔环由于环壁开孔，大大提高了环内空间及环内表面的利用率，气流阻力小，液体分布均匀。与拉西环相比，其通量可增加 50% 以上，传质效率提高 30% 左右。鲍尔环是目前应用较广泛的填料之一。

③ 阶梯环填料 阶梯环是对鲍尔环的改进。与鲍尔环相比，阶梯环高度减少了一半，

并在一端增加了一个锥形翻边。由于高径比减少，使得气体绕填料外壁的平均路径大为缩短，减少了气体通过填料层的阻力。锥形翻边不仅增加了填料的机械强度，而且使填料之间由线接触为主变成以点接触为主，这样不但增加了填料间的空隙，同时成为液体沿填料表面流动的汇集分散点，可以促进液膜的表面更新，有利于传质效率的提高。阶梯环的综合性能优于鲍尔环，成为目前所使用的环形填料中性能最为优良的一种。

④ 弧鞍填料　弧鞍填料属鞍形填料的一种，其形状如同马鞍，一般采用瓷质材料制成。弧鞍填料的特点是表面全部敞开，不分内外，液体在表面两侧均匀流动，表面利用率高，流道呈弧形，流动阻力小。其缺点是易发生套叠，致使一部分填料表面被重合，使传质效率降低。弧鞍填料强度较差，容易破碎，工业生产中应用不多。

⑤ 矩鞍填料　将弧鞍填料两端的弧形面改为矩形面，且两面大小不等，即成为矩鞍填料。矩鞍填料堆积时不会套叠，液体分布较均匀。矩鞍填料一般采用瓷质材料制成，其性能优于拉西环。目前，国内绝大多数应用瓷拉西环填料的场合，均已被瓷矩鞍填料所取代。

⑥ 环矩鞍填料　环矩鞍填料（国外称为Intalox）是兼顾环形和鞍形结构特点而设计出的一种新型填料，该填料一般以金属材质制成，故又称为金属环矩鞍填料。环矩鞍填料将环形填料和鞍形填料两者的优点集于一体，其综合性能优于鲍尔环和阶梯环，是工业应用最为普遍的一种金属散装填料。

工业上常用散装填料的特性参数列于附录5中，可供设计时参考。

(2) 规整填料

规整填料是按一定的几何图形排列，整齐堆砌的填料。规整填料种类很多，根据其几何结构可分为格栅填料、波纹填料、脉冲填料等，工业上应用的规整填料绝大部分为波纹填料。波纹填料按结构分为网波纹填料和板波纹填料两大类，可用陶瓷、塑料、金属等材质制造。加工中，波纹与塔轴的倾角有30°和45°两种，倾角为30°以代号BX（或X）表示，倾角为45°以代号CY（或Y）表示。

金属丝网波纹填料是网波纹填料的主要形式，是由金属丝网制成的。其特点是压降低、分离效率高，特别适用于精密精馏及真空精馏装置，为难分离物系、热敏性物系的精馏分离提供了有效的手段。尽管其造价高，但因性能优良仍得到了广泛的应用。

金属板波纹填料是板波纹填料的主要形式。该填料的波纹板片上冲压有许多 $\phi 4\sim \phi 6mm$ 的小孔，可起到粗分配板片上的液体、加强横向混合的作用。波纹板片上轧成细小沟纹，可起到细分配板片上的液体、增强表面润湿性能的作用。金属孔板波纹填料强度高，耐腐蚀性强，特别适用于大直径塔及气液负荷较大的场合。

波纹填料的优点是结构紧凑，阻力小，传质效率高，处理能力大，比表面积大。其缺点是不适于处理黏度大、易聚合或含有悬浮物的原料，且装卸、清理困难，造价高。

工业上常用规整填料的特性参数列于附录6中，可供设计时参考。

3.3.2.4　填料的选择

填料的选择包括确定填料的种类、规格及材质等。所选填料既要满足生产工艺的要求，又要使设备投资和操作费用较低。

(1) 填料种类的选择

填料种类的选择要考虑分离工艺的要求，通常考虑以下几个方面。

① 传质效率　传质效率即分离效率，它有两种表示方法：一种是以理论级进行计算的表示方法，以每个理论级当量的填料层高度表示，即 $HETP$（height equivalent to a theoretical plate）值；另一种是以传质效率进行计算的表示方法，以每个传质单元相当的填料层高度表示，即 HTU（height of transfer unit）值。在满足工艺要求的前提下，应选用传质效率高，即 HETP（或 HTU）值低的填料。对于常用的工业填料，其 HETP（或 HTU）值可从有关手册或文献查到，也可通过一些经验公式来估算。

② 通量　在相同的液体负荷下，填料的泛点气速越高或气相动能因数越大，则通量越大，塔的处理能力也越大。因此，在选择填料种类时，在保证具有较高传质效率的前提下，应选择具有较高泛点气速或气相动能因数的填料。对于大多数常用填料，其泛点气速或气相动能因数可从有关手册或文献中查到，也可通过一些经验公式来估算。

③ 填料层的压降　填料层的压降是填料的主要应用性能，填料层的压降越低，动力消耗越低，操作费用越小。选择低压降的填料对热敏性物系的分离尤为重要。比较填料的压降有两种方法：一种是比较单位填料层高度的压降 $\Delta p/Z$；另一种是比较填料层单位传质效率的比压降 $\Delta p/N_T$。填料层的压降可用经验公式计算，也可从相关图表中查得。

④ 填料的操作性能　填料的操作性能主要是指操作弹性、抗污堵性及抗热敏性等。所选填料应具有较大的操作弹性，以保证塔内气液负荷发生波动时能维持操作稳定。同时，还应具有一定的抗污堵、抗热敏能力，以适应物料的变化及塔内温度的变化。

此外，所选的填料要便于安装、拆卸和检修。

（2）填料规格的选择

散装填料与规整填料的规格表示方法不同，选择的方法也不尽相同，现分别加以介绍。

① 散装填料规格的选择　散装填料的规格通常是指填料的公称直径。工业塔常用的散装填料主要有 $DN16$、$DN25$、$DN38$、$DN50$、$DN76$ 等几种规格。同类填料，尺寸越小，分离效率越高，但阻力增加，通量减小，填料费用也增加很多。而大尺寸的填料应用于小直径塔中又会产生液体分布不均匀及严重的壁流状况，使塔的分离效率降低。因此，对塔径与填料尺寸的比值一般有一个规定，常用填料的塔径与填料公称直径比值 D/d 的推荐值列于表 3-11。

表 3-11　塔径与填料公称直径比值 D/d 的推荐值

填料种类	拉西环	鞍环	鲍尔环	阶梯环	环矩鞍
D/d 的推荐值	≥20～30	≥15	≥10～15	>8	>8

② 规整填料规格的选择　工业上常用规整填料的型号和规格的表示方法很多，国内习惯用比表面积表示，主要有 125、150、250、350、500、700 等几种规格，同种类型的规整填料，其比表面积越大，传质效率越高，但阻力增加，通量减小，填料费用也明显增加。选用时应从分离要求、通量要求、场地条件、物料性质、设备投资及操作费用等方面综合考虑，使所选填料既能满足工艺要求，又具有较好的经济合理性。

规整填料单体外径一般要比塔内径小 2～10mm，盘高为 40～200mm，设计时要依据塔径来选定。应予指出，一座填料塔可以选用同种类型同一规格的填料，也可选用同种类型不同规格的填料，还可选用不种类型不同规格的填料。有的塔段可选用规整填料，而有的塔段可选用散装填料。设计时应灵活掌握，根据技术经济统一的原则来选择填料的规格。

（3）填料材质的选择

选择填料时，应根据工艺物料的腐蚀性和操作温度等因素来确定所选填料材质。工业上，填料的材质分为金属、陶瓷和塑料三大类。

① 金属填料　金属材质的选择主要根据物系的腐蚀性和金属材质的耐腐蚀性来综合考

虑。碳钢填料造价低,且具有良好的表面润湿性能,对于无腐蚀或低腐蚀性物系应优先考虑使用;不锈钢填料耐腐蚀性强,一般能耐除 Cl^- 以外常见物系的腐蚀,但其造价较高,且表面润湿性能较差,有时需要对其表面进行处理才能取得良好的使用效果;钛材、特种合金钢等材质制成的填料造价极高,一般只在某些腐蚀性极强的物系中使用。

金属填料可制成薄壁结构(0.2~1.0mm),与同种类型,同种规格的陶瓷、塑料填料相比,它的通量大、气体阻力小,且具有很高的抗冲击性能,能在高温、高压、高冲击强度下使用,工业应用主要以金属填料为主。

② 陶瓷填料　陶瓷填料具有良好的耐腐蚀性及耐热性,一般能耐除氢氟酸以外常见的各种无机酸、有机酸的腐蚀,对强碱介质,可以选用耐碱配方制造的耐碱陶瓷填料。

陶瓷填料质脆、易碎,不宜在高冲击强度下使用。陶瓷填料价格便宜,具有很好的表面润湿性能,工业上,主要用于气体吸收、气体洗涤、液体萃取等过程。

③ 塑料填料　塑料填料的材质主要包括聚丙烯(PP)、聚乙烯(PE)及聚氯乙烯(PVC)等,国内一般多采用聚丙烯材质。塑料填料的耐腐蚀性能较好,可耐一般的无机酸、碱和有机溶剂的腐蚀。其耐温性良好,可长期在100℃以下使用。聚丙烯填料在低温(低于0℃)时具有冷脆性,在低于0℃的条件下使用要慎重,可选用耐低温性能好的聚氯乙烯填料。

塑料填料具有质轻、价廉、韧性良好、耐冲击、不易破碎等优点,可以制成薄壁结构。它的通量大、压降低,多用于吸收、解吸、萃取、除尘等装置中。塑料填料的缺点是表面润湿性能差,在某些特殊应用场合,需要对其表面进行处理,以提高表面润湿性能。此外,塑料填料在使用及检修时,要防止出现填料超温、蠕变、熔融,甚至起火燃烧等现象。

一般情况下,工业装置常用填料的安全因数值:拉西环填料为60%~80%;环矩鞍及鲍尔环填料为60%~85%;易起泡物系为45%~55%。

3.3.2.5 填料的流体力学性能

在逆流操作的填料塔内,液体从塔顶喷淋下来,依靠重力在填料表面作膜状流动,液膜与填料表面的摩擦及液膜与上升气体的摩擦构成了液膜流动的阻力。因此,液膜的厚度取决于液体和气体的负荷。液体流量越大,液膜越厚;上升气体的流量越大,液膜也越厚。液膜的厚度直接影响到气体通过填料层的持液量、压强降等流体力学性能。

(1) 填料层的持液量

填料层的持液量分为静持液量 H_s、动持液量 H_o 和总持液量 H_t,单位为 m^3(液体)/m^3(填料)。动持液量是指操作中的填料塔在停止气液两相进料时,单位体积填料层流出的液体量,它与填料结构、液体特性和气液负荷有关。静持液量是指停止气液两相进料后,经排液至无液体流出时存留在单位体积填料中的液体量,它取决于填料和流体的特性,与气液负荷无关。总持液量是指在一定操作条件下,单位体积填料层内所积存的液体总量,即

$$H_t = H_o + H_s \tag{3-80}$$

填料层的持液量可由实验测出,也可由经验公式计算。一般而言,适当的持液量对填料塔操作的稳定性和气液传质是有利的,但持液量增大会使液膜厚度增加,将减少填料层的空隙体积,影响到气体流通截面积,使压强降增大,处理能力下降。

(2) 气体通过填料层的压强降

压强降是塔设计中的重要参数,气体通过填料层的压强降的大小决定了塔的动力消耗。由于压强降与气、液流量有关,把不同喷淋状态下的单位高度填料层的压强降 $\Delta p/Z$ 与空

塔气速 u 的实测数据标绘在对数坐标纸上，可得如图 3-38 所示的线簇。图中，$L_0=0$ 时的直线表示无液体喷淋时干填料的 $\Delta p/Z$-u 关系，称为干填料压降线；曲线 L_1、L_2、L_3 分别表示不同液体喷淋量下的操作压降线。各类填料的 $\Delta p/Z$-u 关系图线的趋势都大致如此。

干填料 $\Delta p/Z$-u 的关系是直线，其斜率为 1.8～2.0。当有一定的喷淋量时，$\Delta p/Z$-u 的关系变成折线，并存在 A、B 两个转折点，转折点 A 称为**载点**，转折点 B 称为**泛点**。这两个转折点将 $\Delta p/Z$-u 关系线分为三个区段，即恒持液量区、载液区和液泛区。

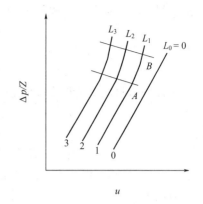

图 3-38　填料层的 $\Delta p/Z$-u 关系

当气速较低时，液体在填料层内向下流动时受气体曳力很小，几乎与空塔气速无关。在恒定的喷淋量下填料表面上覆盖的液体膜层厚度不变，因而填料层的持液量不变，故为**恒持液量区**。在同一空塔气速下，由于填料层内所持液体占据一定空间，故使气体的真实流动速度较通过干填料层时的真实速度为高，压强降也较大。因此，恒持液量区域的 $\Delta p/Z$-u 线位于干填料压降线的左侧，且两条线平行。

随着气速的增大，上升气流对下降液体的曳力增大，开始阻碍液体向下流动，此种现象称为**拦液现象**。此时，填料层的持液量随气体速度的增加而增加，$\Delta p/Z$-u 曲线进入到**载液区**。开始发生拦液现象时的空塔气速称为**载点气速**，超过载点气速后，$\Delta p/Z$-u 关系线的斜率将会大于 2。

如果气速继续增大，由于液体不能顺利沿填料表面向下流动而使填料层内持液量不断增多，以致几乎充满整个填料层内的空隙，压强降急剧升高，填料塔发生液泛。此时，$\Delta p/Z$-u 关系线的斜率可达 10 以上，近于垂直上升的趋势。此转折点称为**泛点**，达到泛点时的空塔气速称为**泛点气速**或**液泛气速**。

应当指出，有时在实测的 $\Delta p/Z$-u 关系线上，载点和泛点并不明显，线的斜率是逐渐变化的，上述三个区域间并无清晰的界限。

（3）填料塔内的气液分布

在填料塔内，气液两相的传质是依靠填料表面的液膜与气体充分接触而实现的。若气液两相分布不均匀，将使传质的推动力减小，传质效率下降。因此，气液两相的均匀分布是填料塔设计与操作中十分重要的问题。

气液两相的分布分为初始分布和动态分布。初始分布是指进塔的气液两相通过分布装置进行的强制分布；动态分布是指在一定操作条件下，气液两相在填料层内依靠自身性质与流动状态所进行的随机分布。初始分布取决于分布装置的设计，而动态分布则与操作条件、填料类型和规格、填料装填的均匀程度、塔设备安装的垂直度、塔径等因素密切相关。研究表明，气液两相的初始分布较动态分布更为重要，往往是决定填料塔分离效果的关键。

（4）填料的润湿性能

填料塔中，液体能否在填料表面成膜取决于填料表面的润湿性能。在一定的物系和操作条件下，填料的润湿性能由填料材质、表面形状及装填方法所决定。能被液体润湿的材质、不规则的表面形状及乱堆的装填方式，都有利于获得较大的润湿表面，且液膜的湍动和不断更新，会使传质速率显著提高。

为使填料表面能够被充分润湿，应保证塔内液体具有一定的喷淋密度。喷淋密度 U 指

单位时间内单位塔截面上喷淋的液体体积，即

$$U = L_h / A_T \tag{3-81}$$

式中，U——喷淋密度，$m^3/(m^2 \cdot h)$；L_h——塔内液体流量，m^3/h；A_T——塔截面积，m^2。

能维持填料润湿的极限喷淋密度称为**最小喷淋密度**，以U_{min}表示。最小喷淋密度可由下式计算

$$U_{min} = (L_w)_{min} a \tag{3-82}$$

式中，a——填料的比表面积，m^2/m^3；U_{min}——最小喷淋密度，$m^3/(m^2 \cdot h)$；$(L_w)_{min}$——最小润湿速率，$m^3/(m \cdot h)$。

湿润速率是指在塔的横截面上，单位长度填料周边上液体的体积流量。对于直径不超过75mm的拉西环及其他填料，可取最小润湿速率$(L_w)_{min}$为$0.08m^3/(m \cdot h)$；对于直径大于75mm的环形填料，应取为$0.12m^3/(m \cdot h)$。

实际操作时采用的喷淋密度应大于最小喷淋密度。若喷淋密度过小，可采用增大回流比或采用液体再循环的方法加大液体流量，以保证填料的润湿性能；也可采用减小塔径，或适当增加填料层高度予以补偿；还可采用表面处理的方法，改善填料表面的润湿性能。

应当指出，被润湿的填料表面不一定都是有效的传质面积，因为在填料之间接触点处的液体基本上静止不动，此处的润湿面积对传质不起作用。只有当填料表面被流动的液体润湿时，才能构成有效的传质面积。

(5) 填料塔的液泛现象

① 液泛现象　填料塔内气速达到泛点气速时，持液量的增多将使塔内充满液体，液相由分散相变为连续相，而气相由连续相变为分散相。此时，气流出现脉动，液体被气流大量带出塔顶，塔的操作极不稳定，甚至被完全破坏，此种情况称为填料塔的液泛现象。

② 泛点气速的影响因素　影响泛点气速的因素有很多，如填料特性、流体物理性质和液气比等。

填料特性的影响　填料的比表面积a、空隙率ε及几何形状等因素对填料特性的影响，都集中体现在填料因子ϕ上，ϕ的数值在某种程度上能反映填料流体力学性能的优劣。实践表明，ϕ值越小，泛点气速越高，越不容易发生液泛。对于同一类型同一材质而不同尺寸的填料，填料因子ϕ取决于填料的比表面积及空隙率；但对于不同类型的填料，ϕ则更主要取决于填料的几何形状特征。

流体物理性质的影响　流体的物理性质对泛点气速的影响主要体现在气体密度ρ_v、液体的黏度μ_L和密度ρ_L上。因液体靠自身重力向下流动，液体的密度ρ_L越大，则泛点气速越大；气体密度ρ_v越大，则同一气速下对液体的阻力也越大，泛点气速越低；液体黏度μ_L越大，则填料表面对液体的摩擦阻力也越大，流动阻力也越大，泛点气速越低。

液气比的影响　液气比越大，则泛点气速越小。这是因为在其他因素一定时，随着液体喷淋量的增大，填料层的持液量增加而空隙率减少，从而使开始发生液泛的空塔气速变小。

③ 泛点率　为保证填料塔的正常操作，其操作气速应低于泛点气速，操作气速与泛点气速的比值u/u_F称为泛点率，其中，u为填料塔空塔气速，m/s；u_F为泛点气速，m/s。

根据工程经验，填料塔的泛点率选择范围如下。

　　对于散装填料：$u/u_F = 0.5 \sim 0.85$；

　　对于规整填料：$u/u_F = 0.6 \sim 0.95$。

泛点率的选择应该考虑下面两种因素：一是物系的发泡情况，对易发泡物系，泛点率应

取低限值，而无泡沫的物系，可取较高的泛点率；二是填料塔的操作压强，对于加压操作的填料塔，应取较高的泛点率，而减压操作时，应取较低的泛点率。

④ 泛点气速的计算　实验表明，当空塔气速在载点与泛点之间时，气体和液体的湍动剧烈，气、液接触良好，传质效率高。泛点气速是填料塔操作的最大极限气速，填料塔的适宜操作气速通常依泛点气速来选定，故正确求取泛点气速对于填料塔的设计和操作都十分重要。

目前工程设计中广泛采用埃克特（Eckert）通用关联图（参见图 3-40）来计算填料塔的压强降及泛点气速。此图所关联的参数比较全面，计算结果在一定范围内能符合实际情况。

3.3.3　填料塔工艺设计计算

本节以吸收过程介绍填料塔工艺设计计算。根据给定的吸收任务，在选定吸收剂、操作条件（T，p）和填料之后，可以进行填料塔的工艺设计计算。其主要内容包括：

① 查取气液相平衡关系数据；
② 确定吸收塔流程；
③ 计算吸收剂用量（或部分循环量）和吸收液出塔浓度；
④ 填料塔工艺尺寸的计算，包括塔径的计算、填料层高度的计算及分段等；
⑤ 计算填料层压降；
⑥ 计算吸收剂循环功率，选择泵和风机。

3.3.3.1　气液相平衡关系的获取

气液相平衡关系是进行填料塔设计计算的最基础的化工热力学数据。平衡关系数据可以通过以下途径获得。

(1) 查阅物性数据手册及相关文献。

(2) 相平衡公式计算法。

① 吸收液为理想溶液　相平衡常数可以通过拉乌尔定律计算，即

$$m = \frac{y_e}{x} = \frac{p^0}{p} \tag{3-83}$$

式中，m——相平衡常数；y_e——相平衡时溶质在气相中的摩尔分数；x——溶质在液相中的摩尔分数；p^0——溶质在气相中的饱和蒸气压，kPa；p——气相总压，kPa。

若系统为加压体系，上式中的 p 和 p^0 则应分别以逸度 f_v、f_l 代替。

② 吸收液为非理想溶液　吸收液为稀溶液，则相平衡常数可由亨利定律计算，即

$$m = \frac{E}{p} \tag{3-84}$$

式中，E——亨利系数，kPa。

$$E = \frac{p_e}{x} \tag{3-85}$$

式中，p_e——溶质在气相中的平衡分压，kPa。

吸收液若为非稀溶液，则相平衡常数 m 的计算公式中应引入活度系数 γ，即

$$m = \frac{y_e}{x} = \gamma \frac{p^0}{p} \tag{3-86}$$

(3) 实验测定相平衡数据。实验测定具体物系的相平衡数据是最为可靠和直接的方法，但是在不方便实测时，也可查取经验公式进行估算。

(4) 常见气体在水中的溶解度可查阅相关文献或工具书。

3.3.3.2 吸收剂用量的确定

以稳态逆流吸收操作为例介绍吸收剂用量的计算。图 3-39 是一定态逆流操作的连续微分接触式吸收塔的示意图，混合气自下而上流动，流率为 $G(\text{kmol}/\text{m}^2 \cdot \text{s})$，液体自上而下流动，流率为 $L(\text{kmol}/\text{m}^2 \cdot \text{s})$。塔底截面以下标"1"表示，塔顶截面以下标"2"表示。

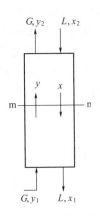

图 3-39 逆流吸收塔的物料衡算

图中各符号的意义如下：

G——单位时间通过单位塔截面积的混合气体流率，$\text{kmol}/(\text{m}^2 \cdot \text{s})$；

L——单位时间通过单位塔截面积的液体流率，$\text{kmol}/(\text{m}^2 \cdot \text{s})$；

y_1，y_2——分别为进塔及出塔气体中溶质组分的摩尔分数；

x_1，x_2——分别为出塔及进塔液体中溶质组分的摩尔分数。

对单位时间内进出吸收塔的溶质组分作物料衡算，可得

$$Gy_1 + Lx_2 = Gy_2 + Lx_1 \quad \text{或} \quad G(y_1 - y_2) = L(x_1 - x_2) \tag{3-87}$$

全塔物料衡算式表示逆流吸收塔中气、液相流率 G、L 和塔底、塔顶气液相组成的关系。一般，进塔混合气的组成与流量是吸收任务规定的，如果吸收剂的组成与流量已经确定，则 G、y_1、L、x_2 皆为已知，根据吸收任务所规定的溶质回收率，可以求出塔顶尾气浓度 y_2

$$y_2 = y_1(1-\eta) \tag{3-88}$$

式中，η——溶质的回收率，$\eta = \dfrac{y_1 - y_2}{y_1}$。

如果吸收剂用量 L 确定后，便可用式(3-87)求出塔底吸收液的浓度 x_1。

因此，确定合适的吸收剂用量 L 或液气比 L/G 是吸收塔设计计算时的首要任务。为保证实际操作时既能满足设计要求，又要保证填料能够被完全润湿，液气比存在一个最小的极限值，称为最小液气比，即

$$\left(\frac{L}{G}\right)_{\min} = \frac{y_1 - y_2}{x_{1e} - x_2} \tag{3-89}$$

吸收剂用量的大小，需从设备费与操作费两方面综合考虑，权衡利弊，选择适宜的操作液气比，使总费用（设备费+操作费）最少。根据生产实践经验，一般情况下取吸收剂用量为最小吸收剂用量的 1.1~2.0 倍，即

$$\frac{L}{G} = (1.1 \sim 2.0)\left(\frac{L}{G}\right)_{\min} \quad \text{或} \quad L = (1.1 \sim 2.0)L_{\min} \tag{3-90}$$

也可采用摩尔比计算，分别以混合气体中惰性组分的量和溶液中纯溶剂的量作为计算基准进行计算，则进出塔气相摩尔比分别为

$$Y_1 = \frac{y_1}{1 - y_1}, \quad Y_2 = \frac{y_2}{1 - y_2}, \quad Y_2 = Y_1(1 - \eta) \tag{3-91}$$

相平衡关系简化为

$$m = \frac{Y_e}{X} \tag{3-92}$$

若吸收过程为低浓度吸收，平衡关系为直线，最小液气比可按式(3-93)计算，即

$$\left(\frac{L}{V}\right)_{\min} = \frac{Y_1 - Y_2}{Y_1/m - X_2} \tag{3-93}$$

对于纯溶剂吸收过程，进塔液相组成为 $X_2=0$。

取操作液气比为
$$\left(\frac{L}{V}\right)=(1.1\sim 2.0)\left(\frac{L}{V}\right)_{\min} \tag{3-94}$$

物料衡算式为
$$V(Y_1-Y_2)=L(X_1-X_2) \tag{3-95}$$

可以计算出吸收液出口浓度 X_1。

式中，L——单位时间的液体（纯溶剂）流率，kmol/·s；V——单位时间惰性组分气体流率（气体处理量），kmol/s；$G=\dfrac{V}{\Omega}$，Ω 为塔截面积，m^2；Y_1，Y_2——进塔及出塔气体中溶质组分的摩尔比；X_1，X_2——出塔及进塔液体中溶质组分的摩尔比。

3.3.3.3 塔径的计算

填料塔直径可采用下式计算，即

$$D=\sqrt{\frac{4V_s}{\pi u}} \tag{3-96}$$

其中，气体体积流量 $V_s(m^3/s)$ 由设计任务给定。由式(3-96)可见，计算塔径的核心问题是确定空塔气速 $u(m/s)$。

(1) 空塔气速的确定

① 泛点气速法 泛点气速是填料塔操作气速的上限，填料塔的操作空塔气速必须小于泛点气速。

泛点气速可用经验方程式计算，亦可用关联图求取。

a. 贝恩(Bain)-霍根(Hougen)关联式可以计算填料的泛点气速，即

$$\lg\left[\frac{u_F^2}{g}\left(\frac{a_t}{\varepsilon^3}\right)\left(\frac{\rho_v}{\rho_L}\right)\mu_L^{0.2}\right]=A-K\left(\frac{G_L}{G_v}\right)^{1/4}\left(\frac{\rho_v}{\rho_L}\right)^{1/8} \tag{3-97}$$

式中，u_F——泛点气速，m/s；g——重力加速度，9.81m/s²；a_t——填料总比表面积，m^2/m^3；ε——填料层空隙率，m^3/m^3；ρ_v、ρ_L——气相、液相密度，kg/m³；μ_L——液体黏度，mPa·s；G_L、G_v——液相、气相的质量流量，kg/h；A、K——关联常数，常数 A 和 K 与填料的形状及材质有关，不同类型填料的 A、K 值列于表3-12中。

由式(3-97)计算泛点气速，误差在15%以内。

表3-12 式(3-97)中的关联常数 A、K 值

散装填料类型	A	K	散装填料类型	A	K
塑料鲍尔环	0.0942	1.75	金属丝网波纹填料	0.30	1.75
金属鲍尔环	0.1	1.75	塑料丝网波纹填料	0.4201	1.75
塑料阶梯环	0.204	1.75	金属网孔波纹填料	0.155	1.47
金属阶梯环	0.106	1.75	金属孔板波纹填料	0.291	1.75
瓷环矩鞍	0.176	1.75	塑料孔板波纹填料	0.291	1.563
金属环矩鞍	0.06225	1.75			

b. 埃克特(Eckert)通用关联图。散装填料的泛点气速可用埃克特通用关联图计算，如图3-40所示。计算时，先由气液相负荷及有关物性数据求出横坐标的值，然后作垂线与相应泛点线相交，再通过交点作水平线与纵坐标相交，求出纵坐标的值。此时所对应的 u 即为泛点气速 u_F。

目前工程设计中广泛采用埃克特(Eckert)通用关联图来计算填料塔的压强降及泛点气速。埃克特关联图中最上方的三条线分别为弦栅填料、整砌拉西环及乱堆填料的泛点线。若

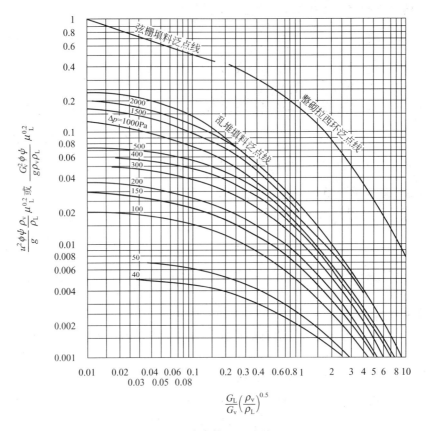

图 3-40　埃克特通用关联图

u—空塔气速，m/s；G_L、G_v—液、气相的质量流量，kg/s；ρ_L、ρ_v—液、气相的密度，kg/m³；
μ_L—液体的黏度，mPa·s；ϕ—填料因子，1/m；ψ—水的密度和液体密度之比；
$g = 9.81$ m/s²；Δp—每米高度填料层的压降，Pa

已知液、气两相的流量比及各自的密度，则可算出图中横坐标的数值，由此点作垂线与泛点线相交，再由交点的纵坐标值求得泛点气速 u_{max}。图中左下方线簇为乱堆填料层的等压强降线，在设计中可根据规定的压强降，求算相应的空塔气速，反之，根据选定的空塔气速可求压强降。

埃克特通用关联图适用于各种乱堆填料，如拉西环、鲍尔环、弧鞍、矩鞍等，但需知道填料的 ϕ 值。由于 ϕ 值是一个经验值，因此它在不同操作条件下的准确性值得探讨。近年来，国内外的研究与应用发现，埃克特通用关联图还存在一些问题，它们有时会给计算结果带来不小的误差，因为在通用关联图上，无论计算泛点气速还是某一气速下的压强降，都采用同一种填料因子 ϕ 值。国内研究者的大量实验数据表明，计算泛点气速与计算气体压强降时，若分别采用不同的填料因子 ϕ 数值，可使计算误差减小。压降填料因子 ϕ_p 应低于泛点填料因子 ϕ_F，研究者正在研究和测取各种不同类型填料的泛点填料因子 ϕ_F 与压降填料因子 ϕ_p 的数值，以期进一步改进埃克特通用关联图。

在使用埃克特通用关联图计算泛点气速时，所需的填料因子为液泛时的湿填料因子，称为泛点填料因子，以 ϕ_F 表示，可由下式计算

$$\lg\phi_F = K_1 + K_2 \lg U \tag{3-98}$$

式中，U——液体喷淋密度，m³/(m²·h)；K_1、K_2——关联系数。常用散装填料的关联

系数 K_1、K_2 可从相关填料手册中查得。

利用式(3-98)计算泛点填料因子虽然较精确，但需要试差，计算过程烦琐。泛点填料因子 ϕ_F 与液体喷淋密度有关，为了工程计算的方便，常采用与液体喷淋密度无关的泛点填料因子平均值。表 3-13 列出了部分散装填料的泛点填料因子平均值，可供设计中参考，由此计算得到的泛点气速平均误差在 15% 以内。

表 3-13　散装填料泛点填料因子平均值

填料类型	填料因子 $\phi_F/(1/m)$				
	DN16	DN25	DN38	DN50	DN76
金属鲍尔环	410	—	117	160	—
金属环矩鞍	—	170	150	135	120
金属阶梯环			160	140	
塑料鲍尔环	550	280	184	140	92
塑料阶梯环		260	170	127	
瓷环矩鞍	1100	550	200	226	
瓷拉西环	1300	832	600	410	—

② 气相动能因子（F 因子）法　气相动能因子简称 F 因子，其定义为

$$F = u\sqrt{\rho_v} \tag{3-99}$$

气相动能因子法多用于规整填料空塔气速的确定。计算时，先从相关手册或图表中查出填料在操作条件下的 F 因子，然后依据式(3-99)即可计算出操作空塔气速 u。常见规整填料的适宜操作气相动能因子可从有关图表中查得。

应予指出，采用气相动能因子法计算适宜的空塔气速，一般用于低压操作（压力低于 0.2MPa）的场合。一般情况下，填料吸收塔操作气速可参考表 3-14 选取。

③ 气相负荷因子（C_s 因子）法　气相负荷因子简称 C_s 因子，其定义为

$$C_s = u\sqrt{\frac{\rho_v}{\rho_L - \rho_v}} \tag{3-100}$$

气相负荷因子法多用于规整填料空塔气速的确定。计算时，先求出最大气相负荷因子 $C_{s.max}$，然后依据下式

$$C_s = 0.8 C_{s.max} \tag{3-101}$$

计算出 C_s 后，再依据式(3-100)求出操作空塔气速 u。

常用规整填料的 $C_{s.max}$ 的计算可见有关填料手册，亦可从图 3-41 所示的 $C_{s.max}$ 曲线图查得。

图中的横坐标 ψ 称为流动参数，其定义为

$$\psi = \frac{G_L}{G_V}\left(\frac{\rho_v}{\rho_L}\right)^{0.5} \tag{3-102}$$

表 3-14　填料吸收塔一般操作气速范围

吸收系统	操作气速 $u/(m/s)$
气体溶解度很大的吸收过程	1.0～3.0
气体溶解度中等或稍小的吸收过程	1.5～2.0
气体溶解度低的吸收过程	0.3～0.8
纯碱溶液吸收 CO_2 过程	1.5～2.0
一般除尘	1.8～2.8

注：若液体喷淋密度较大，则操作气速应远低于上述气速值。

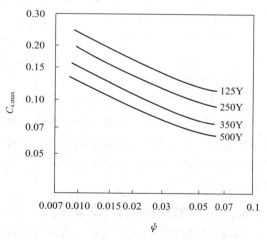

图 3-41　波纹填料的最大气相负荷因子曲线图

图 3-41 的曲线适用于板波纹填料。若以 250Y 型板波纹填料为基准，对于其他类型的板波纹填料，需要乘以负荷修正系数 C，其值参见表 3-15。

表 3-15 其他类型的波纹填料的最大负荷修正系数 C

填料类别	板波纹填料	丝网波纹填料	丝网波纹填料	陶瓷波纹填料
型号	250Y	BX	CY	BX
修正系数 C	1.0	1.0	0.65	0.8

(2) 塔径的计算与圆整

根据上述方法得出空塔气速 u 后，即可由塔径计算公式计算出塔径 D。应予指出，计算出塔径 D 后，还应按塔径系列标准进行圆整，以符合设备的加工要求及设备定型，便于设备的设计加工。常用的标准塔径为：400mm、500mm、600mm、700mm、800mm、1000mm、1200mm、1400mm、1600mm、2000mm、2200mm 等。圆整后，根据实际的塔径再核算实际操作的空塔气速 u、液体喷淋密度 U 与泛点率。

(3) 液体喷淋密度的验算

填料塔的液体喷淋密度是指单位时间、单位塔截面上液体的喷淋量，其计算式为

$$U = \frac{L_h}{0.785 D^2} \tag{3-103}$$

式中，U——液体喷淋密度，$m^3/(m^2 \cdot h)$；L_h——液体喷淋量，m^3/h；D——填料塔直径，m。

填料塔内传质效率的高低与液体的分布及填料的润湿情况有关，为使填料获得良好的润湿，应保证塔内液体喷淋密度不低于某一极限值，此极限值称为最小喷淋密度，以 U_{min} 表示。

对于散装填料，其最小喷淋密度通常采用式(3-104)计算，即

$$U_{min} = (L_w)_{min} a_t \tag{3-104}$$

式中，U_{min}——最小喷淋密度，$m^3/(m^2 \cdot h)$；$(L_w)_{min}$——最小润湿速率，$m^3/(m \cdot h)$；a_t——填料的总比表面积，m^2/m^3。

最小润湿速率是指在塔的截面上，单位长度的填料周边的最小液体体积流量。其值可由经验公式计算（见有关填料手册），也可采用一些经验值。对于直径不超过 75mm 的散装填料，可取最小润湿速率 $(L_w)_{min}$ 为 $0.08m^3/(m \cdot h)$；对于直径大于 75mm 的散装填料，取 $(L_w)_{min} = 0.12m^3/(m \cdot h)$。对于规整填料，其最小喷淋密度也可从有关填料手册中查得，设计中，通常取 $U_{min} = 0.2m^3/(m^2 \cdot h)$。

实际操作时采用的液体喷淋密度应大于最小喷淋密度。若液体喷淋密度小于最小喷淋密度，不能保证填料表面全部被润湿，操作效率将会降低，则需进行调整，重新计算塔径。具体方法有：①在允许范围内减小塔径；②采用液体再循环以加大液体流量；③适当增加填料层高度加以补偿。如果液体喷淋密度过大，会使气速过小，最大喷淋密度通常为最小喷淋密度的 4~6 倍。

3.3.3.4 填料层高度计算及分段

填料层是填料塔完成传质操作实现分离任务的场所。填料层高度计算的实质是计算过程所需相际传质面积的问题，它涉及物料衡算、传质速率和相平衡问题。

(1) 填料层高度计算

填料层高度的计算方法分为传质单元数法和等板高度法。在工程设计中，对于吸收、解吸及萃取等过程中的填料塔的设计，多采用传质单元数法；而对于精馏过程中的填料塔的设计，则习惯用等板高度法。

① 传质单元数法　采用传质单元数法计算填料层高度的基本公式：

$$Z = H_{OG} N_{OG} \tag{3-105}$$

式中，Z——填料层高度，m；H_{OG}——气相总传质单元高度，m；N_{OG}——气相总传质单元数，无量纲。

a. 传质单元数的计算　计算填料层高度的关键是计算传质单元数。平衡线为直线时，可以采用对数平均推动力法或吸收因数法计算传质单元数，皆能得到较好的计算结果。

对数平均推动力法

$$N_{OG} = \frac{y_1 - y_2}{\Delta y_m} \tag{3-106}$$

其中

$$\Delta y_m = \frac{\Delta y_1 - \Delta y_2}{\ln \dfrac{\Delta y_1}{\Delta y_2}} \tag{3-107}$$

式中，Δy_m——过程平均推动力，等于吸收塔两端以气相组成差表示的总推动力的对数平均值。

或

$$N_{OG} = \frac{Y_1 - Y_2}{\Delta Y_m} \tag{3-108}$$

其中

$$\Delta Y_m = \frac{\Delta Y_1 - \Delta Y_2}{\ln \dfrac{\Delta Y_1}{\Delta Y_2}} \tag{3-109}$$

吸收因数法

$$N_{OG} = \frac{1}{1-\dfrac{1}{A}} \ln\left[\left(1-\frac{1}{A}\right)\frac{y_1 - y_{2e}}{y_2 - y_{2e}} + \frac{1}{A}\right], \quad \frac{1}{A} = \frac{m}{L/G} \tag{3-110}$$

或

$$N_{OG} = \frac{1}{1-\dfrac{1}{A}} \ln\left[\left(1-\frac{1}{A}\right)\frac{Y_1 - Y_{2e}}{Y_2 - Y_{2e}} + \frac{1}{A}\right], \quad \frac{1}{A} = \frac{m}{L/V} \tag{3-110a}$$

式中，A——吸收因数，其值的大小反映吸收的难易程度。A 越大，吸收越容易进行。

当平衡线为曲线时，通常采用图解积分法或数值积分法求解传质单元数。

传质单元数的计算在化工原理教材的吸收一章中已详尽介绍，此处不再赘述。

b. 传质单元高度的计算　传质过程的影响因素十分复杂，对于不同的物系、不同的填料以及不同的流动状况与操作条件，传质单元高度各不相同，迄今为止，尚无通用的计算方法和计算公式。传质单元高度的计算亦可参考化工原理教材的吸收一章。

目前，在进行设计时多选用一些特征数关联式或经验公式进行计算，其中应用较为普遍的是修正的恩田（Onde）公式：

$$k_G = 0.237 \left(\frac{U_v}{a_t \mu_v}\right)^{0.7} \left(\frac{\mu_v}{\rho_v D_v}\right)^{1/3} \left(\frac{a_t D_v}{RT}\right) \tag{3-111}$$

$$k_L = 0.0095 \left(\frac{U_L}{a_w \mu_L}\right)^{2/3} \left(\frac{\mu_L}{\rho_L D_L}\right)^{-1/2} \left(\frac{\mu_L g}{\rho_L}\right)^{1/3} \tag{3-112}$$

$$k_G a = k_G a_w \psi^{1.1}, \quad k_L a = k_L a_w \psi^{0.4} \quad (3-113, 114)$$

其中
$$\frac{a_w}{a_t} = 1 - \exp\left[-1.45\left(\frac{\sigma_c}{\sigma_L}\right)^{0.75}\left(\frac{U_L}{a_t \mu_L}\right)^{0.1}\left(\frac{U_L^2 a_t}{\rho_L^2 g}\right)^{-0.05}\left(\frac{U_L^2}{\rho_L \sigma_L a_t}\right)^{0.2}\right] \quad (3-115)$$

式中，U_v、U_L——气体、液体的质量通量，kg/(m²·h)；μ_v、μ_L——气体、液体的黏度，kg/(m·h)[1Pa·s=3600kg/(m·h)]；ρ_v、ρ_L——气体、液体的密度，kg/m³；D_v、D_L——溶质在气体、液体中的扩散系数，m²/s；R——通用气体常数，8.314m³·kPa/(kmol·K)；T——系统温度，K；a_t——填料的总比表面积，m²/m³；a_w——填料的润湿比表面积，m²/m³；g——重力加速度，1.27×10^8 m/h²；σ_L——液体的表面张力，kg/h²(1dyn/cm=12960kg/h²)；σ_c——填料材质的临界表面张力，kg/h²(1dyn/cm=12960kg/h²)；ψ——填料形状系数。

常见材质的临界表面张力值见表 3-16，常见填料的形状系数见表 3-17。

表 3-16 常见材质的临界表面张力值

材质	碳	瓷	玻璃	聚丙烯	聚氯乙烯	钢	石蜡
表面张力/(dyn/cm)	56	61	73	33	40	75	20

注：1dyn=10^{-5}N。

表 3-17 常见填料的形状系数

填料类型	球形	棒形	拉西环	弧鞍	开孔环
ψ	0.72	0.75	1	1.19	1.45

由修正的恩田公式计算出 $k_G a$ 和 $k_L a$ 后，可按下式计算气相总传质单元高度 H_{OG}

$$H_{OG} = \frac{G}{K_Y a} = \frac{G}{K_G a P} \quad (3-116)$$

或

$$H_{OG} = \frac{V}{K_Y a \Omega} = \frac{V}{K_G a \Omega P} \quad (3-116a)$$

其中

$$K_G a = \frac{1}{1/k_G a + 1/H k_L a} \quad (3-117)$$

式中，H——溶解度系数，kmol/(m³·kPa)；Ω——塔截面积，m²。

应予指出，修正的恩田公式只适用于 $u \leq 0.5 u_F$ 的情况，当 $u > 0.5 u_F$ 时，需要按下式进行校正，即

$$k'_G a = \left[1 + 9.5\left(\frac{u}{u_F} - 0.5\right)^{1.4}\right] k_G a \quad (3-118)$$

$$k'_L a = \left[1 + 2.6\left(\frac{u}{u_F} - 0.5\right)^{2.2}\right] k_L a \quad (3-119)$$

② 等板高度法　等板高度是与一层理论板的传质作用相当的填料层高度，即 HETP，单位 m。等板高度的大小表明填料效率的高低。

采用等板高度法计算填料层高度的基本公式为

$$Z = HETP \times N_T \quad (3-120)$$

a. 理论板数 N_T 的计算。理论板数的计算方法在化工原理教材的蒸馏一章中已详尽介绍，此处不再赘述。

b. 等板高度 HETP 的计算。等板高度与许多因素有关，不仅取决于填料的类型和尺寸，也受系统物性、操作条件及设备尺寸的影响。

目前尚无准确可靠的方法计算填料的 HETP 值。一般的方法是通过实验测定或由经验关联式进行估算，也可从工业应用的实际经验中选取 HETP 值。某些填料在一定条件下的 HETP 值可从有关填料手册中查得。表 3-18 列出了几种填料的等板高度 HETP 值，可供参考。

表 3-18 几种填料的等板高度 HETP 值

应用情况		HETP/m	应用情况		HETP/m
填料类型	DN25 直径填料	0.46	填料类型	吸收	1.5~1.8
	DN38 直径填料	0.66		小直径塔(<0.6m)	塔径
	DN50 直径填料	0.90		真空塔	塔径+0.1

近年来研究者通过大量数据回归得到了常压蒸馏时的 HETP 关联式如下：

$$\ln(HETP) = h - 1.292\ln\sigma_L + 1.47\ln\mu_L \tag{3-121}$$

式中，$HETP$——等板高度，m；σ_L——液体的表面张力，N/m；μ_L——液体黏度，Pa·s；h——常数，其值见表 3-19。

表 3-19 HETP 关联式中的常数值

填料类型	h	填料类型	h
DN25 金属环矩鞍填料	6.8505	DN50 金属鲍尔环	7.3781
DN40 金属环矩鞍填料	7.0382	DN25 瓷环矩鞍填料	6.8505
DN50 金属环矩鞍填料	7.2883	DN38 瓷环矩鞍填料	7.1079
DN25 金属鲍尔环	6.8505	DN50 瓷环矩鞍填料	7.4430
DN38 金属鲍尔环	7.0779		

式(3-121)考虑了液体黏度及表面张力的影响，其适用范围如下：

$$10^{-3}\text{N/m} < \sigma_L < 36 \times 10^{-3}\text{N/m}；0.08 \times 10^{-3}\text{Pa·s} < \mu_L < 0.83 \times 10^{-3}\text{Pa·s}$$

应予指出，采用上述方法计算出填料层高度后，还应预留出一定的安全系数。根据设计经验，填料层的设计高度一般为

$$Z' = (1.2 \sim 1.5)Z \tag{3-122}$$

式中，Z'——设计时的填料层高度，m；Z——工艺计算得到的填料层高度，m。

(2) 填料层的分段

液体沿填料层下流时，有逐渐向塔壁方向集中的趋势，形成壁流效应。壁流效应会造成填料层内气液分布不均匀，传质效率降低。因此，设计中，每隔一定的填料层高度，需要设置液体收集再分布装置，即将填料层分段。

① 散装填料的分段　对于散装填料，一般分段高度推荐值见表 3-20，表中 h/D 为分段高度与塔径之比，h_{max} 为允许的最大填料层高度。

② 规整填料的分段　对于规整填料，填料层分段高度可按下式确定

$$h = (15 \sim 20)HETP \tag{3-123}$$

式中，h——规整填料分段高度，m；$HETP$——规整填料的等板高度，m。

表 3-20 散装填料分段高度推荐值

填料类型	拉西环	矩鞍	鲍尔环	阶梯环	环矩鞍
h/D	2.5	5~8	5~10	8~15	8~15
h_{max}/m	≤4	≤6	≤6	≤6	≤6

亦可按表 3-21 中分段高度推荐值确定。

表 3-21 规整填料分段高度推荐值

填料类型	250Y 板波纹填料	500Y 板波纹填料	500(BX)丝网波纹填料	700(CY)丝网波纹填料
分段高度/m	6.0	5.0	3.0	1.5

(3) 填料塔的附属空间高度

填料塔的附属空间高度主要包括塔的上部空间、安装液体分布器和再分布器（包括液体收集器）所需的空间高度、塔的底部空间高度以及塔的裙座高度。

塔的上部空间高度是指填料层以上应有足够的空间距离，以使气流夹带的液滴从气（汽）相中分离出来，其高度一般取 1.2~1.5m。

安装液体分布器和再分布器（包括液体收集器）所需的空间高度，依据选用的分布器形状而定，一般需要 1.0~1.5m 的空间高度。

塔的底部空间高度以及塔的裙座高度的取法和板式塔的取法相同，可参见相关章节内容或相关标准文献。

3.3.4 填料层压降的计算

填料层压降通常用单位高度填料层的压降 $\Delta p/Z$ 表示。设计时，根据有关参数，由埃克特通用关联图（或压降曲线）先求得每米填料层的压降值，然后再乘以填料层高度，即得出填料层的压降。

3.3.4.1 散装填料的压降计算

(1) 由埃克特通用关联图计算

散装填料的压降值可由埃克特通用关联图计算。计算时，先根据气液负荷及有关物性数据，求出横坐标的值，再根据操作空塔气速 u 及有关物性数据，求出纵坐标的值。通过作图得出交点，读出过交点的等压线数值，即得出每米填料层压降值。

应予指出，用埃克特通用关联图计算压降时，所需的填料因子为操作状态下的湿填料因子，称为压降填料因子，以 ϕ_p 表示。压降填料因子 ϕ_p 与液体喷淋密度有关，为了工程计算的方便，常采用与液体喷淋密度无关的压降填料因子平均值。表 3-22 列出了部分散装填料的压降填料因子平均值，可供设计中参考。

(2) 由填料压降曲线查得

散装填料压降曲线的横坐标通常以空塔气速 u 表示，纵坐标以单位高度填料层压降 $\Delta p/Z$ 表示，常见散装填料的 $\Delta p/Z$-u 曲线可从有关填料手册中查得。

表 3-22　散装填料压降填料因子平均值

填料类型	填料因子 ϕ_p/(1/m)				
	DN16	DN25	DN38	DN50	DN76
金属鲍尔环	306	—	114	98	—
金属环矩鞍	—	138	93.4	71	36
金属阶梯环	—	—	118	82	—
塑料鲍尔环	343	232	114	125	62
塑料阶梯环	—	176	116	89	—
瓷环矩鞍	700	215	140	160	—
瓷拉西环	1050	576	450	288	—

3.3.4.2　规整填料的压降计算

(1) 由填料的压降关联式计算

规整填料的压降通常关联成以下形式

$$\frac{\Delta p}{Z} = \alpha (u\sqrt{\rho_v})^\beta \tag{3-124}$$

式中，$\Delta p/Z$——每米填料层高度的压降，Pa/m；u——空塔气速，m/s；ρ_v——气体密度，kg/m³；α、β——关联式常数，可从有关填料手册中查得。

(2) 由填料压降曲线查得

规整填料压降曲线的横坐标通常以 F 因子表示，纵坐标以单位高度填料层压降 $\Delta p/Z$ 表示，常见规整填料的 $\Delta p/Z$-F 曲线可从有关填料手册中查得。

3.3.5　填料塔内件的类型与设计

3.3.5.1　填料塔内件的类型

填料塔的内件主要有填料支承装置、填料压紧装置、液体分布装置、液体收集再分布装置等。合理地选择和设计塔内件，对保证填料塔的正常操作及优良的传质性能十分重要。

(1) 填料支承装置

填料支承装置的作用是支承塔内的填料。常用的填料支承装置有栅板型、孔管型、驼峰型等。对于散装填料，通常选用孔管型、驼峰型支承装置；对于规整填料，通常选用栅板型支承装置。设计中，为防止在填料支承装置处压降过大甚至发生液泛，要求填料支承装置的自由截面积应大于75%。

(2) 填料压紧装置

为防止在上升气流的作用下填料床层发生松动或跳动，需在填料层上方设置填料压紧装置。填料压紧装置有压紧栅板、压紧网板、金属压紧器等不同的类型。对于散装填料，可选用压紧网板，也可选用压紧栅板，在其下方，根据填料的规格敷设一层金属网，并将其与压紧栅板固定；对于规整填料，通常选用压紧栅板。设计中，为防止在填料压紧装置处压降过大甚至发生液泛，要求填料压紧装置的自由截面积应大于70%。

为了便于安装和检修，填料压紧装置不能与塔壁采用连续固定方式，对于小塔可用螺钉固定于塔壁，而大塔则用支耳固定。

(3) 液体分布装置

液体分布装置的种类多样，有喷头式、盘式、管式、槽式及槽盘式等。工业应用以管式、槽式及槽盘式为主。

管式液体分布器由不同结构形式的开孔管制成。其突出的特点是结构简单，供气体流过的自由截面大，阻力小。但小孔易堵塞，操作弹性一般较小。管式液体分布器多用于中等以下液体负荷的填料塔中。在减压精馏及丝网波纹填料塔中，由于液体负荷较小，设计中通常用管式液体分布器。

槽式液体分布器是由分流槽（又称主槽或一级槽）、分布槽（又称副槽或二级槽）构成的。一级槽通过槽底开孔将液体初分成若干流股，分别加入到其下方的液体分布槽。分布槽的槽底（或槽壁）上设有孔道（或导管），将液体均匀分布于填料层上。槽式液体分布器具有较大的操作弹性和极好的抗污堵性，特别适合于大的气液负荷及含有固体悬浮物、黏度大的液体的分离场合，应用范围非常广泛。

槽盘式液体分布器是近年来开发的新型液体分布器，它兼有集液、分液及分气三种作用，结构紧凑，气液分布均匀，阻力较小，操作弹性高达 10∶1，适用于各种液体喷淋量。近年来应用非常广泛，在设计中建议优先选用。

(4) 液体收集及再分布装置

前已述及，为减小壁流现象，当填料层较高时需进行分段，故需设置液体收集及再分布装置。液体收集器的作用是将上层填料流下的液体进行收集，然后送至液体分布器进行液体再分布。常用的液体收集器为斜板式液体收集器。最简单的液体再分布装置为截锥式再分布器。截锥式再分布器结构简单，安装方便，但它只起到将壁流液体向中心汇集的作用，无液体再分布的功能，一般用于直径小于 0.6m 的塔设备中。

如前所述，槽盘式液体分布器兼有集液和分液的功能，故槽盘式液体分布器是优良的液体收集及再分布装置。

(5) 除沫装置

除沫装置的作用是除去由填料层顶部逸出气（汽）体中夹带的液滴，安装在液体分布器上方。当塔内气速不大，工艺过程无严格要求时，可不设除沫器。

除沫器种类很多，常见的有折板除沫器、丝网除沫器、旋流板除沫器等。折板除沫器阻力较小（50～100Pa），只能除去 50μm 以上的液滴。丝网除沫器由金属丝或塑料丝编结而成，可除去 5μm 的微小液滴，压降不大于 250Pa，但造价较高。旋流板除沫器压降在 300Pa 以下，造价比丝网便宜，除沫效果比折板好。

3.3.5.2 塔内件的设计

填料塔操作性能的好坏、传质效率的高低在很大程度上与塔内件的设计有关。在塔内件设计中，最关键的是液体分布器的设计，现对液体分布器的设计进行简要的介绍。

(1) 液体分布器设计的基本要求

性能优良的液体分布器设计时必须满足以下几点。

① 液体分布均匀　评价液体分布均匀的标准是足够的分布点密度；分布点的几何均匀性；降液点间流量的均匀性。

a. 分布点密度。液体分布器分布点密度的选取与填料类型及规格、塔径大小、操作条件等密切相关，各种文献推荐的值也相差很大。大致规律是塔径越大，分布点密度越小；液体喷淋密度越小，分布点密度越大。对于散装填料，填料尺寸越大，分布点密度越小；对于规整填料，比表面积越大，分布点密度越大。表 3-23、表 3-24 分别列出了散装填料塔和规整填料塔的分布点密度推荐值，可供设计时参考。

表 3-23 Eckert 的散装填料塔分布点密度推荐值

塔径/mm	分布点密度/(点/m² 塔截面)
$D=400$	330
$D=750$	170
$D\geqslant1200$	42

表 3-24 苏尔寿公司的规整填料塔分布点密度推荐值

填料类型	分布点密度/(点/m² 塔截面)
250Y 孔板波纹填料	≥100
500(BX) 丝网波纹填料	≥200
700(CY) 丝网波纹填料	≥300

b. 分布点的几何均匀性。分布点在塔截面上的几何均匀分布是较之分布点密度更为重要的问题。设计中，一般需通过反复计算和绘图排列，进行比较，选择较佳方案。分布点的排列可采用正方形、正三角形等不同方式。

c. 降液点间流量的均匀性。为保证各分布点的流量均匀，需要分布器总体的合理设计、精细的制作和正确的安装。高性能的液体分布器要求各分布点与平均流量的偏差小于 6%。

② 操作弹性大 液体分布器的操作弹性是指液体的最大负荷与最小负荷之比。设计中，一般要求液体分布器的操作弹性为 2～4，对于液体负荷变化很大的工艺过程，有时要求操作弹性达到 10 以上，此时，分布器必须特殊设计。

③ 自由截面积大 液体分布器的自由截面积是指气体通道占塔截面积的比值。根据设计经验，性能优良的液体分布器，其自由截面积为 50%～70%。设计中，自由截面积最小应在 35% 以上。

④ 其他要求 液体分布器应结构紧凑、占用空间小、制造容易、调整和维修方便。

(2) 液体分布器布液能力的计算

液体分布器布液能力的计算是液体分布器设计的重要内容。设计时，按其布液作用原理不同和具体结构特性，选用不同的公式计算。

① 重力型液体分布器布液能力计算 重力型液体分布器有多孔型和溢流型两种型式，工业上以多孔型应用为主，其布液工作的动力为开孔上方的液位高度。多孔型分布器布液能力的计算公式为

$$L_s = \frac{\pi}{4} d_0^2 n \phi \sqrt{2g\Delta H} \tag{3-125}$$

式中，L_s——液体流量，m³/s；n——开孔数目（分布点数目）；ϕ——孔流系数，通常取 $\phi=0.55\sim0.60$；d_0——孔径，m；ΔH——开孔上方的液位高度，m。

② 压力型液体分布器布液能力计算 压力型液体分布器布液工作的动力为压力差（或压降），其布液能力的计算公式为

$$L_s = \frac{\pi}{4} d_0^2 n \phi \sqrt{2g\left(\frac{\Delta p}{\rho_L g}\right)} \tag{3-126}$$

式中，L_s——液体流量，m³/s；n——开孔数目（分布点数目）；ϕ——孔流系数，通常取 $\phi=0.60\sim0.65$；d_0——孔径，m；Δp——分布器的工作压力差（或压降），Pa；ρ_L——液体密度，kg/m³。

设计中，液体流量 L_s 为已知，给定开孔上方的液位高度 ΔH（或已知分布器的工作压力差 Δp），依据分布器布液能力计算公式，可设定开孔数目 n，计算孔径 d_0；亦可设定孔径 d_0，计算开孔数目 n。

3.3.6 填料吸收塔设计示例

一、设计题目

在逆流操作的填料塔中，用20℃清水洗涤吸收以除去25℃混合气中的SO_2，入塔的混合气流量为2400m^3/h（标准状态），其中SO_2的摩尔分率为0.05，要求SO_2的吸收率不低于95%。吸收塔为常压操作，因该过程液气比很大，吸收温度基本不变，可近似取为清水的温度。试设计该填料吸收塔。

二、设计计算基本过程

(一) 设计方案的确定

用水吸收SO_2属于中等溶解度的吸收过程，为提高传质效率，选用逆流吸收流程。因用水作为吸收剂，且SO_2不作为产品，故采用纯溶剂。

(二) 填料的选择

对于水吸收SO_2的过程，操作温度及操作压力较低，工业上通常选用塑料散装填料。在塑料散装填料中，塑料阶梯环填料的综合性能较好，可以选用DN38聚丙烯阶梯环填料。

(三) 基础物性数据

1. 液相物性数据

对低浓度吸收过程，溶液的物性数据可近似取纯水的物性数据。由相关手册查得，20℃时水的有关物性数据如下：

密度为$\rho_L = 998.2 kg/m^3$，黏度为$\mu_L = 0.001 Pa \cdot s$，表面张力为$\sigma_L = 72.6 dyn/cm$，SO_2在水中的扩散系数为$D_L = 1.47 \times 10^{-5} cm^2/s = 5.29 \times 10^{-6} m^2/h$。

2. 气相物性数据

混合气体的平均摩尔质量为

$$M_{vm} = \sum y_i M_i = 0.05 \times 64.06 + 0.95 \times 29 = 30.75$$

混合气体的平均密度为

$$\rho_{vm} = \frac{pM_{vm}}{RT} = \frac{101.3 \times 30.75}{8.314 \times 298} = 1.257 kg/m^3$$

混合气体的黏度可近似取为空气的黏度，查相关手册得20℃空气的黏度为

$$\mu_v = 1.81 \times 10^{-5} Pa \cdot s = 0.065 kg/(m \cdot h)$$

查相关手册得SO_2在空气中的扩散系数为

$$D_v = 0.108 cm^2/s = 0.039 m^2/h$$

3. 气液相平衡数据

由手册查得，常压下20℃时SO_2在水中的亨利系数为

$$E = 3.55 \times 10^3 kPa$$

相平衡常数为

$$m = \frac{E}{p} = \frac{3.55 \times 10^3}{101.3} = 35.04$$

溶解度系数为

$$H = \frac{\rho_L}{EM_s} = \frac{998.2}{3.55 \times 10^3 \times 18.02} = 0.0156 \text{kmol/(kPa} \cdot \text{m}^3)$$

(四) 物料衡算

进塔气相摩尔比为

$$Y_1 = \frac{y_1}{1-y_1} = \frac{0.05}{1-0.05} = 0.0526$$

出塔气相摩尔比为

$$Y_2 = Y_1(1-\eta) = 0.0526 \times (1-0.95) = 0.00263$$

进塔惰性气相流量为

$$V = \frac{2400}{22.4} \times \frac{273}{273+25} \times (1-0.05) = 93.25 \text{kmol/h}$$

该吸收过程属低浓度吸收,平衡关系为直线,最小液气比可按下式计算,即

$$\left(\frac{L}{V}\right)_{\min} = \frac{Y_1 - Y_2}{Y_1/m - X_2}$$

对于纯溶剂吸收过程,进塔液相组成为

$$X_2 = 0$$

$$\left(\frac{L}{V}\right)_{\min} = \frac{0.0526 - 0.00263}{0.0526/35.04 - 0} = 33.29$$

取操作液气比为

$$\left(\frac{L}{V}\right) = 1.4\left(\frac{L}{V}\right)_{\min} = 1.4 \times 33.29 = 46.61$$

$$L = 46.61 \times 93.25 = 4346.38 \text{kmol/h}$$

$$V(Y_1 - Y_2) = L(X_1 - X_2)$$

$$X_1 = \frac{93.25 \times (0.0526 - 0.00263)}{4346.38} = 0.0011$$

(五) 填料塔的工艺尺寸的计算

1. 塔径计算

采用 Eckert 通用关联图计算泛点气速。

气相质量流量为

$$G_v = 2400 \times 1.257 = 3016.8 \text{kg/h}$$

液相质量流量可近似按纯水的流量计算,即

$$G_L = 4346.38 \times 18.02 = 78321.77 \text{kg/h}$$

Eckert 通用关联图的横坐标为

$$\frac{G_L}{G_v}\left(\frac{\rho_v}{\rho_L}\right)^{0.5} = \frac{78321.77}{3016.8} \times \left(\frac{1.257}{998.2}\right)^{0.5} = 0.921$$

查图 3-40 得

$$\frac{u_F^2 \phi_F \psi}{g} \frac{\rho_v}{\rho_L} \mu_L^{0.2} = 0.023$$

$$\phi_F = 170 \text{m}^{-1}$$

$$u_F = \sqrt{\frac{0.023g\rho_L}{\phi_F\psi_v\mu_L^{0.2}}} = \sqrt{\frac{0.023\times 9.81\times 998.2}{170\times 1\times 1.257\times 1^{0.2}}} = 1.027\text{m/s}$$

取 $u = 0.7u_F = 0.7\times 1.027 = 0.719\text{m/s}$，则

$$D = \sqrt{\frac{4V_s}{\pi u}} = \sqrt{\frac{4\times 2400/3600}{3.14\times 0.719}} = 1.087\text{m}$$

圆整塔径，取 $D = 1.2\text{m}$。

泛点率校核

$$u = \frac{2400/3600}{0.785\times 1.2^2} = 0.59\text{m/s}$$

$$\frac{u}{u_F} = \frac{0.59}{1.027}\times 100\% = 57.45\%\text{（在允许的范围内）}$$

填料规格校核

$$\frac{D}{d} = \frac{1200}{38} = 31.58 > 8$$

液体喷淋密度校核：取最小润湿速率为 $(L_w)_{min} = 0.08\text{m}^3/(\text{m}\cdot\text{h})$，查附录5得 $a_t = 132.5\text{m}^2/\text{m}^3$，则

$$U_{min} = (L_w)_{min}a_t = 0.08\times 132.5 = 10.6\text{m}^3/(\text{m}^2\cdot\text{h})$$

$$U = \frac{78321.77/998.2}{0.785\times 1.2^2} = 61.42 > U_{min}$$

经以上校核可知，填料塔直径选用 $D = 1200\text{mm}$ 合理。

2. 填料层高度计算

$$Y_{1e} = mX_1 = 35.04\times 0.0011 = 0.0385$$
$$Y_{2e} = mX_2 = 0$$

吸收因数为

$$\frac{1}{A} = \frac{mV}{L} = \frac{35.04\times 93.25}{4346.38} = 0.752$$

气相总传质单元数为

$$N_{OG} = \frac{1}{1-\frac{1}{A}}\ln\left[\left(1-\frac{1}{A}\right)\frac{Y_1-Y_{2e}}{Y_2-Y_{2e}}+\frac{1}{A}\right] = \frac{1}{1-0.752}\ln\left[(1-0.752)\times\frac{0.0526-0}{0.00263-0}+0.752\right]$$

$$= 7.026$$

气相总传质单元高度采用修正的恩田关联式计算

$$\frac{a_w}{a_t} = 1-\exp\left[-1.45\left(\frac{\sigma_c}{\sigma_L}\right)^{0.75}\left(\frac{U_L}{a_t\mu_L}\right)^{0.1}\left(\frac{U_L^2 a_t}{\rho_L^2 g}\right)^{-0.05}\left(\frac{U_L^2}{\rho_L\sigma_L a_t}\right)^{0.2}\right]$$

查表得 $\sigma_c = 33\text{dyn/cm} = 427680\text{kg/h}^2$。

液体质量通量为 $U_L = \frac{78321.77}{0.785\times 1.2^2} = 69286.77\text{kg/(m}^2\cdot\text{h)}$

$$\frac{a_w}{a_t}=1-\exp\left[-1.45\times\left(\frac{427680}{940894}\right)^{0.75}\times\left(\frac{69286.77}{132.5\times3.6}\right)^{0.1}\times\left(\frac{69286.77^2\times132.5}{998.2^2\times1.27\times10^8}\right)^{-0.05}\times\right.$$

$$\left.\left(\frac{69286.77^2}{998.2\times940896\times132.5}\right)^{0.2}\right]=0.592$$

气膜吸收系数计算

$$k_G=0.237\left(\frac{U_v}{a_t\mu_v}\right)^{0.7}\left(\frac{\mu_v}{\rho_v D_v}\right)^{1/3}\left(\frac{a_t D_v}{RT}\right)$$

气体质量通量为

$$U_v=\frac{2400\times1.257}{0.785\times1.2^2}=2668.79\text{kg/(m}^2\cdot\text{h)}$$

$$k_G=0.237\times\left(\frac{2668.79}{132.5\times0.065}\right)^{0.7}\times\left(\frac{0.065}{1.257\times0.039}\right)^{1/3}\times\left(\frac{132.5\times0.039}{8.314\times293}\right)$$
$$=0.0306\text{kmol/(m}^2\cdot\text{h}\cdot\text{kPa)}$$

液膜吸收系数计算

$$k_L=0.0095\left(\frac{U_L}{a_w\mu_L}\right)^{2/3}\left(\frac{\mu_L}{\rho_L D_L}\right)^{-1/2}\left(\frac{\mu_L g}{\rho_L}\right)^{1/3}$$
$$=0.0095\times\left(\frac{69286.77}{0.592\times132.5\times3.6}\right)^{2/3}\times\left(\frac{3.6}{998.2\times5.29\times10^{-6}}\right)^{-1/2}\times\left(\frac{3.6\times1.27\times10^8}{998.2}\right)^{1/3}$$
$$=1.099\text{m/h}$$

由 $k_G a=k_G a_w \psi^{1.1}$，得 $\psi=1.45$，则

$k_G a=k_G a_w \psi^{1.1}=0.0306\times0.592\times132.5\times1.45^{1.1}=3.612\text{kmol/(m}^3\cdot\text{h}\cdot\text{kPa)}$

$k_L a=k_L a_w \psi^{0.4}=1.099\times0.592\times132.5\times1.45^{0.4}=100.02\text{L/h}$

$$\frac{u}{u_F}=57.45\%>50\%$$

由 $k'_G a=\left[1+9.5\left(\frac{u}{u_F}-0.5\right)^{1.4}\right]k_G a$，$k'_L a=\left[1+2.6\left(\frac{u}{u_F}-0.5\right)^{2.2}\right]k_L a$，得

$k'_G a=[1+9.5\times(0.5745-0.5)^{1.4}]\times3.612=4.517\text{kmol/(m}^3\cdot\text{h}\cdot\text{kPa)}$

$k'_L a=[1+2.6\times(0.5745-0.5)^{2.2}]\times100.02=100.88\text{L/h}$

则 $K_G a=\dfrac{1}{1/k'_G a+1/Hk'_L a}=\dfrac{1}{\dfrac{1}{4.517}+\dfrac{1}{0.0156\times100.88}}=1.167\text{kmol/(m}^3\cdot\text{h}\cdot\text{kPa)}$

$$H_{OG}=\frac{V}{K_Y a\Omega}=\frac{V}{K_G ap\Omega}=\frac{93.25}{1.167\times101.3\times0.785\times1.2^2}=0.698\text{m}$$

所以 $Z=H_{OG}N_{OG}=0.698\times7.062=4.929\text{m}$

设计取填料层高度为 $Z'=6\text{m}$，对于阶梯环填料：$\dfrac{h}{D}=8\sim15$，$h_{\max}=6\text{m}$。取 $\dfrac{h}{D}=8$，则

$$h=8\times1200=9600\text{mm}$$

计算得填料层高度为 6000mm，故不需分段。

（六）填料层压降计算

采用 Eckert 通用关联图计算填料层压降。

横坐标为

$$\frac{G_L}{G_v}\left(\frac{\rho_v}{\rho_L}\right)^{0.5}=\frac{78321.77}{3016.8}\times\left(\frac{1.257}{998.2}\right)^{0.5}=0.921$$

查表 3-22 得 $\phi_F=116\text{m}^{-1}$

$$\frac{u_F^2\phi_F\psi\rho_v}{g\rho_L}\mu_L^{0.2}=\frac{0.59^2\times116\times1}{9.81}\times\frac{1.257}{998.2}\times1^{0.2}=0.0052$$

查图 3-40 得 $\Delta p/Z=107.91\text{Pa/m}$,则填料层压降为

$$\Delta p=107.91\times6=647.46\text{Pa}$$

(七) 液体分布器简要设计

1. 液体分布器的选型

该吸收塔液相负荷较大,而气相负荷相对较低,故选用槽式液体分布器。

2. 分布点密度计算

按 Eckert 建议值,$D\geqslant1200\text{mm}$ 时,喷淋点密度为 42 点/m^2,因该塔液相负荷较大,设计取喷淋点密度为 120 点/m^2。

布液点数:$n=0.785\times1.2^2\times120=135.6$ 点 ≈136 点

按分布点几何均匀与流量均匀的原则,进行布点设计。设计结果为:二级槽共设七道,在槽侧面开孔,槽宽度为 80mm,槽高度为 210mm,两槽中心距为 160mm。分布点采用三角形排列,实际设计布点数为 $n=132$ 点,布液点示意图如图 3-42 所示。

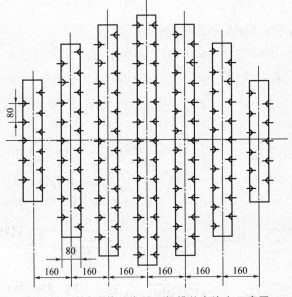

图 3-42 槽式液体分布器二级槽的布液点示意图

3. 布液计算

$$L_s=\frac{\pi}{4}d_0^2 n\phi\sqrt{2g\Delta H}$$

取 $\phi=0.60$,$\Delta H=160\text{mm}$,则

$$d_0=\left(\frac{4L_s}{\pi n\phi\sqrt{2g\Delta H}}\right)^{1/2}=\left(\frac{4\times78321.77/998.2\times3600}{3.14\times132\times0.6\times\sqrt{2\times9.81\times0.16}}\right)^{1/2}=0.014\text{m}$$

设计取 $d_0=14\text{mm}$。

3.3.7 填料精馏塔设计示例

一、设计题目
在某药物生产过程中，需要用丙酮溶剂洗涤晶体，洗涤过滤后产生废丙酮溶剂，其组成为含丙酮88%，水12%（质量分数）。为使废丙酮溶剂可重复利用，拟建立一套填料精馏塔，以对废丙酮溶剂进行精馏回收，得到含水量≤0.5%（质量分数）的丙酮溶剂。设计要求废丙酮溶剂的处理量为12000吨/年，塔底废水中丙酮含量≤0.5%（质量分数）。试设计该填料精馏塔。

二、设计计算基本过程

（一）设计方案的确定
本设计任务为分离丙酮-水混合物。对于二元混合物的分离，应采用连续精馏流程。设计中采用泡点进料，将原料液通过预热器加热至泡点后送入精馏塔内。丙酮常压下的沸点为56.2℃，故可采用常压操作，用30℃的循环水进行冷凝。塔顶上升蒸汽采用全凝器冷凝，冷凝液在泡点下一部分回流至塔内，其余部分经产品冷却器冷却后送至储槽。塔底采用间接蒸汽加热方式，塔釜液环保处理。丙酮-水物系分离的难易程度适中，气液负荷适中，设计中可选用500Y金属孔板波纹填料。

（二）精馏塔的物料衡算

1. 原料液及塔顶、塔底产品的摩尔分数

丙酮的摩尔质量 $M_A=58.03\mathrm{kg/kmol}$，水的摩尔质量 $M_B=18.02\mathrm{kg/kmol}$，则

$$x_F=\frac{0.88/58.03}{0.88/58.03+0.12/18.02}=0.695$$

$$x_D=\frac{0.995/58.03}{0.995/58.03+0.005/18.02}=0.984$$

$$x_W=\frac{0.005/58.03}{0.005/58.03+0.995/18.02}=0.002$$

2. 原料液及塔顶、塔底产品的平均摩尔质量

$$M_F=0.695\times58.03+(1-0.695)\times18.02=45.83\mathrm{kg/kmol}$$
$$M_D=0.984\times58.03+(1-0.984)\times18.02=57.39\mathrm{kg/kmol}$$
$$M_W=0.002\times58.03+(1-0.002)\times18.02=18.10\mathrm{kg/kmol}$$

3. 物料衡算

废丙酮溶剂的处理量为12000吨/年，每年按300天工作日计算。

原料处理量：$F=\dfrac{12000000}{300\times24\times45.83}=36.4\mathrm{kmol/h}$

总物料衡算：$36.4=D+W$

丙酮物料衡算：$36.4\times0.695=0.984D+0.002W$

联立解得：$D=25.7\mathrm{kmol/h}$，$W=10.7\mathrm{kmol/h}$

（三）精馏塔的模拟计算
本示例采用计算机模拟计算法进行计算。模拟计算采用泡点法解MESH方程，其中气液平衡的计算采用NRTL模型，拟合精度达到1×10^{-4}，具体过程从略。模拟计算结果如下。

操作回流比：$R=4$
理论板数：$N_T=21$
进料板序号：$N_F=17$
塔顶温度：$t_D=56.16℃$
塔釜温度：$t_w=99.92℃$
进料板温度：$t_F=77.81℃$
塔顶第1块板有关参数
汽相流量：$V_1=128.5\text{kmol/h}$
液相流量：$L_1=102.6\text{kmol/h}$
汽相组成：$y_1=0.9841$
液相组成：$x_1=0.9822$
汽相平均摩尔质量：$M_{v1}=57.39\text{kg/kmol}$
液相平均摩尔质量：$M_{L1}=57.32\text{kg/kmol}$
汽相密度：$\rho_{v1}=2.125\text{kg/m}^3$

液相密度：$\rho_{L1}=750.23\text{kg/m}^3$
液相黏度：$\mu_{L1}=0.2412\text{mPa·s}$
进料板（提馏段第1块板）有关参数
汽相流量：$V_{17}=121.7\text{kmol/h}$
液相流量：$L_{17}=135.1\text{kmol/h}$
汽相组成：$y_{17}=0.7430$
液相组成：$x_{17}=0.6358$
汽相平均摩尔质量：$M_{v17}=47.75\text{kg/kmol}$
液相平均摩尔质量：$M_{L17}=43.46\text{kg/kmol}$
汽相密度：$\rho_{v17}=1.649\text{kg/m}^3$
液相密度：$\rho_{L17}=753.29\text{kg/m}^3$
液相黏度：$\mu_{L17}=0.2531\text{mPa·s}$

(四) 精馏塔的塔体工艺尺寸计算

1. 塔径的计算

采用 C_s 因子法计算适宜的空塔气速。

(1) 精馏段塔径计算

精馏段塔径按第1块板的数据近似计算。

液相质量流量：$G_L=102.6\times57.32=5881\text{kg/h}$

汽相质量流量：$G_v=128.5\times57.39=7375\text{kg/h}$

流动参数：$\psi=\dfrac{G_L}{G_v}\left(\dfrac{\rho_v}{\rho_L}\right)^{0.5}=\dfrac{5881}{7375}\times\left(\dfrac{2.215}{750.23}\right)^{0.5}=0.0424$

所以，$C_{s,\max}=0.078$，$C_s=0.8C_{s,\max}=0.8\times0.078=0.0624$。

由 $C_s=u\sqrt{\dfrac{\rho_v}{\rho_L-\rho_v}}$ 得

$$u=C_s/\sqrt{\dfrac{\rho_v}{\rho_L-\rho_v}}=\dfrac{0.0624}{\sqrt{\dfrac{2.215}{750.23-2.215}}}=1.171\text{m/s}$$

$$D=\sqrt{\dfrac{4V_s}{\pi u}}=\sqrt{\dfrac{4\times\dfrac{7375}{2.215\times3600}}{3.14\times1.171}}=1.0\text{m}$$

(2) 提馏段塔径计算

① 提馏段塔径按进料板（第17块板）的数据近似计算，计算方法同精馏段。计算结果为

$$D=1.0\text{m}$$

比较精馏段与提馏段计算结果，二者基本相同。圆整塔径，取 $D=1000\text{mm}$。

② 液体喷淋密度及空塔气速核算

精馏段液体喷淋密度为

$$U=\frac{5881/750.23}{0.785\times0.35^2}=9.99\text{m}^3/(\text{m}^2\cdot\text{h})>0.2\text{m}^3/(\text{m}^2\cdot\text{h})$$

精馏段空塔气速为

$$u=\frac{7375/2.215}{0.785\times1.0^2\times3600}=1.003\text{m/s}$$

提馏段液体喷淋密度为

$$U=\frac{5881/753.29}{0.785\times0.35^2}=9.94\text{m}^3/(\text{m}^2\cdot\text{h})>0.2\text{m}^3/(\text{m}^2\cdot\text{h})$$

提馏段空塔气速为 $u=\dfrac{7375/1.649}{0.785\times1.0^2\times3600}=1.583\text{m/s}$

2. 填料层高度计算

填料层高度计算采用理论板当量高度法。对500Y金属孔板波纹填料，查附录6得每米填料理论板数为4~4.5块，取 $n_t=4$。

则 $HETP=1/n_t=1/4=0.25\text{m}$

由 $Z=N_T\times HETP$，精馏段填料层高度：$Z_{精}=16\times0.25=4\text{m}$，$Z'_{精}=1.25\times4=5\text{m}$；提馏段填料层高度：$Z_{提}=5\times0.25=1.25\text{m}$，$Z'_{提}=1.25\times1.25=1.56\text{m}$。

设计取精馏段填料层高度为5m，提馏段填料层高度为1.6m。

取填料层的分段高度：$h=16\times HETP$，$h=16\times0.25=4\text{m}$。

故精馏段需分为2段，每段高度为2.5m，提馏段不需分段。

（五）填料层压降计算

对500Y金属孔板波纹填料，查附录6得每米填料层压降为

$$\Delta p/Z=4.0\times10^{-4}\text{MPa/m}$$

精馏段填料层压降为

$$\Delta p_{精}=5\times4.0\times10^{-4}=2\times10^{-3}\text{MPa}$$

提馏段填料层压降为

$$\Delta p_{提}=1.6\times4.0\times10^{-4}=6.4\times10^{-4}\text{MPa}$$

填料层总压降为

$$\Delta p=2\times10^{-3}+6.4\times10^{-4}=2.64\times10^{-3}\text{MPa}=2.64\text{kPa}$$

（六）液体分布器简要设计

1. 液体分布器的选型

该精馏塔塔径较小，故此选用管式液体分布器。

2. 分布点密度计算

该精馏塔塔径较小，且500Y孔板波纹填料的比表面积较大，故应选取较大的分布点密度。设计中取分布点密度为200点/m²。

布液点数：$n=0.785\times0.35^2\times200=19.23$点≈20点。

按分布点几何均匀与流量均匀的原则，进行布点设计。设计结果：主管直径 $\phi38\text{mm}\times3.5\text{mm}$，支管直径 $\phi18\text{mm}\times3\text{mm}$，采用15根支管，支管中心距为66mm，采用正方形排列，实际布点数为 $n=21$，布液点示意图如图3-43所示。

3. 布液计算

$$L_s=\frac{\pi}{4}d_0^2 n\phi\sqrt{2g\Delta H}$$

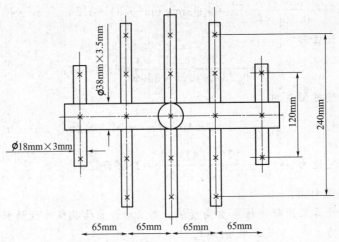

图 3-43 管式液体分布器的布液点示意图

取 $\phi=0.60$，$\Delta H=160$mm，则

$$d_0 = \left(\frac{4L_s}{\pi n \phi \sqrt{2g\Delta H}}\right)^{1/2} = \left(\frac{4\times 588.1/750.23\times 3600}{3.14\times 21\times 0.6\times \sqrt{2\times 9.81\times 0.16}}\right)^{1/2} = 0.0035\text{m}$$

设计取 $d_0=3.5$mm。

液体再分布器形式与液体分布器相同，设计原则也相同，设计计算过程略。

3.4 塔设备设计任务书

化工原理课程设计任务书 1

设计人：_____

一、设计题目及设计条件

连续操作苯-甲苯精馏板式塔设计

1. 生产能力：年处理苯-甲苯混合液_____ t

    年开工时数 8000h

2. 物料组成：原料含苯_____%（质量分数）

    塔顶产品：含苯_____%（质量分数）

    塔底产品：含甲苯_____%（质量分数）

3. 设备型式：A. 浮阀塔；B. 筛板塔

4. 操作条件

    塔顶压力：5.0kPa（表压）　　　　　年平均最高气温：33℃

    建厂地区平均大气压：760mmHg　　　年平均最低气温：−10℃

    进料状况：由任务书确定或自定　　　加热蒸汽压强：0.5MPa（表压）

二、设计项目

1. 工艺流程确定及说明
2. 有效塔高的计算
3. 塔径计算
4. 塔板结构设计
5. 塔板工艺尺寸及塔板布置
6. 流体力学验算
7. 负荷性能图
8. 加热蒸汽、冷却水消耗量的计算
9. 所有换热器换热面积计算和选型
10. 管径、泵的确定与选型

三、图纸绘制

1. 工艺流程图（考虑控制与调节）
2. 塔板详细布置图及说明

四、主要参考文献

1. 《化工原理》（上、下），李春利等，化学工业出版社。
2. 《化工原理》，第4版，陈敏恒，化学工业出版社。
3. 《化学工程手册》，化学工业出版社。
4. 《化工单元过程及设备课程设计》，匡国柱等，化学工业出版社。
5. 《化工工艺设计手册》，中国石化集团上海工程有限公司，化学工业出版社。
6. 《化工原理课程设计（典型化工单元操作设备设计）》，付家新等，化学工业出版社。

化工原理课程设计任务书2

设计人：_____

一、设计题目及设计条件

连续操作甲醇-水填料精馏塔设计

1. 生产能力：年处理废甲醇溶剂_____t
年开工时数 8000h
2. 物料组成

在某药物生产过程中，需要用甲醇溶剂洗涤晶体，洗涤过滤后产生废甲醇溶剂，其组成为含甲醇46%、水54%（质量分数），另含有少量的药物固体微粒。为使废甲醇溶剂重复利用，拟建立一套填料精馏塔，以对废甲醇溶剂进行精馏回收，得到含水量≤0.3%（质量分数）的甲醇溶剂。塔底废水中甲醇含量≤0.5%（质量分数）。

3. 操作条件

塔顶压力：0.005MPa（表压）　　　循环水最高温度：35~42℃
进料状况：由任务书确定或自定　　建厂地区平均大气压力：760mmHg
加热蒸汽压强：0.4MPa（表压）

4. 填料类型

因废甲醇溶剂中含有少量的药物固体微粒，应选用金属散装填料，以便于定期拆卸和清洗。填料类型和规格自选。

二、设计项目

1. 精馏塔的物料衡算
2. 塔板数的确定
3. 精馏塔的工艺条件及有关物性数据的计算
4. 精馏塔的塔体工艺尺寸计算
5. 填料层压降的计算
6. 液体分布器简要设计
7. 精馏塔接管尺寸计算
8. 加热蒸汽、冷却水消耗量的计算
9. 所有换热器换热面积计算和选型
10. 泵的确定与选型
11. 绘制生产工艺流程图
12. 绘制精馏塔设计条件图
13. 绘制液体分布器施工图（可根据实际情况选作）
14. 对设计过程的评述和有关问题的讨论

三、主要参考文献

同设计任务书1。

化工原理课程设计任务书3

设计人：_____

一、设计题目

水吸收氨过程填料吸收塔设计

试设计一座填料吸收塔，用于脱除混于空气中的氨气。混合气体的处理量为_____ m³/h，其中含氨为5%（体积分数），要求塔顶排放气体中含氨低于0.02%（体积分数）。采用清水进行吸收，吸收剂的用量为最小用量的1.5倍。

二、操作条件

1. 操作压力：常压
2. 操作温度：20℃

三、填料类型

选用聚丙烯阶梯环填料，填料规格自选。

四、工作日

每年连续运行8000h。

五、厂址

厂址为天津地区。

六、设计内容

1. 吸收塔的物料衡算
2. 吸收塔的工艺尺寸计算
3. 填料层压降的计算
4. 液体分布器简要设计
5. 吸收塔接管尺寸计算
6. 绘制生产工艺流程图
7. 绘制吸收塔设计条件图
8. 绘制液体分布器施工图（可根据实际情况选作）
9. 对设计过程的评述和有关问题的讨论

七、设计基础数据

20℃下氨在水中的溶解度系数为 $H=0.725 \text{kmol}/(\text{m}^3 \cdot \text{kPa})$。

其他物性数据可查有关手册。

八、主要参考文献

同设计任务书1。

本章符号说明

英文字母

a——填料比表面积，m^2/m^3；

a_t——填料的总比表面积，m^2/m^3；

a_W——填料润湿比表面积，m^2/m^3；

A_a——塔板鼓泡区面积,m^2;
A_b——板上液流面积,m^2;
A_f——降液管截面积,m^2;
A_o——阀孔总面积,m^2;
A_T——塔截面积,m^2;
C——计算u_{max}时的负荷修正系数,无量纲;
C_F——泛点负荷系数,无量纲;
c_0——流量系数,无量纲;
d_o——阀孔或筛孔直径,m;
D——塔径,m;
e_v——液沫夹带量,kg(液)/kg(气);
E——液流收缩系数,无量纲;
E_M——单板效率(默弗里板效率),无量纲;
E_o——点效率,无量纲;
E_T——总板效率(全塔效率),无量纲;
F——气相动能因数,$m \cdot s^{-1}(kg \cdot m^{-3})^{0.5}$;
F_o——阀孔动能因数,$m \cdot s^{-1}(kg \cdot m^{-3})^{0.5}$;
g——重力加速度,$m \cdot s^{-2}$;
G_L, G_v——液、气相质量通量,$kg/(m^2 \cdot s)$;
h——浮阀的开度,m;
h_c——与干板压强降相当的液柱高度,m 液柱;
h_d——与液体流出降液管时的压强降相当的液柱高度,m 液柱;
h_l——与板上液层阻力相当的液柱高度,m 液柱;
h_L——板上液层高度,m;
h_n——齿深,m;
h_o——降液管底隙高度,m;
h_{ow}——堰上液层高度,m;
h_p——与单板压降相当的液柱高度,m 液柱;
h_t——进口堰与降液管的水平距离,m;
h_w——出口堰高度,m;
h'_w——进口堰高度,m;
h_σ——与克服表面张力的压强降相当的液柱高度,m 液柱;
H——板式塔高度,m;溶解度系数,$kmol/(m^3 \cdot kPa)$;
H_B——塔底空间高度,m;
H_d——降液管内清液层高度,m;
H_D——塔顶空间高度,m;
H_F——进料板处塔板间距,m;
H_o——填料塔静持液量,m^3;
H_{OG}——气相总传质单元高度,m;
H_P——人孔处塔板间距,m;
H_s——填料塔动持液量,m^3;
H_t——填料塔总持液量,m^3;
H_T——塔板间距,m;
H_1——封头高度,m;
H_2——裙座高度,m;
$HETP$——等板高度,m;
k_G——气膜吸收系数,$kmol/(m^2 \cdot s \cdot kPa)$;
k_L——液膜吸收系数,m/s;
K——物系系数、稳定系数,无量纲;
K_G——气相总吸收系数,$kmol/(m^2 \cdot s \cdot kPa)$;
l_w——堰长,m;
L_h——塔内液体流量,m^3/h;
L_s——塔内液体流量,m^3/s;
L_w——润湿速率,$m^3/(m \cdot s)$;
m——气液相平衡常数,无量纲;
n——筛孔数目;每立方米的填料个数,$1/m^3$;
N——一层塔板上的浮阀总数;
N_p——实际板层数;
N_T——理论板层数;
p——操作压强,Pa;
Δp——压强降,Pa;
R——鼓泡区半径,m;
t——孔心距,m;
t'——排间距,m;
u——填料塔空塔气速,m/s;
u_F——泛点气速,m/s;
u_o——阀孔气速,m/s;
u_{oc}——临界孔速,m/s;
u'_o——降液管底隙处液体流速,m/s;
u_T——板式塔空塔气速,m/s;
U——喷淋密度,$m^3/(m^2 \cdot s)$;
V_h——塔内气(汽)相流量,m^3/h;
V_s——塔内气(汽)相流量,m^3/s;
W_c——边缘区宽度,m;
W_d——弓形降液管的宽度,m;
W_s——破沫区宽度,m;
x——液相组成,摩尔分率;鼓泡区半宽度,m;
y——汽相组成,摩尔分率;
Z——板式塔有效高度,m;填料层高度,m;
Z_L——板上液流长度,m。

希腊字母

α——相对挥发度,无量纲;

β——校正系数,无量纲;
ρ_L——液相密度,kg/m³;
ρ_v——气相密度,kg/m³;
σ——液体的表面张力,N/m;
μ——黏度,mPa·s;
ϕ——填料因子,1/m;
ϕ_F——泛点填料因子,1/m;
ϕ_p——压降填料因子,1/m;
ψ——液体密度校正系数,无量纲;
ε——空隙率,无量纲;

ε_0——板上液层充气系数,无量纲;
θ——液体在降液管内停留时间,s;
η——回收率,无量纲。

下标

e——平衡组成(浓度);
max——最大的;
min——最小的;
L——液相的;
v——气(汽)相的。

第4章

化工过程模拟与计算软件

化工过程模拟是指应用计算机辅助计算手段对化工过程进行物料衡算、热量衡算、装置尺寸和费用计算。随着化工系统工程学科的发展，化工过程模拟成为化工系统最优设计的一个重要手段。它可以对化工系统的工况特性进行分析研究，在计算机上逐次改变各种条件的输入信息，就可以得到表明相应变化了的工况特性分析结果。而这些结果要是在实验装置上改变操作条件逐一实践，其花费的人力、物力将是巨大的。因此，化工过程模拟在化工生产的最优规划、设计、操作、控制管理等方面起到了重要的作用。

化工过程模拟系统可以分为两大类：专用化工过程模拟和通用化工过程模拟。专用化工过程模拟是对特定单元的模拟，针对性强，同时应用范围窄；通用化工过程模拟一般采用标准的高级程序设计语言（如 Fortran 语言）编写，应用范围广、规模大，一般的化工过程均可模拟。

近年来，国内外通用化工过程模拟软件的发展很快。第一代 CHESS（Chemical Engineering Simulation System），是由美国 HOUSTON 大学于 20 世纪 60 年代开发的。第二代 FLOWTRAN（Flowsheet Translator），是由美国孟山都（Monsanto）公司于 20 世纪 60 年代末开发的。第三代 ASPEN（Advanced System for Process Engineering），是美国能源部委托麻省理工学院化工系开发的。1988 年美国的模拟公司 Simsci 发布了该公司的新一代过程模拟软件 PRO/Ⅱ。PRO/Ⅱ是基于稳态的化工模拟，进行优化、灵敏度分析和经济评价的大型化工过程模拟软件。

AutoCAD（Autodesk Computer Aided Design）是应用最为广泛的计算机辅助设计软件之一，用于二维绘图、详细绘制、设计文档和基本三维设计，现已成为国际上广为流行的绘图工具。AutoCAD 具有良好的用户界面，通过交互菜单或命令行方式便可以进行各种操作。它的多文档设计环境，让非计算机专业人员也能很快地学会使用。AutoCAD 具有广泛的适应性，它可以在各种操作系统支持的计算机和工作站上运行。使用者通过它无须懂得编程，即可自动制图，因此它被广泛应用于土木建筑、装饰装潢、工业制图、工程制图、电子工业、服装加工等多个领域。

针对化工过程设计来说，常用的软件可大致分为化工过程模拟软件，如 Aspen Plus、PRO/Ⅱ、ChemCAD、HYSYS 等；设备设计软件，如换热器设计计算软件 HTRI；设备强度校核软件，如过程设备强度计算软件 SW6；应力与流体力学分析软件，如流体力学分析软件 FLUENT、有限元分析软件 ANSYS 等；三维管道设计软件，如工厂 3D 布置设计管理系统 PDMS、应用平台解决方案 PDS 软件、工厂 3D 设计软件 CADWorx 等。相关软件均可参考相应网站或咨询软件供应商。

下面分别介绍几种常用的软件。

4.1 化工过程模拟软件 Aspen Plus

Aspen Plus 是一个生产装置设计、稳态模拟和优化的大型通用过程模拟系统，源于美国能源部 20 世纪 70 年代后期在麻省理工学院（MIT）组织的会战，开发新型第三代过程模拟软件。该项目称为"过程工程的先进系统"（Advanced System for Process Engineering，简称 ASPEN），并于 1981 年年底完成。1982 年为了将其商品化，成立了 AspenTech 公司，并将上述软件称为 Aspen Plus。

该软件经过 30 多年来不断的改进、扩充和提高，已先后推出了十多个版本，成为举世公认的标准大型过程模拟软件，应用案例数以百万计。全球各大化工、石化、炼油等过程工业制造企业及著名的工程公司都是 Aspen Plus 的用户。

以 Aspen Plus 严格机理模型为基础，逐步发展起来了针对不同用途、不同层次的 Aspen 工程套件（Aspen Engineering Suite，简称 AES）系列产品。Aspen Plus 是工程套件的核心，可广泛地应用于新工艺开发、装置设计优化，以及脱瓶颈分析与改造。此稳态模拟工具具有丰富的物性数据库，可以处理非理想、极性高的复杂物系；并独具联立方程法和序贯模块法相结合的解算方法，以及一系列拓展的单元模型库。此外还具有灵敏度分析、自动排序、多种收敛方法，以及报告等功能。

Aspen Plus 的实质是使用计算机程序定量计算一个化学过程中的特性方程。根据化工过程的数据，采用适当的模拟软件，将由多个单元操作组成的化工过程用数学模型描述，模拟实际的生产过程，并在计算机上通过改变各种有效条件得到所需要的结果。Aspen Plus 分为稳态模拟和动态模拟两类。

4.1.1 特点

Aspen Plus 具有"最完备的物性系统、完整的单元操作模型库、快速可靠的过程模拟功能、最先进的计算方法、先进的过程方法、可进行过程优化计算"等特性。

(1) 具有最完备的物性系统

包括一套完整的基于状态方程和活度系数方法的物性模型（共 105 种）；近 6000 多种纯组分的物性数据。

Aspen Plus 是唯一获准与 DECHEMA 数据库接口的软件。该数据库收集了世界上最完备的汽液平衡和液液平衡数据，共计 25 万多套数据。用户也可以把自己的物性数据与 Aspen Plus 系统连接。

高度灵活的数据回归系统（DRS） 此系统可使用实验数据求取物性参数，可以回归实际应用中任何类型的数据，计算任何模型参数，包括用户自编的模型。可以使用面积式或点测试方法自动检查汽液平衡数据的热力学一致性。

性质常数估算系统（PCES） 能够通过输入分子结构和易测性质（例如沸点）来估算短缺的物性参数；Redlich-Kwong-UNIFAC 状态方程可用于非极性、极性和缔合组分体系。

物性模型和数据是得到精确可靠的模拟结果的关键。人们普遍认为 AspenPlus 具有最适用于工业且最完备的物性系统。许多公司为了使其物性计算方法标准化而采用 Aspen Plus 的物性系统，并与其自身的工程计算软件相结合。

Aspen Plus 物性数据库包括将近 6000 种纯组分的物性数据：

① 纯组分数据库，包括将近 6000 种化合物的参数。

② 电解质水溶液数据库，包括约 900 种离子和分子溶质估算电解质物性所需的参数。

③ Henry 常数库，包括水溶液中 61 种化合物的 Henry 常数参数。

④ 二元交互作用参数库，包括 Ridlich-Kwong Soave、Peng Robinson、Lee Kesler Plocker、BWR Lee Starling，以及 Hayden O'Connell 状态方程的二元交互作用参数约 40000 多个，涉及 5000 种双元混合物。

⑤ PURE10 数据库，包括 1727 种纯化物的物性数据，这是基于美国化工学会开发的 DIPPR 物性数据库的比较完整的数据库。

⑥ 无机物数据库，包括 2450 种组分（大部分是无机化合物）的热化学参数。

⑦ 燃烧数据库，包括燃烧产物中常见的 59 种组分和自由基的参数。

⑧ 固体数据库，包括 3314 种组分，主要用于固体和电解质的应用。

⑨ 水溶液数据库，包括 900 种离子，主要用于电解质的应用。

(2) 可以模拟固体系统

Aspen Plus 在煤的气化和液化、流化床燃烧、高温冶金和湿法冶金，以及固体废物、聚合物、生物和食品加工业中都得到了应用。

Aspen Plus 中固体性质数据有两个来源：一是 Solid 数据库，它广泛收集了约 3314 种纯无机和有机物质的热化学数据；二是和 CSIRO 数据库的接口。还具有一套通用的处理固体的单元操作模型，包括破碎机、旋风分离器、筛分、文丘里涤气器、静电沉淀器、过滤洗涤机和倾析器。此外，Aspen Plus 中所有的单元操作都适合于处理固体，例如闪蒸和加热器模型能计算固体的能量平衡，而反应器模型 RGibbs 可用最小 Gibbs 自由能来判断在平衡状态下是否有固相存在。

(3) 可以模拟电解质系统

许多公司已经用 Aspen Plus 模拟电解质过程，如酸水汽提、苛性盐水结晶与蒸发、硝酸生产、湿法冶金、胺净化气体和盐酸回收等。

Aspen Plus 提供 Pitzer 活度系数模型和陈氏模型计算物质的活度系数，包括强弱电解质、盐类和含有机化合物的电解质系统。这些模型已广泛地在工业中应用，计算结果准确可靠。

电解质系统有三个电解质物性参数数据库：水数据库包括纯物质的各种离子和分子溶质的性质；固体和 Barin 数据库包括盐类组分性质。

模拟电解质过程的功能在整套 Aspen Plus 都可以应用。用户可以用数据回归系统（DRS）确定电解质物性模型参数。所有 Aspen Plus 的单元操作模型均可处理电解质系统。例如，Aspen Plus 闪蒸和分馏模型可以处理化学反应过程的电解质系统。

(4) 具有完整的单元操作模型库

Aspen Plus 有一套完整的单元操作模型，可以模拟各种操作过程，由单个原油蒸馏塔的计算到整个合成氨厂的模拟。

由于 Aspen Plus 系统采用了先进的 PLEX 数据结构，对于组分数、进出口物流数、塔的理论板数以及反应数目均无限制，这是 Aspen Plus 的一项独特优点，其他过程模拟软件无法比拟。

此外，所有模型都可以处理固体和电解质。单元操作模型库约由 50 种单元操作模型构成。

用户可将自身的专用单元操作模型以用户模型（USER MODEL）加入到 Aspen Plus 系统之中，增加了操作的灵活性为用户提供了极大的方便。

（5）具有快速可靠的过程模拟功能

Aspen Plus 提供过程模拟所需的多种功能，可帮助用户方便地编写输入文件，快速而可靠地收敛过程以及进行过程优化计算。这些功能包括以下。

① 可按过程模拟需要使用在线 Fortran 语句和子程序。

② 可以使用 Aspen Plus 的插入模块（Insert）功能，重复使用过程模型的某一部分，例如一个酸性气体净化模型，一组物性输入数据。也可以建立用户自己的 Inserts，并存入用户插入模块库（Library）来应用。

③ 可以利用设计规定（Design Specification）来达到对任何模块计算的参数所规定的目标值。

（6）具有最先进的计算方法

Aspen Plus 具有最先进的过程收敛方法。Aspen Plus 具有最先进的数值计算方法，能使循环物流和设计规定迅速而准确地收敛。这些方法包括直接迭代法（Wegstein）、正割法（Secant）、拟牛顿法、Broyden 法等。这些方法均经 AspenTech 进行了修正。例如，修正后 Secant 法可以处理非单调的设计规定。Aspen Plus 可以同时收敛多股撕裂（Tear）物流、多个设计规定，甚至收敛有设计规定的撕裂物流。这些特点在解决高度交互影响的问题时特别重要。

Aspen Plus 可以进行过程优化计算。应用 Aspen Plus 的优化功能，可寻求工厂操作条件的最优值，以达到任何目标函数的最大值。对约束条件和可变参数的数目没有限制，可以将任意工程或技术经济变量作为目标函数，如利润和生产率。用户在选取操作参数限制范围时，具有很大的灵活性。Aspen Plus 的一大特点是能将过程模拟和优化同时收敛，这样使得收敛更加迅速而可靠。

（7）强大的计算功能

Aspen Plus 是 Aspen 工程套件（AES）的一个组分。AES 是集成的工程产品套件，有几十种产品。以 Aspen Plus 的严格机理模型为基础，形成了针对不同用途、不同层次的 AspenTech 家族软件产品，并为这些软件提供一致的物性支持。

Polymers Plus：在 Aspen Plus 基础上专门为模拟高分子聚合过程而开发的层次产品，已成功地用于聚烯烃、聚酯等过程。

Aspen Dynamics：在使用 Aspen Plus 计算稳态过程的基础上，转入此软件可继续计算动态过程。

Petro Frac：专门用于炼油厂的模拟软件。

Aspen HX-NET：为夹点技术软件直接提供其所需的各流段的热焓、温度和压力等参数。

B-JAC/HTFS：换热器详细设计（包括机械计算）的软件包，Aspen Plus 可以在过程模拟工艺计算之后直接无缝集成，转入设备设计计算。

Aspen Zyqad：这是一个工程设计工作流集成平台，可以供多种用户环境下将概念设计、初步设计、工程设计直到设备采购、工厂操作全过程生命周期的各项工作数据、报表及知识集成共享。Aspen Plus 有接口可与之自动集成。

Aspen Online：在线工具，将 Aspen Plus 离线模型与 DCS 或装置数据库管理系统联结，用实际装置的数据，自动校核模型，并利用模型的计算结果指导生产。

(8) 两种算法

Aspen Plus 是唯一将序贯（SM）模块和联立方程（EO）两种算法同时包含在一个模拟工具中的大型化工过程模拟软件。序贯模块算法提供了过程收敛计算的初值，采用联立方程算法，大大提高了大型过程计算的收敛速度，同时，让以往收敛困难的过程计算成为可能，节省了工程师计算的时间。

(9) 结构完整的操作模块

除组分、物性、状态方程之外，还包含以下单元操作模块。

① 对于气（汽）/液系统，Aspen Plus 包含通用混合、物流分流、子物流分流和组分分割模块；闪蒸模块，两相、三相和四相；通用加热器、单一的换热器、严格的管壳式换热器、多股物流的换热器；液液单级倾析器；基于收率的、化学计量系数和平衡反应器；连续搅拌釜、柱塞流、间歇及排放间歇反应器；单级和多级压缩和透平；物流放大、拷贝、选择和传递模块；压力释放计算；精馏模型；简捷精馏；严格多级精馏；多塔模型；石油炼制分馏塔；板式塔、散堆和规整填料塔的设计和计算校核等。

② 对于固体系统，Aspen Plus 包含文丘里涤气器、静电除尘器、纤维过滤器、筛选器、旋风分离器、水力旋风分离器、离心过滤器、转鼓过滤器、固体洗涤器、逆流倾析器、连续结晶器等。

4.1.2 主要功能

Aspen Plus 对整个工厂、企业工程过程的实践、优化和自动化有着非常重要的促进作用。自动地把过程模型与工程知识数据库、投资分析，产品优化和其他许多商业过程结合。Aspen Plus 包括数据，物性，单元操作模型，内置缺省值，报告及为满足其他特殊工业应用所开发的功能，比如像电解质模拟。Aspen Plus 主要的功能如下。

① Windows 交互性界面　界面包括工艺流程图形视图，输入数据浏览视图，独特的"NEXT"专家向导系统来引导用户进行完整的、一致的过程的定义。

② 图形向导　帮助用户很容易地把模拟结果创建成图形显示。

③ EO 模型　方程模型有着先进参数管理和整个模拟的灵敏分析或者是模拟特定部分的分析。序贯模块法和面向方程的解决技术允许用户模拟多嵌套流程。即使很小的问题也能快速、精确地解决，比如塔的 divided sump simulation。

④ ActiveX（OLE Automation）控件　可以和微软 Excel 和 Visual Basic 方便地连接，支持 OLE（对象链接与嵌入）功能，比如复制、粘贴或链接。

⑤ 全面的单元操作　包括气（汽）/液，气（汽）/液/液，固体系统和用户模型。

⑥ ACM Model Export 选项　用户可以在 Aspen Custom Modeler（ACM）创建模拟模型和编译。编译好的模型可以应用在 Aspen Plus 静态模拟中，可以是序贯模块法模式下或面向方程的解决方案的模式下。

⑦ 热力学物性　正确的物性模型和数据是得到精确可靠的模拟结果的关键。Aspen plus 使用广泛的、已经验证了的物性模型，数据和 Aspen Properties 中可用估算方法，它涵盖了非常广泛的范围——从简单的理想物性过程到非常复杂的非理想混合物和电解质过程。内置数据库包含有 8500 种组分物性数据，包括有机物、无机物、水合物和盐类；还有 4000

种二元混合物的 37000 组二元交互数据，二元交互数据来自于 Dortmund 数据库，获得 DECHEMA 授权。

⑧ Aspen Plus 提供一套功能强大的模型分析工具，最大化工艺模型的效益。

a. 收敛分析　自动分析和建议优化的撕裂物流、流程收敛方法和计算顺序，即使是巨大的具有多个物流和信息循环的流程，收敛分析非常方便。

b. Calculator models 计算模式　包含 ad-hoc 计算与内嵌的 FORTRAN 和 Excel 模型接口。

c. 灵敏度分析　非常方便地用表格和图形表示工艺参数随设备规定和操作条件的变化。

d. 案例研究　用不同的输入进行多个模拟，比较和分析。

e. Design Specification 功能　自动计算操作条件或设备参数，满足指定的性能目标。

f. 数据拟合　将工艺模型与真实的装置数据进行拟合，确保精确和有效的真实装置模型。

g. 优化功能　确定装置操作条件，最大化任何规定的目标，如收率、能耗、物流纯度和工艺经济条件。

h. 开放的环境　可以很容易地和内部产品或者第三方软件互相整合。可以使用微软的 Excel、FORTRAN 或者 Aspen Custom Modeler 来创建模型，Aspen Plus 支持工业标准，比如 CAPE-OPEN 和 IK-CAPE，AspenTech 是 CAPE-OPEN 实验室网络的会员。

⑨ 详细的换热器设计和核算　Heatx 使 Aspen plus 与下面软件有接口：TASC/Aspen Hetran the Aspen B-JAC and HTFS（管壳式换热器设计、multitude 换热器、套管式换热器）；ACOL/Aspen Aerotran the Aspen B-JAC and HTFS（空冷器设计）。新版本软件将上述所有换热器模块整合为 EDR（Exchanger Designing and Rating）软件模块。

4.1.3　接口选项

以下接口选项扩展了 Aspen Plus 的应用范围，增强了过程生命周期的管理。

① Aspen Split 选项　是 AspenTech 提供的一个工具，它可以用来进行有非理想汽液平衡行为的化学混合物分离的蒸馏方案概念设计。如果用户有 Split 授权，可以使用它显示单塔可行的分离限制，并且设计出这种混合物分离的先进方案。Split 概念设计工具可以应用在 Aspen Plus 流程图环境中，并且可以直接使用设计结果数据初始化严格的塔模拟。

② Aspen OLI 接口　基于 OLI 系统的先进技术，使 Aspen Plus 能够对复杂的电解液系统进行分析，扩展了 OLI 数据库和热力学性质，包括了超过 3000 的电解种类。

③ Aspen OnLine 选项　允许 Aspen Plus 模型和工厂数据连接，并被驱动。它使用户可以把从过程模型中获得的工程知识应用到工厂实际操作环境中。

④ Aspen PEP Process Library 选项　提供了特殊化工行业或聚合体产品的预建模型。这些模型都是基于 SRIC 的过程经济评估细节和流程。

⑤ Aspen Plus HTRI 接口　提供 Aspen Plus 与 HTRI 的接口。

⑥ Aspen Plus Optimizer 选项　闭环实时优化系统，自动创建利润和过程优化以及大范围 Aspen Plus 模型的数据回归。它为实时解决方案提供了健壮的收敛求解方法，并且支持 Web 网传输，所以工厂工程师可以通过连续的工艺优化来最大化利润。

⑦ Aspen Plus SPYRO Equation Oriented 接口　Aspen Plus 可以使用 SPYRO 的乙烯裂化模型，Aspen Plus 的 equation-oriented 功能和乙烯裂化专家技术可以帮助工程师创建高精度乙烯工厂模型，这样很适合实时工厂优化，来增加操作利润。

⑧ Aspen Plus TSWEET 接口　提供 Aspen Plus 和 TSWEET 软件的接口。

4.1.4　目标实现

Aspen Plus 在整个工艺装置的从研发、工程到生产生命周期中，提供了经过验证的巨大的经济效益。它将稳态模型的功能带到工程桌面，传递着无与伦比的模型功能和方便使用的组合。利用 Aspen Plus 公司的工程软件可以设计、模拟、故障诊断和管理有效益的生产装置。

AspenTech 公司的工程软件产品已被用于设计和改进工厂和工艺过程，以使装置全生命操作周期的回报得以最大化；制造与供应链软件产品则让企业提高工厂与供应链的利润。把此两大产品系列结合在一起则创造出了企业运营管理（Enterprise Operations Management，简称 EOM）解决方案，它是一个能让过程工业制造商显著改进操作性能的集成化的企业级系统。

4.1.5　使用说明

Aspen Plus 是一套比较智能化的系统，对于同一操作可有不同的操作方法，而且对于用户应该做什么和如何做，都有比较详细的指示和说明。

(1) 颜色警示

在过程定义过程中，注意到在输入窗口左侧的文件夹上，有不同的颜色标志，其中红色标志表示该项目的数据输入未完成，蓝色则表示已完成。根据不同的标志，用户可以确定该输入哪些数据，并确定数据是否输入完毕，在结果窗口中也有相应的标志代表结果正确或计算有误，这些标志大大方便了数据输入和结果判断的工作。

(2) 状态提示

Aspen Plus 软件的窗口右下角是状态栏，它表示当前工作所处的阶段和状态。在数据输入未完成时显示"Required input incomplete"；在数据输入完毕已可进行计算时显示"Input complete"；计算完毕后结果是否正确可靠也有相应的提示，通过这些提示可以确定结果的可信度。

(3) 输入提示

点击每个页面上的信息填写栏的名称字符串，在下面显示提示该内容的详细解释。

(4) N->（"NEXT"）按钮引导操作

Aspen Plus 提供的下一步按钮 N->（"NEXT"），是一个十分重要的过程定义引导按钮，在设计过程的任意时刻点击它，系统都会自动跳转到当前应当进行的工作，并弹出相应窗口对此操作进行详尽的说明，这为输入数据提供了极大的方便。

上面在 N->（"NEXT"）按钮引导下的操作也可在菜单、目录树结构的文件夹中操作。

4.1.6　物性方法选择

4.1.6.1　具体的成分类型

(1) 一般化学体系

① 压力大于 10bar（1bar＝0.1MPa）　用带有高级混合规则的状态方程，比如 Wong-Sandler，MHV1，MHV2 或者 Mathias-Klotz-Prausnitz 混合规则。

其他可以选的有 SR-POLAR，PRWS，RKSWS，PRMVH2，RKSMVH2，SRK，

PSRK，HYSGLYCO 等。

一般为了获得最好的结果很多状态方程需要二元交互作用参数。如果不知道二元交互作用参数，就用 SR-POLAR 或 PSRK 这些带预测性的状态方程。

对于制冷剂来说最好用 REFPROP。

② 压力不大于 10bar　用活度系数法，比如 NRTL，Wilson，UNIQUAC 或者 UNIFAC。

但是还要考虑以下几个方面：羧酸是否存在；是否为电解质体系；是否 Henry 组分（不可压缩组分）；HF 是否存在；双液相是否存在。

(2) 含烃体系

① 包含原油评价或虚拟组分

a. 真空环境　一般用 BK10（Braun K-10）或 MXBONNEL（Maxwell-Bonnell）。

b. 非真空环境　一般用 CHAO-SEA（Chao-Seader）或 GRAYSON（Grayson-Streed），也能用 HYSYS 版本的状态方程 HYSSRK 和 HYSPR。如果体系含氢，也可以用 BK10（Braun K-10）或者像 SRK（Soave-Redlich-Kwong）和 PENG-ROB（Peng-Robinson）这样的状态方程。

② 不包含原油评价或虚拟组分　一般用标准的状态方程，比如 PENG-ROB（Peng-Robinson），SRK（Soave-Redlich-Kwong），或者 LK-PLOCK（Lee-Kesler-Plocker）。也能用 HYSYS 版本的状态方程 HYSSRK 和 HYSPR。

(3) 特殊体系（水，胺类，酸水，羧酸，HF，电解质）

① 胺类　可以用以下几种模型。

a. AMINES　Kent-Eisenberg 模型；

b. ELENRTL　带有 Redlich-Kwong 状态方程的电解质 NRTL 模型；

c. ENRTL-RK　ELECNRTL 的加强版，和 ELECNRTL 一样，运用了不对称的标准态。

② 含羧酸（比如醋酸）的混合物　为了使气（汽）相缔合，一般用带有 Nothnagel 或 Hayden-O'Connel 模型的活度系数模拟，例如 NRTL-HOC 或 WILS-NTH。有机酸比如醋酸在气（汽）相会形成二聚物，需要具体的模型去解释非理想相的状态。

③ 电解质体系　可以用 ELENRTL，即带有 Redlich-Kwong 状态方程的电解质 NRTL 模型（适用含水或混合剂）。

a. ENRTL-RK　ELECNRTL 的加强版，和 ELECNRTL 一样，运用不对称的标准态；

b. ENRTL-SR　和 ENRTL-RK 类似，只是运用对称的标准态（可用于含水的或不含水的电解质体系）；

c. PITZER　Pitzer 适用于含水的电解质系统。

此外，还能用系统自带的 Electrolyte Wizard 帮助形成需要的反应和反应物。

④ HF 体系　为了使气（汽）相缔合，可用 WILS-HF 或 ENRTL-HF，或者任何带有 HF 状态方程的活度系数法。也可以用内置的 WILS-HF 或 ENRTL-HF 物性方法。也可以开始用 WILS-HF 物性方法，然后到性质/物性方法/模型表格选择 NRTL 模型。

由于 HF 在气相会首先形成六聚物，这需要具体的模型去解释这非理想相的状态，因此可以用的状态方程模型是 ESHF。

⑤ 酸水系统　可以用 APISOUR：API 酸水法。

⑥ 只有水的系统

a. STEAM-TA　ASME 1967 水蒸气表统计；

b. STEAM-NBS　1984 NBS 水蒸气表；
c. STEAMNBS2　1984 NBS 水蒸气表，和 STEAMNBS 一样，但是根搜索法不一样；
d. IAPWS-95　1995 IAPWS 为常规和科学应用提出的公式；
e. IAPWS-95　水和蒸汽现行被推荐的标准性质。

(4) 制冷剂体系

可以用通过 NIST 开发的 REFPROP 物性方法。

4.1.6.2　具体的工艺类型

(1) 一般化学体系

一般用一个基本的活度系数物性方法就可以，比如 NRTL、WILSON、UNIQUAC 及其变形。对于初步设计，最初的 UNIFAC 或 Dortmund 改进的 UNIFAC (UNIF-DMD) 都能使用。

压力大于 10bar 时，用带有高级混合规则的状态方程，比如 Wong-Sandler，MHV1，MHV2 或者 Mathias-Klotz-Prausnitz 混合规则。其他可以选的有 SR-POLAR，PRWS，RKSWS，PRMVH2，RKSMVH2，SRK，PSRK，HYSGLYCO 等。

(2) 电解质体系

可以用 ELENRTL——带有 Redlich-Kwong 状态方程的电解质 NRTL 模型（适用含水或混合剂）。

① ENRTL-RK　ELECNRTL 的加强版，和 ELECNRTL 一样，运用了不对称的标准态；

② ENRTL-SR　和 ENRTL-RK 类似，只是运用对称的标准态（可用于含水的或不含水的电解质体系）；

③ PITZER　Pitzer 适用含水的电解质系统。

此外，还能用系统自带的 Electrolyte Wizard 帮助形成需要的反应和反应物。

(3) 环境相关的体系

一般用一个基本的活度系数物性方法就可以，比如 NRTL，WILSON，UNIQUAC 和它们的变形。对于初步设计，Dortmund 改进的 UNIFAC (UNIF-DMD) 可以直接使用。这类应用最重要的是能精确地表现出微量成分的情况，因此为确保选择的物性方法能精确描述感兴趣的微量组分在无限稀释中的活度系数，需要检查修改适当的二元交互作用参数。

(4) 天然气工艺

一般一个三次方的基础物性方程就能适用，比如 PENG-ROB 或 SRK，也可以用 HYSYS 版本的状态方程 HYSSRK 和 HYSPR。天然气的储存交接计算用 GERG2008。

(5) 矿产和冶金

对于热冶学选用 SOLIDS 或者 FACT 物性方法。FACT 物性方法需要外部的 ChemSage 数据文件和 ChemApp 证书，可以在 Aspen/FACT/ChemApp 界面设置。湿法冶金用 ELECNRTL 或 ENRTL-RK 物性方法就可以了。

(6) 油气系统

一般一个三次方的基础物性方程就能适用，比如 PENG-ROB，RK-SOAVE，SRK，PR-BM，RKS-BM，HYSPR，HYSSRK 或者 PC-SAFT。

(7) 石化体系

可以广泛地根据工艺涉及的内容选择物性方程。状态方程和活度系数可能都可以使用。

(8) 聚合物系

使用一个聚合的物性方法，举例如下。

PC-SAFT： 适合共聚，这个模型控制缔合；
POLYNRTL： 带亨利定律的 Polymer-NRTL/Redlich-Kwong 状态方程；
POLYFH： 带亨利定律的 Flory-Huggins/Redlich-Kwong 状态方程；
POLYSL： Sanchez-Lacombe；
POLYSRK： 有预测聚合的 Redlich-Kwong-Soave 状态方程；
POLYUF： 符合亨利定律 UNIFAC/Redlich-Kwong 状态方程；
POLYUFV： 符合亨利定律 UNIFAC 自由体积/Redlich-Kwong 状态方程；
POLYPCSF： Perturbed-Chain 统计缔合流体理论（PC-SAFT）；
EPNRTL： 符合 Redlich-Kwong 状态方程的 Electrolyte-Polymer NRTL 模型，适用于水溶液、混合溶液也包括聚合。

这些方法可以在 Polymers Plus 和 Aspen Properties 存在时应用。

（9）动力系统

可和燃烧数据库一起用 PR-BM 或 RKS-BM。

对于蒸汽循环可用一个蒸汽表方法，如 STEAM-TA、STEAMNBS 或 IAPWS-95。IAPWS-95 为水和蒸汽现行被推荐的标准性质。

（10）精炼系统

一般的物性方法比如 BK10、Chao-Seader 和 Grayson-Streed 适用于这种系统。一个三次方的基础物性方程比如 Peng-Robinson 或 SRK 也能被用来进行模拟计算。

（11）制药系统

一般的物性方法如 NRTL、UNIFAC、NRTL-SAC、COSMOSAC 或 HANSEN 适用于这种系统。

4.1.7 功能

Aspen Plus 软件具有以下几种功能。

（1）优化工程工作流

Aspen Plus 在整个工艺生命周期优化工程工作流。

（2）回归实验数据

用简单的设备模型，初步设计流程用详细的设备模型，严格地计算物料和能量平衡，确定主要设备的大小，在线优化完整的工艺装置。Aspen Plus offline and Aspen RT-OptAspen Plus 根据模型的复杂程度，支持规模工作流。可以从简单的、单一的装置流（过）程到巨大的、多个工程师开发和维护的整厂流程。分级模块和模板功能使模型的开发和维护简化。

（3）工程能力

Aspen Plus 提供了单元操作模型到装置流程模拟。这些模型的可靠性和增强功能已经经过 30 多年经验的验证和数以百万计实例证实。

Aspen Plus 在整个工艺装置从研发、工程到生产的生命周期中，提供了经过验证的巨大的经济效益。它将稳态模型的功能带到工程桌面，传递着无与伦比的模型功能和方便使用的组合。利用 Aspen Plus，公司可以设计、模拟、瓶颈诊断和管理有效益的生产装置。

（4）模型/流程分析功能

Aspen Plus 提供一套功能强大的模型分析工具，最大化工艺模型的效益，包括如下。

① 收敛分析　自动分析和建议优化的撕裂物流、过程收敛方法和计算顺序，即使是巨大的具有多个物流和信息循环的流程，收敛分析非常方便。

② calculator models 计算模式　包含在线 Fortran 和 Excel 模型界面。

③ 灵敏度分析　非常方便地用表格和图形表示工艺参数随设备规定和操作条件的变化。

④ 案例研究　用不同的输入进行多个计算、比较和分析。

⑤ 设计规定能力　自动计算操作条件或设备参数，满足规定的性能目标。

⑥ 数据拟合　将工艺模型与真实装置数据进行拟合，确保精确的和有效的真实装置模型。

⑦ 优化功能　确定装置操作条件，最大化任何规定的目标，如收率、能耗、物流纯度和工艺经济条件。

4.1.8　叙词表

Aspen Plus 叙词表如表 4-1 所列。

表 4-1　**Aspen Plus 叙词表**

叙词	意义	叙词	意义
atm	标准大气压(1atm=101.3kPa)	Extract	对液体采用萃取剂进行逆流萃取的精确计算
Bar	巴,压力单位(1bar=0.1MPa)		
BaseMethod	基本方法,包含了一系列物性方程	Find	根据用户提供的信息查找到所要的物质
Batch	批量处理		
BatchFrac	用于两相或三相间歇式精馏的精确计算	Flowsheetingoptions	流程模拟选项
		Formula	分子式
Benzene	苯	Gasproc	气化
Blocks	模型所涉及的塔设备的各个参数	HeatDuty	热负荷
Block-Var	模块变量	HeatExchangers	换热器
ChemVar	化学变量	Heavy key	重关键组分
Columns	塔	IDEAL	物性方程,适用于理想体系
Columnspecifications	塔规格	Input summary	输入梗概
CompattrVar	组分变量	Key component recoveries	关键组分回收率
Components	输入模型的各个组成		
ComponentsId	组分代号	kg/sqcm,	千克每平方厘米
Componentsname	组分名称	Light key,	轻关键组分
Composition	组成	Manipulated variable	操作变量
Condenser	冷凝器	Manipulators	流股调节器
Condenserspecifications	冷凝器规格	Mass	质量
Constraint	约束条件	Mass-Conc	质量浓度
Conventional	常规的	Mass-Flow	质量流量
Convergence	模型计算收敛时所涉及的参数设置	Mass-Frac	质量分数
		Materialstreams	绘制流程图时的流股,包括 work(功)、heat(热)和 material(物料)
Databrowser	数据浏览窗口		
Displayplot	显示所做的图	Mbar	毫巴(mbar)
Distl	使用 Edmister 方法对精馏塔进行操作型的简捷计算	Mixers/splitters	混合器/分流器
		Mmhg	毫米汞柱(1mmHg=133.322Pa)
DSTWU	使用 Winn-Underwood-Gilliland 方法对精馏塔进行设计型的简捷计算	Mmwater	毫米水柱($1mmH_2O$=9.80665Pa)
		Model analysis tools	模型分析工具
DV;D	精馏物汽相摩尔分数	Model library	模型库
ELECNRTL	物性方程适用于中压下任意电解质溶液体系	Mole	摩尔流量
		Mole-Conc	摩尔浓度

叙词	意义	叙词	意义
Mole-Flow	摩尔流量	RECOVL	轻关键组分回收率
Mole-Frac	摩尔分数	Refinery	精炼
MultiFrac	用于复杂塔分馏精确计算,如吸收/汽提耦合塔	Reflux ratio	回流比
		Reinitialize	重新初始化
N/sqm	牛顿每平方米（N/m²）	Result summary	结果梗概
NSTAGE	塔板数	Retrieve parameter results	结果参数检索
Number of stages	塔板数		
OilGas	油气化	RKS-BM	物性方程,适用于所有温度及压力下非极性或者极性较弱的体系
Optimization	最优化		
Overallrange	灵敏度分析时变量变化范围	RKSMHV2	物性方程,适用于较高温度及压力下极性或非极性的轻组分气体化合物体系
Pa	国际标准压力单位		
PACKHEIGHT	填料高度		
Partial condenser with all vapor distillate	产品全部是汽相的部分冷凝器	RK-SOAVE	物性方程,适用于所有温度及压力下的非极性或极性较弱的混合物体系
Partial condenser with vapor and liquid distillate	有汽液两相产品的部分冷凝器	RKSWS	物性方程,适用于较高温度及压力下极性或非极性的轻组分气体化合物体系
PBOT	塔底压力		
PENG-ROB	物性方程,适用于所有温度及压力下的非极性或极性较弱的混合物体系	RR	回流比
Petchem	聚酯化合物	Run status	运行状态
PetroFrac	用于石油精炼中的分馏精确计算如预闪蒸塔	SCFrac	复杂塔的精馏简捷计算如常减压蒸馏塔和真空蒸馏塔
Plot	图表	Sensitivity	灵敏度
PR-BM	物性方程,适用于所有温度及压力下非极性或者极性较弱的体系	Separators	分离器
		Solids	固体操作设备
Pressure	压力	SR-POLAR	物性方程,适用于较高温度及压力下极性或非极性的轻组分气体化合物体系
PressureChangers	压力转换设备		
PRMHV2	物性方程,适用于较高温度及压力下极性或非极性的化合物混合体系	State variables	状态变量
Process type	处理类型	Stdvol	标准体积流量
Properties	输入各物质的物性	Stdvol-Flow	标准体积流量
Property methods & models	物性方法和模型	Stdvol-Frac	标准体积分数
		Stream	各个输入输出组分的流股
Psi	英制压力单位:磅力/平方英寸（1psi=6894.76Pa）	StreamVar	流股变量
		Substream name	分流股类型
Psig	磅力/平方英寸（表压）	Temperature	温度
PSRK	物性方程,适用于较高温度及压力下极性或非极性的轻组分气体化合物体系	Toluene	甲苯
		Torr	托,真空度单位（1Torr=133.322Pa）
		Total condenser	全凝器
PTOP	塔顶压力	Total flow	总流量
RadFrac	用于简单塔两相或三相分馏的精确计算	UNIQUAC	物性方程,适用于极性和非极性强非理想体系
RateFrac	用于基于非平衡模型的操作型分馏的精确计算	Utility Var	公用工程变量
		Vaiable number	变量数
Reactions	模型中各种设备所涉及的反应	Vapor fraction	汽相分率
Reactors	反应器	Volume	体积流量
ReactVar	反应变量	X-Axis variable	作图时的横坐标变量
Reboiler	再沸器	Y-Axis variable	作图时的纵坐标变量
RECOVH	重关键组分回收率		

4.2 化工过程模拟软件 PRO/Ⅱ

4.2.1 简介

1988年美国的模拟公司 Simsci 发布了该公司的新一代过程模拟软件 PRO/Ⅱ，该模拟软件的主要特点：①系统是开放式结构，可以随意组合单元，模拟自己的工艺过程，组分数、塔板数、物流数、循环数均无限制；②物性数据更丰富，应用领域更广泛；③输入、输出采用窗口技术，图形技术，使用更方便；④增加了一些 Help 模块。

模拟软件 PRO/Ⅱ是基于稳态化工模拟，进行优化、灵敏度分析和经济评价的大型化工过程模拟软件。它是采用序贯模块法进行过程模拟，用户可根据自己的需要选择单元操作模块来组成不同的过程模拟系统。

该软件被广泛地应用在石油、石化、工业化工以及工程和制造相关专业。SIMSCI 设计的软件产品可以降低用户的成本、提高效益、提高产品质量、增强管理决策。PRO/Ⅱ主要用来模拟设计新工艺、评估改变的装置配置、改进现有装置、依据环境规则进行评估和证明、消除装置工艺瓶颈、优化和改进装置产量和效益等。

PROⅡ有标准的 ODBC 接口，可同换热器计算软件或其他大型计算软件相连，另外还可与 WORD、EXCEL 数据库相连，计算结果可在多种方式下输出。

Simsci PRO/Ⅱ流程模拟程序，广泛地应用于化学过程的严格的质量和能量平衡计算。

4.2.2 主要功能及特征

(1) 适用的行业

油/气加工、炼油、化工、化学、聚合物、精细化工和制药等。

① 聚合物　自由基聚合、一般目的的聚合（苯乙烯）、低密度聚合（乙烯）、聚合（甲基丙烯酸甲酯）、聚合（乙烯基乙酸酯）、链增长聚合、聚酯、酰胺-尼龙6、尼龙6/6、尼龙6/12、共聚、聚合（苯乙烯-甲基丙烯酸甲酯）、聚合（乙烯-乙烯基乙酸酯）。

② 炼油　原油预热、常压蒸馏、减压塔、FCC 主分馏塔、焦炭塔、汽提装置、汽油稳定、石脑油分离和汽提、反应精馏、变换和甲烷化反应器、酸水分离器、硫和 HF 烷基化、脱异丁烷塔。

③ 化工　乙烯分离塔、C_3 分离塔、芳烃分离塔、环己烷装置、MTBE 分离制造厂、萘转化、烯烃生产、氧化生产、丙烯氯化。

④ 气体加工　胺脱硫、多级冷冻、压缩机组、脱乙烷塔和脱甲烷塔、膨胀装置、气体脱氢、水合物生成/抑制、多级平台操作、冷冻回路、透平膨胀机优化。

⑤ 制药　间歇精馏、间歇反应。

(2) 模拟应用

设计新工艺、评估改变的装置配置、改进现有装置、依据环境规则进行评估和证明、消除装置工艺瓶颈、优化和改进装置产量和效益。

(3) PRO/Ⅱ典型的化学工艺模型

合成氨、共沸精馏和萃取精馏、结晶、脱水工艺、无机工艺、液-液抽提、苯酚精馏、固体处理。

① 一般化的闪蒸模型　闪蒸、阀、压缩机/膨胀机、泵、管线、混合器/分离器。

② 精馏模型　Inside/out，SURE，CHEMDIST 算法、两/三相精馏、四个初值估算器、电解质、反应精馏和间歇精馏、简捷模型、液-液抽提、填料塔的设计和核算、塔板的设计和核算、热虹吸式再沸器。

③ 换热器模型　管壳式、简单式和 LNG 换热器，区域分析、加热/冷却曲线。

④ 反应器模型　转化和平衡反应、活塞流反应器、连续搅拌罐式反应器、在线 Fortran 反应动力学、吉布斯自由能最小、变换和甲烷化反应器、沸腾釜式反应器、Profimatics 重整和加氢器模型界面、间歇反应器。

⑤ 聚合物模型　连续搅拌釜反应器、活塞流反应器、刮膜蒸发器。

⑥ 固体模型　结晶器/溶解器、逆流倾析器、离心分离器、旋转过滤器、干燥器、固体分离器、旋风分离器。

(4) PROⅡ基本数据库

① 组分数据库　2000 多纯组分库、以 DIPPR 为基础的库、固体性质、1900 多组分/种类电解质库、非库组分、虚拟组分和性质化验描述、用户库、根据结构确定性质、多个化验混合、用于聚合物的 Van Krevelen 方法。

② 混合物数据　用于 3000 多 VLE 二元作用在线二元参数、用于 300 多 LLE 二元作用在线二元参数、用于 2200 在线共沸混合物参数估算、专用数据包、酒精脱水、天然气脱水、带有三乙烯乙二醇、来自 GPA（GPSWAT）的酸水包、气体和液体氨处理、硫醇等。

4.2.3　功能模块划分

(1) PRO/Ⅱ基本包

PRO/Ⅱ软件是一个综合性的软件，基本包可满足一个综合性的石油化工厂工艺过程流程模拟分析要求，其模型功能详见 PRO/Ⅱ中文及英文相关资料。

(2) 附加模块

分为接口模块和应用模块。

① 接口模块　HTFS、PRO/Ⅱ-HTFS Interface 可以自动从 PRO/Ⅱ数据库检索物流物性数据，并用该数据创建一个 HTFS 输入文件。然后 HTFS 能输出该文件，以访问各种物流物性数据。

a. HTRI、PRO/Ⅱ-HTRI Interface 可以从 PRO/Ⅱ数据库检索数据，并创建一个用于各种 HTRI 程序的 HTRI 输入文件。来自 PRO/Ⅱ热物理性质计算的物流性质分配表提供给 HTRI 的严格换热器设计程序。

b. Linnhoff March 来自 PRO/Ⅱ的严格质量和能量平衡结果能传送给 SuperTarget™塔模块，以分析整个分离过程的能量效率。所建议的改进方案就能在随后的 PRO/Ⅱ运行中求出值来。

② 应用模块　Batch 搅拌釜反应器和间歇蒸馏模型能够独立运行或作为常规 PRO/Ⅱ流程的一部分运行。操作可通过一系列的操作方案来说明，具有很强的灵活性。

a. Electrolytes　该模块严密结合了由 OLI Systems，Inc 开发的严格电解质热力学算法。电解质应用包作为该模块的一部分，进一步扩展了一些功能，如生成用户电解质模型和创建、维护私有类数据库。

b. Polymers　能模拟和分析从单体提纯和聚合反应到分离和后处理范围内的工业聚合工艺。对于 PRO/Ⅱ 的独到之处是通过一系列平均分子质量分数来描述聚合物组成，可以准确模拟聚合物的混合和分馏。

c. KBC Profimatics　KBC Profimatics 重整器和加氢器模型被添加到 PRO/Ⅱ 单元操作。PRO/Ⅱ 的独到之处在于，由这些反应修改的基础组分和热力学性质数据可被自动录入。

4.3　化工过程模拟软件 ChemCAD

ChemCAD 是由 Chemstations 公司推出的一款化工过程模拟软件，它主要用于化工生产方面的工艺开发、优化设计和技术改造。由于 ChemCAD 内置的专家系统数据库集成了多个方面的数据，使得 ChemCAD 可以应用于化工生产的诸多领域。

ChemCAD 对用户来说使用比较简单，外观及感觉和用户熟悉的 Windows 程序十分相似，操作方便，软件内置了强大的标准物性数据库，能够大大地提高企业生产力。

4.3.1　主要功能和特色

ChemCAD 的主要功能有以下几项。
① 设计更有效的新工艺和设备使效益最大化。
② 通过优化/脱瓶颈改造减少费用和资金消耗。
③ 评估新/旧装置对环境的影响。
④ 通过维护物性和实验室数据的中心数据库支持公司信息系统。

4.3.2　应用范围

ChemCAD 的应用范围包含了化学工业领域的多个方面，如炼油、石化、气体、气电共生、工业安全、特化、制药、生化、污染防治、清洁生产等。它可以对这些领域中的工艺过程进行计算机模拟并为实际生产提供参考和指导。

ChemCAD 内置了功能强大的标准物性数据库，它以 AIChE 的 DIPPR 数据库为基础，加上电解质共约 2000 多种纯物质，并允许用户添加多达 2000 个组分到数据库中，可以定义烃类虚拟组分用于炼油计算，也可以通过中立文件嵌入物性数据，从 5.3 版开始还提供了 200 多种原油的评价数据库，是工程技术人员用来对连续操作单元进行物料平衡和能量平衡核算的有力工具。

使用者可以在计算机上建立和现场装置吻合的数据模型，并通过运算模拟装置的稳态和动态运行，为工艺开发、工程设计以及优化操作提供理论指导。在工程设计中，无论是建立一个新厂或是对老厂进行改造，ChemCAD 都可以用来选择方案，研究非设计工况的操作以及工厂处理原料范围的灵活性。工艺设计模拟研究不仅可以避免工厂设备交付前的费用估算错误，还可用模拟模型来优化工艺设计，同时通过一系列的工况研究，来确保工厂能在较大范围的操作条件内良好运行。即使是在工程设计的最初阶段，也可用这个模型来估计工艺条件变化对整个装置性能的影响。

对于老厂，由 ChemCAD 建立的模型可用于工程技术人员改进工厂操作，是提高产量产率、减少能量消耗、降低生产成本的有力工具。可模拟确定操作条件的变化以适应原料、产品要求和环境条件的变化，也可模拟研究工厂合理化方案以消除"瓶颈"问题，或模拟采用先进技术改善工厂状况的可行性，如采用改进的催化剂、新溶剂或新的工艺过程操作单元。

4.3.3 模块划分

ChemCAD 化工过程模拟平台

CC-STEADY STATE（稳态过程模拟模块）　　　　CC-DYNAMICS（动态过程模拟模块）

CC-THERM（换热器设计与分析模块）　　　　　　CC-BATCH（间歇精馏设计模拟模块）

CC-SAFETY NET（紧急排放及管网设计分析模块）　CC-ONLINE（在线模拟与优化分析模块）

ChemCAD 将稳态模拟、动态模拟、间歇操作、安全设计、管网分析等计算功能，与换热器设计、塔器设计、容器设计等多项装置的设计功能，完全集成于单一的软件接口，相互支持、灵活运用，使工艺设计、计算分析更精确完善，完全不存在数据传递或软件接口出错的问题，极大地提高了工程仿真的计算效率。

4.3.4 使用方法

ChemCAD 高度集成、界面友好、操作简单，按需设置好参数，便可使用。

(1) 画流程图

单击菜单栏 File 按钮，选择 New Job，在弹出的文件保存对话框中选好路径后单击保存便完成了模块新建任务。此时操作界面会有所改变，菜单栏和工具栏选项都有所增加，且会弹出画流程图的面板，面板上一个符号代表一种设备或工具。左键单击面板，此时鼠标会变成小方框，然后在空白处单击，便可添加相应的设备。将相应的设备连接好，按需画好流程图后，便可开始下一步的操作。

画流程图这一步，可以全部由自己画出，也可由附带的模块修改而成，方法是：单击 File 按钮，选择 Open Job，弹出选择模块对话框，在相应的路径中选择相应的模块后，单击打开，便打开了所选模块，然后在菜单栏中选择 Edit Flowsheet，这个按钮会变为 Run Simulation，并弹出画流程图的操作面板，这时便可开始编辑流程图。

要改变流程线路时，右键单击要改变线路，选择 Reroute stream，将弹出一个跟随鼠标移动的大的十字虚线，便可开始布线。

若要改变流程图中的操作单元，右键单击要改变单元，选择 Swap unit，然后在面板中选择需要的单元，在相应的位置单击便可完成操作单元的更换；若需在流程图线路中插入操作单元，右键单击相应位置，选择 Insert unit，在面板中选择需要的单元，然后在相应位置单击便完成了插入操作。除了以上操作外，还可以删除线路或单元。

(2) 设置单位

在菜单栏中单击 Format，然后单击 Engineering Units，会弹出一个对话框，可选择 Alt SI、SI 等多个单位标准，选好后单击 OK，便可完成单位设置。

(3) 选择组分

单击菜单栏 Thermophysical，选择 Component list，这时会弹出一个对话框，在组分数据库右侧选择需要的组分，单击 Add，再单击 OK，完成组分添加。

(4) 选择热力学模型

单击 Thermophysical，选择 K-values，会弹出一个对话框，设置好后单击 OK，便完成了 K 值设置；接着是设置焓，同样是在 Thermophysical 菜单下，选择 Enthalpy，设置好后单击 OK 即可完成；然后在 Thermophysical 菜单中选择 K-Value Wizard，这一项可以设置温度、压强等的最大和最小值。在 Thermophysical 菜单中还有电解液等选项，只要按需设置好即可。

(5) 指定详细进料物流

每一个物料（包括原料和产品）都必须详细设置。单击菜单栏 Specifications，在弹出的菜单中选择相应的选项进行设置。单击 Specifications，选择 Select Streams，弹出 ID 号输入对话框，输入 ID 号，单击 OK，弹出编辑对话框，设置好相应的选项后单击 OK 即可。设置好这一项可以计算相关的泡点或露点值。

(6) 详细指定单元操作

左键双击或在 Specifications 菜单中选择 Select Unitops 选项，弹出设置对话框，框中有一个 Help 按键，单击弹出帮助文档，可以查看详细内容。设置好后单击 OK，弹出提示对话框，提示错误或警告，因为错误的设置会使系统运行时出现错误或不能运行，不能得到准确的数据。错误提示是为了阻止系统运行，警告是为了提示用户设置要正确，如果不管就可以忽略，系统会照常运行。

(7) 运行模拟计算

可以选择整个系统或单个操作单元运行，也可以选择一个循环线路运行，只需在 Run 菜单中分别选择 Run All、Run Selected Units 或 Recycles 即可实现。执行后两个操作时会弹出一个对话框，单击所要运行的单元，单击 OK 便开始运行。还可设置运行顺序，只需在 Run 菜单中选择 Calculation Sequence，在弹出的对话框中设置好后单击 OK 即可。

(8) 查看运行结果

单击 Results，在弹出的菜单中选择需要查看的选项，就会有一个文档弹出来，里面有详细的结果。查看运行结果之后，便可计算设备规格，然后按需优化，最后生成物料流程图。

4.3.5 功能扩展

ChemCAD 的功能扩展可以通过用户新建流程图来实现。ChemCAD 内置了强大的数据库，用户可以新建或在已有流程图的基础上进行修改。由于面板中所提供的设备有限，ChemCAD 提供了画设备的工具，用户可以按照自己的需要画好一个符号，然后设置好相关的参数，便可作为一种设备使用。

此外，开发 ChemCAD 的 Chemstations 公司也在不断扩大其数据库，有些现在还不能处理的生产流程，可以将方案提交给 Chemstations 公司来处理。相信在不久的将来，ChemCAD 的功能将更为强大，应用领域将更加广泛。

4.4 工艺流程模拟软件 HYSYS

HYSYS 软件是世界著名油气加工模拟软件工程公司 Hyprotech 公司开发的大型专家系统软件。该软件分动态和稳态两大部分，其稳态部分主要用于油田地面工程建设设计和石油石化炼油工程设计计算分析，动态部分可用于指挥原油生产和储运系统的运行。

4.4.1 主要应用领域

(1) 在油田地面工程建设中的应用

用于各种集输流程的设计、评估及方案优化；站内管网、长输管线及泵站；管道停输的温降；收发清管球及段塞流的预测；油气分离；油、气、水三相分离；油气分离器的设计计算；天然气水化物的预测；油气的相图绘制及预测油气的反析点；原油脱水；原油稳定装置设计、优化；天然气脱水（甘醇或分子筛）、脱硫装置设计、优化；天然气轻烃回收装置设计、优化；泵、压缩机的选型和计算等。

(2) 在石油石化炼油方面的应用

用于常减压系统设计、优化；FCC 主分馏塔设计、优化；气体装置设计与优化；汽油稳定、石脑油分离和汽提、反应精馏、变换和甲烷化反应器、酸水分离器、硫和 HF 烷基化、脱异丁烷塔等设计与优化；在气体处理方面，可完成胺脱硫、多级冷冻、压缩机组、脱乙烷塔和脱甲烷塔、膨胀装置、气体脱氢、水合物生成/抑制、多级平台操作、冷冻回路、透平膨胀机优化等。

4.4.2 国内外应用情况

Hyprotech 公司创建于 1976 年，是世界上最早开拓石油、化工方面的工业模拟、仿真技术的跨国公司。其技术广泛应用于石油开采、储运、天然气加工、石油化工、精细化工、制药、炼制等领域。它在世界范围内石油化工模拟、仿真技术领域占主导地位。Hyprotech 已有 17000 多家用户，遍布 80 多个国家，其注册用户数目超过世界上任何一家过程模拟软件公司。

目前世界各大主要石油化工公司都在使用 Hyprotech 的产品，包括世界上前 15 家石油和天然气公司，前 15 家石油炼制公司中的 14 家和前 15 家化学制品公司中的 13 家。2002年 7 月 Hyprotech 公司成为 AspenTech 公司的一部分。

Hyprotech 公司国外用户：BP、Chevron、Dow、DuPont、Exxon Mobil、Fluor Daniel、Monsanto、Glaxo SmithKline、Rohm Hass、Bayer、Shell、PraxAir、UOP 等。

HYSYS 在国内应用非常广泛，国内用户总数已超过 50。所有的油田设计系统全部采用该软件进行工艺设计。

4.4.3 主要功能

HYSYS 软件与同类软件相比具有非常好的操作界面，方便易学，软件智能化程度高。

① 先进的集成式工程环境 由于使用了面向目标的新一代编程工具，使集成式的工程模拟软件成为现实。在这种集成系统中，流程、单元操作是互相独立的，流程只是各种单元操作目标的集合，单元操作之间靠流程中的物流进行联系。在工程设计中稳态和动态使用的是同一个目标，然后共享目标的数据，不需进行数据传递。因此在这种最先进且易于使用的系统中用户能够得到最大的效益。

② 内置人工智能 在系统中设有人工智能系统，它在所有过程中都能发挥非常重要的作用。当输入的数据能满足系统计算要求时，人工智能系统会驱动系统自动计算。当数据输入发生错误时，该系统会告诉你哪里出了问题。

③ 数据回归整理包 数据回归整理包提供了强有力的回归工具。用实验数据或库中的标准数据。通过该工具用户可得到焓、汽液平衡常数 K 的数学回归方程（方程的形式可自

定)。用回归公式可以提高运算速度,在特定的条件下还可使计算精度提高。

④ 严格物性计算包　HYSYS 提供了一组功能强大的物性计算包,它的基础数据也是来源于世界负有盛名的物性数据系统,并经过本公司的严格校验。这些数据包括 20000 个交互作用参数和 4500 多个纯物质数据。

⑤ 功能强大的物性预测系统　对于 HYSYS 标准库没有包括的组分,可通过定义假组分,然后选择 HYSYS 的物性计算包来自动计算基础数据。

⑥ DCS 接口　HYSYS 通过其动态链接库 DLL 与 DCS 控制系统链接。装置的 DCS 数据可以进入 HYSYS,而 HYSYS 的工艺参数也可以传回装置。通过这种技术可以实现:a. 在线优化控制;b. 生产指导;c. 生产培训;d. 仪表设计系统的离线调试。

⑦ 事件驱动　将模拟技术和完全交互的操作方法结合,使 HYSIM 获得成功。而利用面向目标的技术使 HYSYS 这一交互方式提高到一个更高的层次,即事件驱动。当你在研究方案时,需要将许多工艺参数放在一张表中,当变化一种或几种变量时,另一些也要随之而变,算出的结果也要在表中自动刷新。这种几处显示数据随计算结果同时自动变化的技术就叫事件驱动。通过这种途径能使工程师对所研究的流程有更彻底的了解。

⑧ 工艺参数优化器　软件中增加了功能强大的优化器,它有五种算法可供选择,可解决无约束、有约束、等式约束及不等式约束的问题。其中序列二次型是比较先进的一种方法,可进行多变量的线性、非线性优化,配合使用变量计算表,操作者可将更加复杂的经济计算模型加入优化器中,以得到最大经济效益的操作条件。

⑨ 窄点分析工具　利用 HYSYS 的窄点分析技术可对过程中的热网进行分析计算,合理设计热网,使能量的损失最小。

⑩ 方案分析工具　某些变量按一定趋势变化时,其他变量的变化趋势如何呢?了解这些对方案分析非常重要。比如,当研究塔的回流比和产品质量的变化对热负荷、产量、温度的影响时,在 HYSYS 的方案分析中选回流比和产品质量作为自变量,给出它们的变化范围和步长,HYSYS 就开始计算,最后会给出一个汇总表。

⑪ 各种塔板的水力学计算　HYSYS 增加了浮阀、筛板等各种塔板的计算,使塔的热力学和水力学同时解决。

⑫ 任意塔的计算　前文介绍的软件中所有分馏塔都是软件商提供了一个最全的塔,然后让用户自己选择保留部分。试问,若用户有一个塔,其上部分为吸收-解析塔,下部分为提馏塔,这种塔该如何计算呢?HYSYS 就可以解决这一问题。由于采用了面向目标的编程工具,塔板、再沸器、泵、回流罐等都是相互独立的目标。人们可以任意组合这种目标,而完成各种各样的任意塔,十分方便。

4.4.4　热力学方法

① HYSYS 软件有 20000 多个纯组分。
② 可供选择的物性计算方法:

Peng Robinson	BK10	Chien Null	Virial
Soave Redlich Kwong	Esso Tabular	NTRL	Redlich Kwong
Kabadi Danner	Chao Seader	UNIQUAC	Ideal Gas
Zudkevitch Joffee	Grayson Streed	Margules	Steam
PRSV	Sour PR	Van Laar	Wilson
Modified Antoine	Sour SRK		

③ 20000 多个交互作用参数。

④ 假组分。

⑤ 数据回归包。

⑥ 原油的处理　原油管理器可以对用户的任何实验数据处理、将原油转换成虚拟组分计算、原油管理器中提供大量的关联式供用户选择。

Assay Types——TBP，D86，D1160，D86-D1160，D2887，EFV，Chromatographic

Assay Options——Barometric correction，cracking correction

Property Curves——Viscosity，Density，Molecular Weight

⑦ 单元操作

a. 分离器　两相分离器、三相分离器、固体分离器、旋风分离器、真空过滤器、结晶器。

b. 蒸馏塔　吸收解吸塔、有再沸器的吸收塔、有回流的吸收塔，液-液萃取塔、常减压塔、精馏塔、组分分离器、三相精馏塔（所有塔都能在板上加反应单元进行反应精馏）。

c. 反应器　CSTR，PFR，Gibbs，平衡、转化率。

d. 换热器　LNG 多相流冷箱、加热器、冷却器。

e. 分配单元　管道、混合、分支。

f. 压力变化　泵、压缩机、膨胀机、阀。

g. 逻辑单元　平衡、前置、PID 调节器、电子计算表、传递函数发生器等等。

⑧ 通过微软 OLE 扩展用户功能

a. 建立用户自己的物性包。

b. 增加用户自己的反应方程。

c. 开发自己的专用单元操作。

d. 可用 VB 或 C++开发用户自己的专用模型。

⑨ 分析工具

a. 流程分析器、数据记录器。

b. 窄点分析、换热曲线。

c. 物性分析器。

4.4.5　附加模块功能

① ACM Model Export Option　ACM 导出模块使 ASPEN 系列设计软件创建模型时，可以利用 HYSYS 的稳态或动态模拟数据。

② Aspen OnLine Option　ASPEN 连线模块，允许 HYSYS 模块连接实际的工厂数据，它可以使用户对过程模拟中获得的结果数据和工厂实际操作环境进行比较。

③ Aspen WebModels Option　ASPEN Web 模块使公司可以通过 Web 发布安全、预设好的模块。这可以允许工厂管理人员、操作工程师和经济分析人员使用更严格的模块去优化操作参数并作出更好的商业决策。

④ HYSYS Amines Option　HYSYS 胺处理模块模拟和优化气（汽）相和液相胺处理过程，包括单相、混合相或活性胺；模拟了硫化氢和二氧化碳被工业溶剂高精度吸收反应的过程；更先进的热力学电解质模块 Li-Mather 可以计算出比原有模块更准确的结果，尤其是在处理混合胺方面。这个技术是由合作伙伴 Schlumberger 提供的，是基于 Oilphase-DBR 中的 AMSIM 模块。

⑤ HYSYS Crude Module Option　模拟了原油的组分。由石油的虚拟组分表现烃物流的性能，并预测它们的热力学和传输性质。

⑥ HYSYS Data Rec Option　利用 HYSYS 在线性能监控器和优化程序协调实际装置数据。

⑦ HYSYS Dynamics Option　提供一个完全基于 HYSYS 环境的动态模拟器，稳态模块和动态模块比较后可以得出更严格、精确的有关装置性能资料的结果。

⑧ HYSYS Neural Net Option　使用实际装置的数据模拟那些难以模拟的过程和操作。利用 HYSYS 流程图模型的数据形成一个数据网络处理类似的情况，可以显著提高计算速度。

⑨ HYSYS OLGAS Option　综合了多相流管线的工业标准计算压力变化、流体停顿和流动规则。

⑩ HYSYS OLI Interface Option　基于 OLI 系统的先进技术，包括了超过 3000 种的电解种类，使 HYSYS 能够对复杂的电解液系统进行分析，扩展了 OLI 数据库和热力学性质。

⑪ HYSYS Optimizer Option　优化模块采用最优化的运算法则，基于 SQP（有序二次方程）技术。为工厂的设计优化、在线性能监控器和优化程序提供了优化工具。

⑫ HYSYS PIPESYS Option　PIPESYS 模块使 HYSYS 能够精确进行单相和多相流体的设计、排除故障和优化管线。它可以分析管子的垂直分布、入口装置、管子材料的成分和流体的性质。

⑬ HYSYS Upstream Option　提供了处理石油流体的方法和技术的工业标准。可以在一个方便的界面中输入产品现场数据来建立所需的资本模型。

4.5　换热器设计计算软件 HTRI

HTRI 是一款换热器设计计算软件，软件的全称为 HTRI Xchanger Suite，它支持所有标准的 TEMA 类型的计算，并拥有换热器及燃烧式加热炉的热传递计算以及各类数值的自动计算等特色。

(1) 软件特色

① Xist 支持包括所有的标准 TEMA 类型的计算，并且集成了流体流动导致的振动计算、管子排布工具等。可进行空冷器和冷凝器的设计、核算和模拟计算，包括自然通风（风机停运）和强制通风条件下的计算。

② Xace 包含了供应商的风扇的选择计算，并能够计算由于流动及温度分布不均对空冷器性能所产生的影响。能够对圆筒炉和方箱炉的性能进行模拟计算，Xfh 使用 Hottel 的区域法来计算加热炉各部位的热辐射和工艺侧的性能。与内含的燃烧室和对流室模型一起能够对燃烧式加热炉进行全面的性能评价。能够对板式换热器进行设计、核算和模拟计算。可以使用自定义板型或者内置的制造厂数据库内的板型。

③ Xphe 包含了一个端口流道分布不均计算模型来进行通过每个板片流道的物流计算。用 HTRI 验证的热传递和压降经验公式采用完全增量法来进行单相螺旋板换热器的核算和模拟计算。Xspe 可以进行并流和逆流的螺旋流计算。采用严格的有限元方法进行管壳式换热器管子由于流体流动造成的振动计算。Xvib 考虑了光管和 U 形管的流体激振和涡旋脱落机理。

(2) 主要功能

① Input 打开软件时就出现，在此用来指定模拟需要的基本的输入参数；

② Reports 在模拟完成后显示最后的结果；

③ Graphs 在模拟完成后创建图表和曲线图；

④ Drawings 显示换热器的图片，可以显示模拟前和模拟后的换热器的图；

⑤ Shells-in-Serie 当运行一个 Shells-in-Serie 模拟时自动被选中，当模拟进行时，显示一个中间条件；

⑥ Design 当运行一个 Design 模拟时自动被选中，显示所有的 Design 运行结果。

(3) 更新说明

HTRI Xchanger Suite 采用了在全球处于领导地位的工艺热传递及换热器技术，包含了换热器及燃烧式加热炉的热传递计算及其他相关的计算软件。HTRI 软件包采用了标准的 Windows 用户界面，其计算方法是基于 40 多年来 HTRI 广泛收集的工业级热传递设备的试验数据而研发的。在所拥有的世界上最先进的试验设备和方法上 HTRI 所进行的研究将不断更新和改进，以满足日益发展的工程需要。

HTRI Xchanger Suite 中的所有软件均是非常灵活的，可以严格地规定换热器的几何结构，这种能力使用户可以充分利用 HTRI 所专有的热传递计算和压降计算的各种经验公式，从而十分精确地进行所有换热器的性能预测。

(4) 特性

① 计算模型采用的是完全增量法，使用设备各局部位置的物性进行该位置的热传递和压降计算。

② 详尽的输出报告，提供了包括所有重要参数的局部剖面的详细的计算结果。

③ 全面的在线帮助，给出了背景信息、图表、输入面板和输出报告的解释及用户提示等。

④ 曲线图和"所见即所得"功能，提供了彻底的可视化的计算结果。

⑤ 快速计算工具使用户能够非常容易地完成单位换算和换热器类型的选择。

⑥ Xchanger Suite 包含了 VMGThermo——一个广泛和严格的流体物理性质计算软件，该软件是由 Virtual Materials Group，Inc. 所开发的可进行任意类型的管壳式换热器的设计、核算和模拟计算，包括釜式，夹套式，热虹吸式，管侧回流冷凝器以及降膜蒸发器。

⑦ 进行空冷器和冷凝的设计，核算和模拟计算，包括自然通风（风机停运）和强制通风条件下的计算。

⑧ 能够对圆筒炉和方箱炉的性能进行模拟计算。

⑨ 能够对板式换热器进行设计，核算和模拟计算，可以使用自定义板型或者内置的制造厂数据库内的板型。

4.6 过程设备强度计算软件 SW6

SW6 是过程设备强度计算软件，是压力容器行业的设计计算软件。SW6 是以 GB 150、GB 151、GB 12337、JB 4710 及 JB 4731 等一系列与压力容器、化工过程设备设计计算有关的国家标准、行业标准为计算模型的过程设备强度计算软件。SW6 软件的主要功能和特点如下。

① SW6 包括十个设备计算程序（分别为卧式容器、塔器、固定管板式换热器、浮头式

换热器、填函式换热器、U形管换热器、带夹套立式容器、球形储罐、高压容器及非圆形容器等）以及零部件计算程序和用户材料数据库管理程序。

② 零部件计算程序可对最为常用的受内、外压的圆筒和各种封头，以及开孔补强、法兰等受压元件单独计算，也可对 HG 20582—2011《钢制化工容器强度计算规定》中的一些较为特殊的受压元件进行强度计算。十个设备计算程序则几乎能对该类设备各种结构组合的受压元件进行逐个计算或整体计算。

③ 由于 SW6 以 Windows 为操作平台，不少操作借鉴了类似于 Windows 的用户界面，因而允许用户分多次输入同一台设备的原始数据、在同一台设备中对不同零部件原始数据的输入次序不作限制、输入原始数据时还可借助于示意图或帮助按钮给出提示等，极大方便了用户的使用。一个设备中各个零部件的计算次序，既可由用户自行决定，也可由程序来决定，十分灵活。

④ 为了便于用户对图纸和计算结果进行校核，并符合压力容器管理制度原始数据存档的要求，本软件可以打印用户输入的原始数据。

⑤ 计算结束后，分别以屏幕显示简要结果及直接采用 Word 表格形式，形成按中、英文编排的《设计计算书》等多种方式，给出相应的计算结果，满足用户查阅简要结论或输出正式文件存档的不同需要。

4.7 流体力学分析软件 FLUENT

CFD 是英文 Computational Fluid Dynamics（计算流体力学）的简称。它是伴随着计算机技术和数值计算技术发展起来的。简单地说，CFD 相当于在计算机内进行虚拟实验，用它模拟仿真实际流体的流动情况。而其基本的原理是数值求解控制流体的微分方程，得出流体流动的流场在连续区域上的离散分布，从而近似模拟流体流动的情况。即 CFD＝流体力学＋热学＋数值分析＋计算机科学。

流体力学主要的概念有层流和湍流、牛顿流体和非牛顿流体等。热学包括热力学和传热学。数值分析就是如何用计算机解人工很难完成的计算，如何处理无解析解的方程。计算机科学主要是计算机语言，如 C 语言、Fortran 语言，还包括一些图形处理技术，如在后处理时，为了使用户对结论有一个很直观的认识，就需要若干图表。

FLUENT 是目前国际上比较流行的商用 CFD 软件包，凡是和流体、热传递和化学反应等有关的过程均可使用。它具有丰富的物理模型、先进的数值方法和强大的前后处理功能，在航空航天、汽车设计、石油天然气和涡轮机设计等方面都有着广泛的应用。

(1) 基本情况

FLUENT 可用来模拟从不可压缩到高度可压缩范围内的复杂流动。由于采用了多种求解方法和多重网格加速收敛技术，因而 FLUENT 能达到最佳的收敛速度和求解精度。灵活的非结构化网格和基于解的自适应网格技术及成熟的物理模型，使其在转换与湍流、传热与相变、化学反应与燃烧、多相流、旋转机械、动/变形网格、噪声、材料加工、燃料电池等方面有广泛应用。目前与 FLUENT 配合最好的标准网格软件是 ICEM，而不是早已过时的 GAMBIT。

(2) 基本特点

FLUENT 软件采用基于完全非结构化网格的有限体积法，而且具有基于网格节点和网格单元的梯度算法，可以进行定常/非定常流动模拟，并且新增快速非定常模拟功能。

FLUENT 软件中的动/变形网格技术主要解决边界运动的问题，用户只需指定初始网格和运动壁面的边界条件，余下的网格变化完全由解算器自动生成。网格变形方式有三种：弹簧压缩式、动态铺层式以及局部网格重生式。其局部网格重生式是 FLUENT 所独有的，而且用途广泛，可用于非结构网格、网格变形较大问题以及物体运动规律事先不知道而完全由流动所产生的力所决定的问题。

FLUENT 软件包含三种算法：非耦合隐式算法、耦合显式算法、耦合隐式算法，是商用软件中算法最多的。

FLUENT 软件具有强大的网格支持能力，支持界面不连续的网格、混合网格、动/变形网格以及滑动网格等。值得强调的是，FLUENT 软件还拥有多种基于解的网格的自适应、动态自适应技术以及动网格与网格动态自适应相结合的技术。

FLUENT 软件包含丰富而先进的物理模型，使得用户能够精确地模拟无黏流、层流、湍流。湍流模型包含 Spalart-Allmaras 模型、k-ω 模型组、k-ε 模型组、雷诺应力模型（RSM）组、大涡模拟模型（LES）组以及最新的分离涡模型（DES）和 V2F 模型等。另外用户还可以定制或添加自己的湍流模型。适用于：

① 牛顿流体、非牛顿流体；
② 含有强制/自然/混合对流的热传导，固体/流体的热传导、辐射；
③ 化学组分的混合/反应；
④ 自由表面流模型，欧拉多相流模型，混合多相流模型，颗粒相模型，空穴两相流模型，湿蒸汽模型；
⑤ 融化/熔化/凝固；蒸发/冷凝相变模型；
⑥ 离散相的拉格朗日跟踪计算；
⑦ 非均质渗透性、惯性阻抗、固体热传导，多孔介质模型（考虑多孔介质压力突变）；
⑧ 风扇，散热器，以换热器为对象的集中参数模型；
⑨ 惯性或非惯性坐标系，复数基准坐标系及滑移网格；
⑩ 动静翼相互作用模型化后的接续界面；
⑪ 基于精细流场解算的预测流体噪声的声学模型；
⑫ 质量、动量、热、化学组分的体积源项；
⑬ 丰富的物性参数的数据库；
⑭ 磁流体模块主要模拟电磁场和导电流体之间的相互作用问题；
⑮ 连续纤维模块主要模拟纤维和气体流动之间的动量、质量以及热的交换问题；
⑯ 高效率的并行计算功能，提供多种自动/手动分区算法；内置 MPI 并行机制大幅度提高并行效率。

另外，FLUENT 特有动态负载平衡功能，确保全局高效并行计算。

FLUENT 软件提供了友好的用户界面，并为用户提供了二次开发接口（UDF）。

FLUENT 软件采用 C/C++语言编写，从而大大提高了对计算机内存的利用率。

在 CFD 软件中，FLUENT 软件是目前国内外使用最多、最流行的商业软件之一。FLUENT 的软件设计基于"CFD 计算机软件群的概念"，针对每一种流动的物理问题的特点，采用适合于它的数值解法在计算速度、稳定性和精度等各方面达到最佳。

(3) 软件简介

FLUENT 系列软件包括通用的 CFD 软件 FLUENT、POLY FLOW、FIDAP，工程设计软件 FloWizard、FLUENT for CATIAV5、TGrid、G/Turbo，CFD 教学软件 FlowLab，

面向特定专业应用的 ICEPAK、AIRPAK、MIXSIM 软件等。

FLUENT 软件包含基于压力的分离求解器、基于压力的耦合求解器、基于密度的隐式求解器、基于密度的显式求解器，多求解器技术使 FLUENT 软件可以用来模拟从不可压缩到高超音速范围内的各种复杂流场。FLUENT 软件包含非常丰富、经过工程确认的物理模型，可以模拟高超音速流场、转捩、传热与相变、化学反应与燃烧、多相流、旋转机械、动/变形网格、噪声、材料加工等复杂机理的流动问题。

FLUENT 软件的动网格技术处于绝对领先地位，并且包含了专门针对多体分离问题的六自由度模型，以及针对发动机的二维半动网格模型。

POLYFLOW 是基于有限元法的 CFD 软件，专用于黏弹性材料的层流流动模拟。它适用于塑料、树脂等高分子材料的挤出成型、吹塑成型、拉丝、层流混合、涂层过程中的流动及传热和化学反应问题。

FloWizard 是高度自动化的流动模拟工具，它允许用户进行设计及在产品开发的早期阶段迅速而准确地验证设计。它引导用户从头至尾地完成模拟过程，使模拟过程变得非常容易。

FLUENT for CATIAV5 是专门为 CATIA 用户定制的 CFD 软件，将 FLUENT 完全集成在 CATIAV5 内部，用户就像使用 CATIA 其他分析环境一样使用 FLUENT 软件。

G/Turbo 是专业的叶轮机械网格生成软件。

AIRPAK 是面向 HVAC 工程师的 CFD 软件，并依照 ISO7730 国际标准提供舒适度、PMV、PPD 等衡量室内外空气质量（IAQ）的技术指标。

MIXSIM 是专业的搅拌槽 CFD 模拟软件。

除 FLUENT 外，常用的 CFD 软件及相关仿真软件还有专业三维流场分析软件——CFX，三维 CFD 快速求解器——CART3D，流体系统仿真、设计与优化平台——Flowmaster，专业的离散元仿真分析软件——EDEM 等。

(4) 软件优点

① 适用面广　包括各种优化物理模型，如计算流体流动和热传导模型（包括自然对流、定常和非定常流动，层流，湍流，不可压缩和可压缩流动，周期流，旋转流及时间相关流等），辐射模型，相变模型，离散相变模型，多相流模型及化学组分输运和反应流模型等。对每一种物理问题的流动特点，有适合它的数值解法，用户可对显式或隐式差分格式进行选择，以期在计算速度、稳定性和精度等方面达到最佳。

② 高效省时　FLUENT 将不同领域的计算软件组合起来，成为 CFD 计算机软件群，软件之间可以方便地进行数值交换，并采用统一的前后处理工具，这就避免了使用者在计算方法、编程、前后处理等方面投入重复而低效的劳动，可以将主要精力和智慧用于物理问题本身的探索上。

③ 污染物生成　包括 NOX 和 ROX（烟尘）生成模型。其中 NOX 模型能够模拟热力型、快速型、燃料型及由于燃烧系统里回燃导致的 NOX 的消耗。而 ROX 的生成是通过使用两个经验模型进行近似模拟，且只适用于湍流。

④ 与传统 CFD 计算方法相比的优势　FLUENT 同传统的 CFD 计算方法相比，具有以下的优点：

a. 稳定性好　FLUENT 经过大量算例考核，同实验符合较好；

b. 适用范围广　FLUENT 含有多种传热燃烧模型及多相流模型，可应用于从可压到不可压、从低速到高超音速、从单相流到多相流、化学反应、燃烧、气固混合等几乎所有与流体相关的领域；

c. 精度提高　可达二阶精度。

(5) 模块组成

① 所需前处理软件　FLUENT 从 6.3 版本后一律不再使用 GAMBIT 作为前处理网格划分软件，转而标配 ICEM CFD 进行网格划分，其功能十分强大，远超 GAMBIT。值得说明的是：ICEM 与 FLUENT 同属 ANSYS 公司，ANSYS 公司早在五年前就停止了对 GAMBIT 的开发，并将其从官方安装包中删除，目前只开发和更新 ICEM。

② 求解器

a. FLUENT——基于非结构化网格的通用 CFD 求解器，针对非结构性网格模型设计，是用有限元法求解不可压缩流及中度可压缩流流场问题的 CFD 软件。可应用的范围有湍流、传热、化学反应、混合、旋转流（Rotating Flow）及撞击（Shocks）等。在涡轮机及推进系统分析方面都有相当优秀的结果，并且对模型的快速建立及 Shocks 处的格点调适都有相当好的效果。

b. FIDAP——基于有限元方法的通用 CFD 求解器，为专门解决科学及工程上有关流体力学传质及传热等问题的分析软件，是全球第一套使用有限元法用于 CFD 领域的软件，其应用的范围有一般流体的流场、自由表面的问题、湍流、非牛顿流流场、传热、化学反应等。FIDAP 本身含有完整的前后处理系统及流场数值分析系统。对问题整个研究的程序，数据输入与输出的协调及应用均极有效率。

c. POLYFLOW——针对黏弹性流动的专用 CFD 求解器，用有限元法仿真聚合物加工的 CFD 软件，主要应用于塑料射出成形机，挤型机和吹瓶机的模具设计。

d. MIXSIM——针对搅拌混合问题的专用 CFD 软件，是一个专业化的前处理器，可建立搅拌槽及混合槽的几何模型，不需要一般计算流体力学软件的冗长学习过程。它的图形人机接口和组件数据库，让工程师直接设定或挑选搅拌槽大小、底部形状、折流板的配置、叶轮的型式等。MIXSIM 随即自动产生三维网络，并启动 FLUENT 做后续的模拟分析。

e. IECPAK——专用的热控分析 CFD 软件，专门仿真电子电机系统内部气流，温度分布的 CFD 分析软件，特别是针对系统的散热问题作仿真分析，借由模块化的设计快速建立模型。

③ 后处理器　FLUENT 求解器本身就附带比较强大的后处理功能。另外，TECPLOT 也是一款比较专业的后处理器，可以把一些数据可视化，这对于数据处理要求比较高的用户来说是一个理想的选择。

④ FLUENT 动网格技术　在使用商用 CFD 软件的工作中，大约有 80% 的时间是花费在网格划分上的，可以说网格划分能力的高低是决定工作效率的主要因素之一。

FLUENT 划分网格的途径有两种：一种是用 FLUENT 提供的专用网格软件 GAMBIT 进行网格划分。另一种则是由其他的 CAD 软件完成造型工作，再导入 GAMBIT 中生成网格。还可以用其他网格生成软件生成与 FLUENT 兼容的网格用于 FLUENT 计算。除了 GAMBIT 外，可以生成 FLUENT 网格的网格软件还有 ICEMCFD、Gridgen 等。

GAMBIT 的网格功能主要体现在以下几个方面。

a. 完全非结构化的网格能力　GAMBIT 之所以被认为是商用 CFD 软件最优秀的前置处理器完全得益于其突出的非结构化的网格生成能力。GAMBIT 能够针对极其复杂的几何外形生成三维四面体、六面体的非结构化网格及混合网格，且有数十种网格生成方法，生成网格过程又具有很强的自动化能力，因而大大减少了工程师的工作量。

b. 网格的自适应技术　FLUENT 采用网格自适应技术，可根据计算中得到的流场结果反过来调整和优化网格，从而使得计算结果更加准确。这是目前在 CFD 技术中提高计算精度的最重要的技术之一。

c. 丰富的 CAD 接口　GAMBIT 包含全面的几何建模能力，既可以在 GAMBIT 内直接建立点、线、面、体的几何模型，也可以从 PRO/E、UGII、IDEAS、CATIA、SOLIDWORKS、ANSYS、PATRAN 等主流的 CAD/CAE 系统导入几何和网格。GAMBIT 与 CAD 软件之间的直接接口和强大的布尔运算能力为建立复杂的几何模型提供了极大的方便。

d. 混合网格与附面层内的网格功能　GAMBIT 提供了对复杂的几何形体生成附面层内网格的重要功能，而且附面层内的贴体网格能很好地与主流区域的网格自动衔接，大大提高了网格的质量。另外，GAMBIT 能自动将四面体、六面体、三角柱和金字塔形网格自动混合起来，这对复杂几何外形来说尤为重要。

e. 网格检查　GAMBIT 拥有多种方便简捷的网格检查技术，使工程师能快捷地检查已生成的网格的质量。该模块包括对网格单元的体积、扭曲率、长细比等影响收敛和稳定的参数进行报告。工程师可以直观而方便地定位质量较差的网格单元。

(6) FLUENT 软件的应用范围

FLUENT 软件可以计算二维和三维流动问题，在计算过程中，网格可以自适应调整。FLUENT 软件的主要应用范围为：

① 可压缩与不可压缩流动问题；
② 稳态和瞬态流动问题；
③ 无黏流，层流及湍流问题；
④ 牛顿流体及非牛顿流体；
⑤ 对流换热问题（包括自然对流和混合对流）；
⑥ 导热与对流换热耦合问题；
⑦ 辐射换热计算；
⑧ 惯性坐标系和非惯性坐标系下的流动问题模拟；
⑨ 多层次移动参考系问题，包括动网格界面和计算动子/静子相互干扰问题的混合面等问题；
⑩ 化学组元混合与反应计算，包括燃烧模型和表面凝结反应模型；
⑪ 一维风扇、换热器性能计算；
⑫ 两相流问题；
⑬ 复杂表面问题中带自由面流动的计算。

简而言之，FLUENT 适用于各种复杂外形的可压和不可压流动计算。

4.8　各专业通用软件列表

完成一个整体的工厂化工设计，涉及多个专业间的协调配合，一般涉及的专业有：工艺系统专业（包括化学工程、工业炉、热工、安全专业）；分析化验专业与环境保护专业；配管专业（包括材料应力专业、水道专业）；容器专业和机械专业；电气专业；仪表专业；结构专业；建筑专业和暖通空调专业；储运专业、总图专业、给排水专业；估算专业；项目管理专业等。各专业都有相关的应用软件。

通过了解各专业通用软件，可以了解化工设计过程的复杂性与要求，有利于工程设计人员根据工程需要选择合适的计算与设计工具。表 4-2～表 4-6 列出了和化工工艺设计和设备设计计算相关的一些软件名称和主要功能，供大家使用时参考。

表 4-2 各专业公用软件汇总表

序号	软件名称	主要功能	序号	软件名称	主要功能
1	AutoCAD / Microstation	各种图形绘制(各专业的平、立、剖面图,设备、管道布置图等)	5	Documentum	项目电子文档管理系统
			6	SEI OA	SEI办公自动化集成系统
2	Microsoft Office	各种电子表格、文档、幻灯片制作、数据库管理、绘图工具	7	WinZip	文件压缩工具
			8	WinRAR	文件压缩工具
3	Oracle	数据库管理系统	9	Adobe Acrobat	阅读和打印PDF文件
4	Lotus Notes	电子邮件和项目文档管理	10	SmarPlant Foundation	工程设计集成平台

表 4-3 工艺系统专业(包括化学工程、工业炉、热工、安全专业)软件

序号	软件名称	主要功能	序号	软件名称	主要功能
1	PRO-Ⅱ / Aspen Plus	稳态工艺过程模拟(物料平衡,单元分析等)	20	AMSIM	用于模拟从气体或液化石油气中脱出H_2S和CO_2的醇胺装置的稳态过程模拟器
2	Aspen Polymer Plus	聚合物工艺过程模拟	21	SULSIM	优化硫化装置的运行,识别工艺反应的热力学以及动力学特征
3	Aspen Dynamics & Custom Modeler	动态工艺过程模拟与建模			
4	Aspen Properties	纯组分及油品物性计算软件	22	FRNC-5PC	通用加热炉模拟
5	Aspen HX-NET	换热网络优化		REFORM-3PC	烃蒸汽转化炉模拟
6	FRI	塔设计、校核计算(填料塔,筛板塔等)		FURCRAK-PC	加热炉、裂解炉、转化炉传热计算
7	HTRI / HTFS	换热器模拟、设计与校核计算	23	SAFETI 和 LEAK	安全评估软件(陆地)
8	INPLANT	管网水力学计算	24	NEPTUNE OFFSHORE	安全评估软件(海上)
9	Visual Flow	泄压系统的模拟计算与设计	25	Aspen FlareNet	火炬管网模拟计算软件
10	HEXTRAN	换热网络模拟计算	26	SNAMER	蒸汽管网分析监测系统。解决复杂蒸汽管网及压力超过10MPag的蒸汽管网的温度降和压降的计算
11	CFX	流体力学仿真			
12	Aspen Zyqad	工艺设计数据库管理(PFD,设备表,数据表等)	27	CCSOS	催化裂化单元反应-再生系统的模拟优化程序
13	SP P&ID / VPE P&ID	智能P&ID	28	CCDIS	催化裂化和延迟焦化单元塔设计、核算程序
14	Vantage PE	工程数据库系统	29	TRAYS Package	浮阀、舌形、筛孔和泡罩塔板的工艺计算软件包
15	GRTMPS/G4	通用流程工业线性规划系统	30	HENMFD	多功能换热网络设计软件包
16	H/CAMS	原油分析管理系统(含Chevron原油数据库)	31	HEATNT	换热网络核算程序
17	Aspen PIMS	通用流程工业线性规划系统	32	FINEXCH	内波纹外螺纹管换热器的计算
18	REF-SIM	汽油和BTX装置的操作,可用于连续重整、半再生重整和再生重整等不同专利工艺	33	PHAWorks	HAZOP分析
			34	Shell FRED	安全分析
			35	Shepherd Desktop (including PIPA 3.1)	安全分析
19	HCR-SIM/HTR-SIM	加氢裂化模拟程序,加氢精制模拟程序	36	COMOS	工艺设计数据库管理(PFD,设备表,数据表等)

表 4-4 分析化验专业与环境保护专业软件

序号	软件名称	主要功能
1	ELAA	大气环境影响评价的一般计算、绘图
2	EIAN	根据环评导则推荐的模式预测各种噪声源对声环境的影响程度和范围
3	EIAW	根据环评导则推荐的模式预测计算排放污水对地表水环境的影响程度和范围
4	EIAProA2008	大气环评
5	GPS-X	污水处理模拟软件
6	TOXCHEM	优化污水处理场

表 4-5 配管专业（包括材料应力专业、水道专业）软件

序号	软件名称	主要功能	序号	软件名称	主要功能
1	PDS	三维工厂设计系统	4	CAESAR II	按 ANSI B31 等规范进行管系的静态（线性和非线性）和动态应力分析
	PDMS		5	ANSYS	非线性动态和静态有限元分析（包括流体计算功能）
	SP 3D				
2	Drawiz	PDS 平面图自动标注	6	FE Pipe	管道及压力容器有限元局部应力分析
	E-Draw		7	Vantage PE	工程数据库系统
3	SP Review	工厂模型浏览与校审	8	I-Sketch	ISO 图
	VPD Review		9	Spoolgen	管道加工图生成
	JetStream				

表 4-6 容器专业和机械专业软件

序号	软件名称	主要功能
1	SW6	压力容器设计计算(GB 150—2011 标准)
	PV Desktop	
	LANSYS	
2	Aspen Teams	管壳式换热器设计计算(ASME,TEMA 标准)
3	Pvelite	压力容器整体及部件设计计算（ASME,UBC,BC,BS5500,TEMA,WRC107,ANSI 标准)
4	TANK	储罐设计、分析、评估软件(API650,API653 标准)
5	ANSYS	压力容器局部应力计算
6	ABAQUS	求解线性和非线性问题,包括结构的静态、动态、热和电反应等
7	FE Pipe	管道及压力容器有限元局部应力分析
8	CFX	流体力学模拟
9	CFX Tascflow	透平通道的全负荷分析
10	Solidedge	3D CAD 程序,具有零件建模、构建装配件建模、钣金件建模、焊接建件建模等功能
11	DyRoBes	转子轴承系统动力学模型分析软件
12	Agile Engineering Design System(AXIAL,AXCAD)	一维透平设计软件,能给出轴流压缩机、透平机械的预测性能,支持亚声速、超声速透平的设计,并支持多种工作介质。透平机械设计分析软件,能提供叶片的几何造型并为流场分析建立模型
13	Autodesk Inventor Professional (AIP)	机械二维、三维 CAD
14	Mathcad	CAD 工具
15	材料腐蚀数据库(金属/非金属)	材料腐蚀数据库(金属/非金属)

附　录

附录 1　课程设计封面示例

_____大学（学校）

化工原理课程设计

说明书

设计题目：_____

设计者姓名：_____
设计者班级：_____
指导教师：_____
设计成绩：_____ 日期：_____

年　月　日

附录 2　工艺流程图示例

1. 基本工艺流程图示例

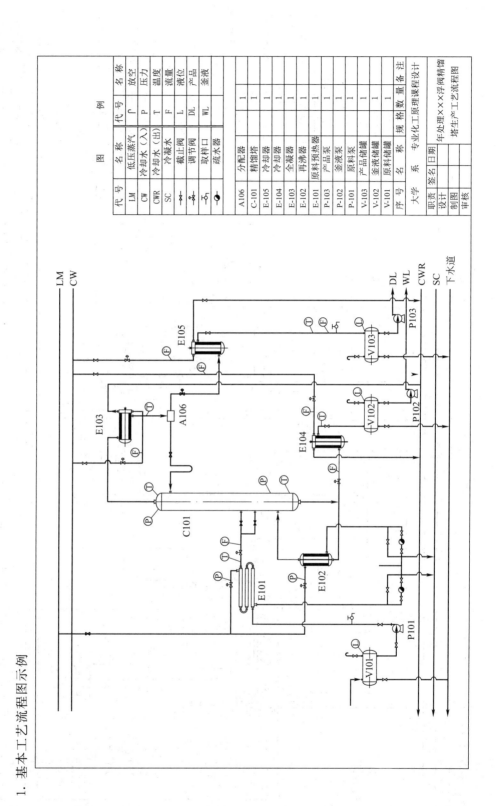

2. 精馏工艺过程流程图示例

图例

代号	名称	代号	名称
LS	低压蒸汽	P	压力
CWS	冷却水入水	T	温度
CWR	冷却水出水	F	流量
SC	冷凝水	L	液位
⟶⋈⟵	截止阀	I	指示
⟶⌀⟵	调节阀	C	控制
A	取样点	R	记录
⌇	放空	DL	产品
		WL	釜液

序号	名称	规格	数量	备注
P0103	釜液泵		2	
P0102	回流泵		2	
P0101	原料泵		2	
E0105	釜液冷却器		1	
E0104	产品冷却器		1	
E0103	全凝器		1	
E0102	再沸器		1	
E0101	原料预热器		1	
T0101	精馏塔		1	
V0104	釜液储罐		1	
V0103	产品储罐		1	
V0102	回流储罐		1	
V0101	原料储罐		1	

大学		专业 化工原理课程设计	
职责	签名 日期	年处理×××浮阀精馏	
设计		塔生产工艺流程图	
制图			
审核			

V0101	P0101A/B	E0101	E0102	T0101	P0102A/B	E0103	V0102	P0103A/B	E0104	V0103	E0105	V0104
原料储罐	原料泵	原料预热器	再沸器	精馏塔	回流泵	全凝器	回流罐	釜液泵	产品冷却器	产品储罐	釜液冷却器	釜液储罐

3. 吸收工艺过程流程图示例

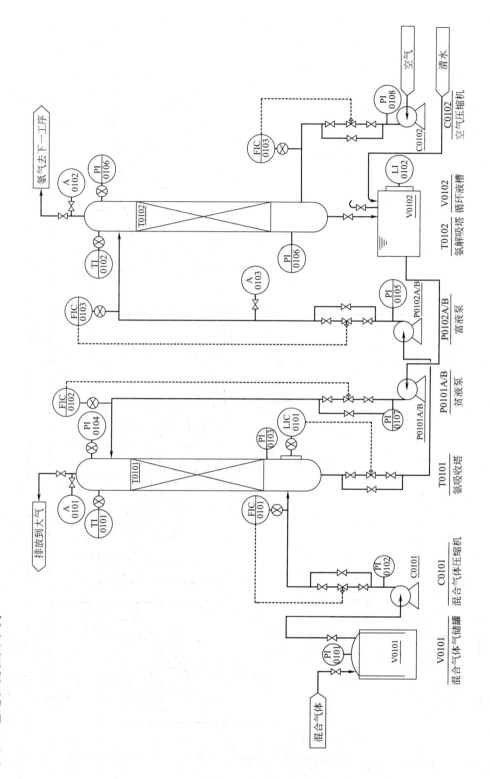

注：此图管道标注、图例及标题栏略

4. 碳酸丙烯酯脱碳过程工艺流程简图

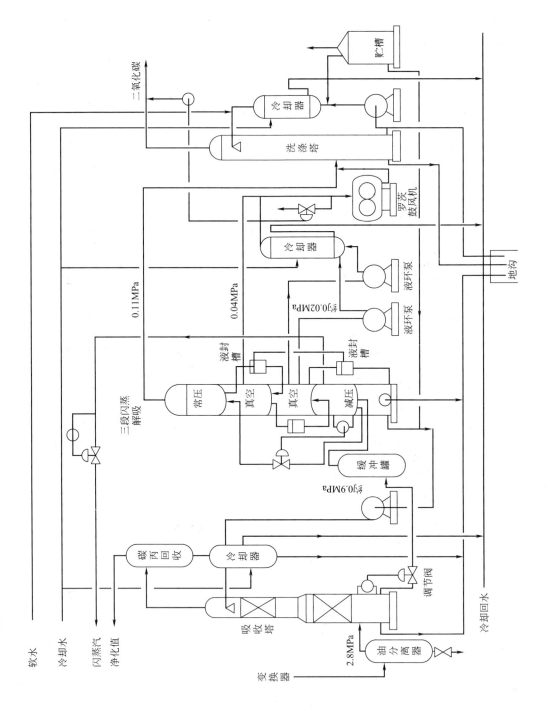

5. 精馏过程控制工艺流程简图

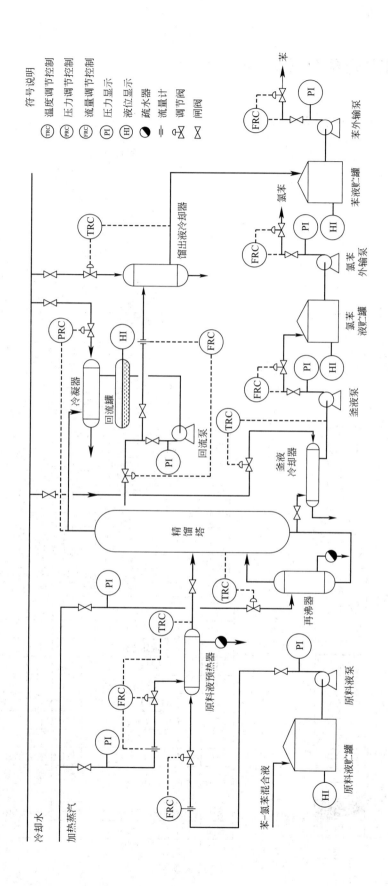

附录3 主体设备条件图示例

1. 填料吸收塔工艺设计条件简图

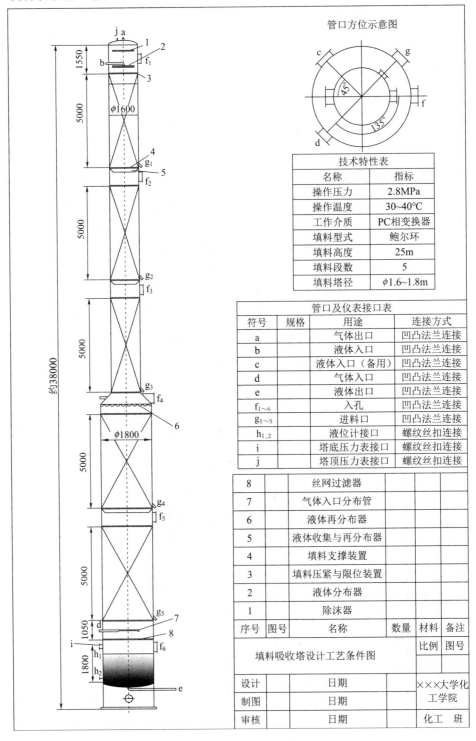

2. 单溢流型筛板塔工艺设计条件简图

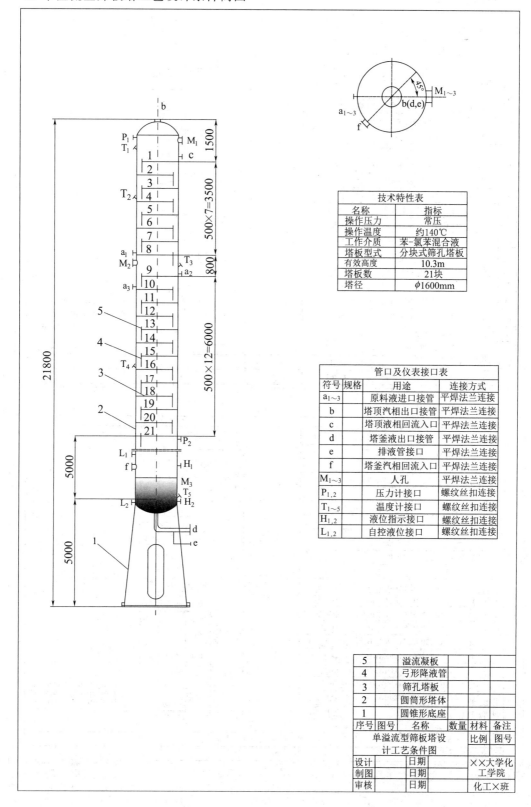

3. 塔设备工艺设计条件简图

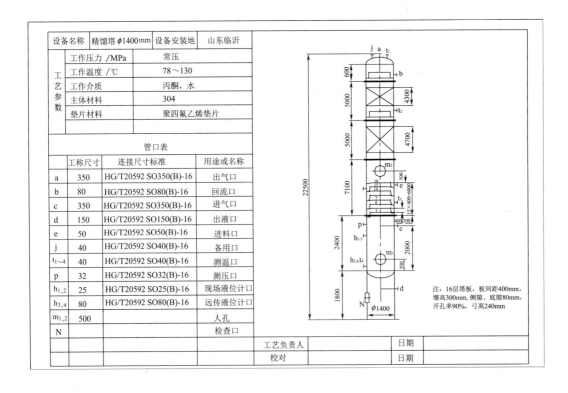

设备名称	精馏塔φ2000mm	设备安装地	新疆伊犁
工艺参数	工作压力 /MPa	常压	
	工作温度 /℃	120	
	工作介质	丁醇、丁酯、水	
	主体材料	304	
	垫片材料	聚四氟乙烯垫片	

管口表			
工称尺寸		连接尺寸标准	用途或名称
a	550	HG/T20592 SO550(B)-16	出气口
b	65	HG/T20592 SO65(B)-16	回流口
$c_{1,2}$	50	HG/T20592 SO50(B)-16	进料口
d	500	HG/T20592 SO500(B)-16	进气口
e	150	HG/T20592 SO150(B)-16	出液口
$f_{1,2}$	40	HG/T20592 SO40(B)-16	进料口
$g_{1,2}$	40	HG/T20592 SO40(B)-16	备用口
k	40	HG/T20592 SO40(B)-16	氢气口
r	25	HG/T20592 SO25(B)-16	平衡口
p_1	32	HG/T20592 SO32(B)-16	现场压力表口
p_2	32	HG/T20592 SO32(B)-16	远传压力表口
$t_{1,2}$	40	HG/T20592 SO40(B)-16	测温口
$h_{1,2}$	25	HG/T20592 SO25(B)-16	现场液位计口
$h_{3,4}$	80	HG/T20592 SO80(B)-16	远传液位计口
$m_{1\sim5}$	500		人孔
N			检查口

注：42层塔板，板间距400mm，堰高30mm，侧隙、底隙80mm，开孔率11%，弓高340mm

设备名称	精馏塔φ1400mm	设备安装地	山东临沂
工艺参数	工作压力 /MPa	常压	
	工作温度 /℃	78～130	
	工作介质	丙酮，水	
	主体材料	304	
	垫片材料	聚四氟乙烯垫片	

管口表			
工称尺寸		连接尺寸标准	用途或名称
a	350	HG/T20592 SO350(B)-16	出气口
b	80	HG/T20592 SO80(B)-16	回流口
c	350	HG/T20592 SO350(B)-16	进气口
d	150	HG/T20592 SO150(B)-16	出液口
e	50	HG/T20592 SO50(B)-16	进料口
j	40	HG/T20592 SO40(B)-16	备用口
$t_{1\sim4}$	40	HG/T20592 SO40(B)-16	测温口
p	32	HG/T20592 SO32(B)-16	测压口
$h_{1,2}$	25	HG/T20592 SO25(B)-16	现场液位计口
$h_{3,4}$	80	HG/T20592 SO80(B)-16	远传液位计口
$m_{1,2}$	500		人孔
N			检查口

注：16层塔板，板间距400mm，堰高300mm，侧隙、底隙80mm，开孔率90%，弓高240mm

附录 4 塔板结构参数系列化标准

1. 小直径塔板某些结构参数推荐值

D/mm	A_T/m²	l_w/mm	W_d/mm	l_w/D	$A_f \times 10^4$/m²	$\dfrac{A_f}{A_T}$/%
300	0.0706	164.4 173.1 191.8 205.5 219.2	21.4 26.9 33.2 40.4 48.8	0.60 0.65 0.70 0.75 0.80	20.9 29.2 39.7 52.8 69.3	0.0269 0.0413 0.0562 0.0747 0.0980
350	0.0960	194.4 210.6 226.8 243.0 259.2	26.4 32.9 40.3 48.3 58.8	0.60 0.65 0.70 0.75 0.80	31.1 43.0 57.9 76.4 100.0	0.0323 0.0447 0.0602 0.0794 0.1039
400	0.1253	224.4 243.1 261.8 280.5 299.2	31.4 38.9 47.5 57.3 68.8	0.60 0.65 0.70 0.75 0.80	43.4 59.6 79.8 104.7 236.3	0.0345 0.0474 0.0635 0.0833 0.1085
450	0.1590	254.4 275.6 296.6 318.0 339.2	36.4 44.9 54.6 65.8 78.8	0.60 0.65 0.70 0.75 0.80	57.7 78.8 104.7 137.3 178.1	0.0363 0.0495 0.0658 0.0863 0.1120
500	0.1960	284.4 308.1 331.8 355.5 379.2	41.4 50.9 61.8 74.2 88.8	0.60 0.65 0.70 0.75 0.80	74.3 100.6 133.4 174.0 225.5	0.0378 0.0512 0.0679 0.0886 0.1148
600	0.2820	340.8 369.2 397.6 426.0 454.4	50.8 62.2 75.2 90.1 107.6	0.60 0.65 0.70 0.75 0.80	110.7 148.8 196.4 255.4 329.7	0.0392 0.0526 0.0695 0.0903 0.1166
700	0.3840	400.8 434.2 467.6 501.0 534.4	60.8 74.2 89.5 107.0 127.6	0.60 0.65 0.70 0.75 0.80	157.5 210.9 276.8 358.9 462.4	0.0409 0.0548 0.0719 0.0939 0.1202
800	0.5030	460.8 499.2 537.6 576.0 614.4	70.8 86.2 102.8 124.0 147.6	0.60 0.65 0.70 0.75 0.80	212.3 283.3 371.2 480.3 517.2	0.0422 0.0563 0.0738 0.0956 0.1228

注：1. 当塔径小于 500mm 时，塔板间距 H_T 一般取 200mm、250mm、300mm、350mm。
2. 当塔径为 600～800mm 时，塔板间距 H_T 一般取 300mm、350mm、500mm。
3. 小直径塔的塔板要留出安装尺寸。

2. 单溢流型塔板某些结构参数推荐值

塔径 D /mm	塔截面积 A_T/m^2	塔板间距 H_T/mm	弓形降液管 堰长 l_w/mm	弓形降液管 管宽 W_d/mm	降液管面积 A_f/m^2	$\dfrac{A_f}{A_T}$/%	l_w/D
600	0.2610	300	406	77	0.0188	7.2	0.677
		350	428	90	0.0238	9.1	0.714
		400	440	103	0.0289	11.02	0.734
700	0.3590	300	466	87	0.0248	6.9	0.666
		350	500	105	0.0325	9.06	0.714
		400	525	120	0.0395	11.0	0.750
800	0.5027	350	529	100	0.0363	7.22	0.661
		450	581	125	0.0502	10.0	0.726
		500					
		600	640	160	0.0717	14.2	0.800
1000	0.7854	350	650	120	0.0534	6.8	0.650
		450	714	150	0.0770	9.8	0.714
		500					
		600	800	200	0.1120	14.2	0.800
1200	1.1310	350	794	150	0.0816	7.22	0.661
		450					
		500	876	190	0.1150	10.2	0.730
		600					
		800	960	240	0.1610	14.2	0.800
1400	1.5390	350	903	165	0.1020	6.63	0.645
		450					
		500	1029	225	0.1610	10.45	0.735
		600					
		800	1104	270	0.2065	13.4	0.790
1600	2.0110	450	1056	199	0.1450	7.21	0.660
		500	1171	255	0.2070	10.3	0.732
		600					
		800	1286	325	0.2918	14.5	0.805
1800	2.5450	450	1165	214	0.1710	6.74	0.647
		500	1312	284	0.2570	10.1	0.730
		600					
		800	1434	354	0.3540	13.9	0.797
2000	3.1420	450	1308	244	0.2190	7.0	0.654
		500	1456	314	0.3155	10.0	0.727
		600					
		800	1599	399	0.4457	14.2	0.799
2200	3.8010	450					
		500	1598	344	0.3800	10.0	0.726
		600	1686	394	0.4600	12.1	0.766
		800	1750	434	0.5320	14.0	0.795
2400	4.5240	450					
		500	1742	374	0.4524	10.0	0.726
		600	1830	424	0.5430	12.0	0.763
		800	1916	479	0.6430	14.2	0.798

3. 双溢流型塔板某些结构参数推荐值

塔径 D/mm	塔截面积 A_T/m²	(A_f/A_T)/%	l_W/D	弓形降液管 堰长 l_W/mm	弓形降液管 管宽 W_d/mm	弓形降液管 管宽 W_d'/mm	降液管面积 A_f/m²
2200	3.8010	10.15	0.585	1287	208	200	0.3801
		11.80	0.621	1368	238	200	0.4561
		14.70	0.665	1462	278	240	0.5398
2400	4.5240	10.1	0.597	1434	238	200	0.4524
		11.5	0.620	1486	258	240	0.5429
		14.2	0.660	1582	298	280	0.6424
2600	5.3090	9.70	0.587	1526	248	200	0.5309
		11.4	0.617	1606	278	240	0.6371
		14.0	0.655	1702	318	320	0.7539
2800	6.1580	9.30	0.577	1619	258	240	0.6158
		12.0	0.626	1752	308	280	0.7389
		13.75	0.652	1824	338	320	0.8744
3000	7.0690	9.80	0.589	1768	288	240	0.7069
		12.4	0.632	1896	338	280	0.8482
		14.0	0.655	1968	368	360	1.0037
3200	8.0430	9.75	0.588	1882	306	280	0.8403
		11.65	0.620	1987	346	320	0.9651
		14.2	0.660	2108	396	360	1.1420
3400	9.0790	9.80	0.594	2002	326	280	0.9079
		12.5	0.634	2157	386	320	1.0895
		14.5	0.661	2252	426	400	1.2893
3600	10.1740	10.2	0.597	2148	356	280	1.0179
		11.5	0.620	2227	386	360	1.2215
		14.2	0.659	2372	446	400	1.4454
3800	11.3410	9.94	0.590	2242	366	320	1.1340
		11.9	0.624	2374	416	360	1.3609
		14.5	0.662	2516	476	440	1.6104
4200	13.8500	9.88	0.584	2482	406	360	1.3854
		11.7	0.622	2513	456	400	1.6625
		14.1	0.662	2781	526	480	1.9410

注：1. 塔板间距 H_T，一般取 450mm、500mm、600mm、800mm。
2. 塔板留出安装尺寸。

附录 5 常用散装填料的特性参数

1. 金属拉西环的填料几何特性（干装乱堆）

公称尺寸 /mm	外径×高×厚 /(mm×mm×mm)	堆积量 /(个/m³)	堆积密度 /(kg/m³)	比表面积 /(m²/m³)	空隙率 /%	干填料因子 /m⁻¹
25	25×25×0.8	55000	640	220	95.0	257
38	38×38×0.8	19000	570	150	93.0	186
50	50×50×1.0	7000	430	110	92.0	141

2. 鲍尔环填料的几何特性（干装乱堆）

材质	公称尺寸/mm	外径×高×厚/(mm×mm×mm)	堆积量/(个/m³)	堆积密度/(kg/m³)	比表面积/(m²/m³)	空隙率/%	干填料因子/m⁻¹
金属	25	25×25×0.8	55900	427	219	93.4	269
	38	38×38×0.8	13000	365	129	94.5	153
	50	50×50×1.0	6500	395	112.3	94.9	131
	76	76×76×1.2	1830	308	71.0	96.1	80
塑料	16	16.2×16.7×1.1	112000	114	188	91.1	249
	25	25.6×25.4×1.2	42900	150	174.5	90.1	239
	38	38.5×38.5×1.2	15800	98	155	89	220
	50	50×50×1.5	6100	73.7	92.1	90	127
	76	76×76×2.6	1930	70.9	73.2	92	94

3. 阶梯环填料几何特性（干装乱堆）

材质	公称尺寸/mm	外径×高×厚/(mm×mm×mm)	堆积量/(个/m³)	堆积密度/(kg/m³)	比表面积/(m²/m³)	空隙率/%	干填料因子/m⁻¹
金属	25	25×12.5×0.6	97160	439	220	93	273.5
	38	38×19×1.0	31890	475.5	154.3	94	185.8
	50	50×25×1.0	11600	400	103.9	95	127.4
	76	76×76×1.2	3540	306	72.0	96	81
塑料	16	16×8.9×1.1	299136	135.6	370	85	602.6
	25	25×12.5×1.4	81500	97.8	228	90	312.8
	38	38×19×1.0	27200	57.5	132.5	91	175.8
	50	50×25×1.5	10740	54.8	114.2	92.7	143.1
	76	76×37×3.0	3420	68.4	90	92.9	112.3

4. 金属环矩鞍的填料几何特性（干装乱堆）

公称尺寸/mm	外径×高×厚/(mm×mm×mm)	堆积量/(个/m³)	堆积密度/(kg/m³)	比表面积/(m²/m³)	空隙率/%	干填料因子/m⁻¹
25	25×20×0.6	101160	119.0	185.0	96.0	209.1
38	38×30×0.8	24680	365.0	112.0	96.0	126.6
50	50×40×1.0	10400	291.0	74.9	96.0	84.7
76	76×60×1.2	3230	244.7	57.6	97.0	63.1

5. 矩鞍的填料几何特性（乱堆）

材质	公称尺寸/mm	外径×高×厚/(mm×mm×mm)	堆积量/(个/m³)	堆积密度/(kg/m³)	比表面积/(m²/m³)	空隙率/%	干填料因子/m⁻¹
陶瓷（湿装）	16	25×12×2.2	269900	686	378	71	1055
	25	40×20×3.0	58230	544	200	77.2	433
	38	60×30×4.0	19680	502	131	80.4	252
	50	75×45×5.0	8710	538	103	78.2	216
塑料（干装）	16	24×12×0.7	365100	167	461	80.6	879
	25	37×19×1.0	97860	133	288	84.7	473
	76	76×38×3.0	3700	104	200	88.5	289

附录6 常用规整填料的特性参数

1. 金属丝网波纹填料特性参数

型号	波纹倾角/(°)	比表面积/(m²/m³)	空隙率/%	堆积密度/(kg/m³)	等板高度/mm	每理论级压降/Pa	操作压力/Pa	最大F因子/[m·s⁻¹/(kg/m³)⁰·⁵]
250型	30	250	95	70～125	355～400	10～40	10^2～10^5	2.5～3.5
500型	30	500	90	140～250	200	40	10^2～10^5	2.0～2.4
700型	45	700	85	180～350	100	67	5×10^2～10^5	1.5～2.0

2. 金属板波纹填料特性参数

型号	波纹倾角/(°)	峰高/mm	比表面积/(m²/m³)	空隙率/%	堆积密度/(kg/m³)	理论级数	压降/(mmHg/m)	最大F因子/[m·s⁻¹/(kg/m³)⁰·⁵]
125X	30	25.4	125	96～98.5	200	0.8～0.9	1.5	3
125Y	45					1～1.2		
250X	30	12.5	250	93～97	400	1.6～2.0	2.25	2.6
250Y	45					2～3		
350X	30	9	350	95	280	2.3～2.8	1.5	2.0
350Y	45					3.5～4		
500X	30	6.3	500	91～93	400	2.8～3.2	2.3	1.8
500Y	45					4～4.5		
700Y	45	4.2	700	85	500	6～8	3	1.6

注：125Y、250Y 的板厚为 0.4mm，350Y、500Y 的板厚为 0.2mm。

3. 塑料孔板波纹填料特性参数

型号	波纹倾角/(°)	比表面积/(m²/m³)	空隙率/%	堆积密度/(kg/m³)	理论板数N_T/(1/m)	压降/(MPa/m)	最大F因子/[m·s⁻¹/(kg/m³)⁰·⁵]
125X	30	125	98.5	37.5	0.8～0.9	1.4×10^{-4}	3.5
125Y	45				1～2	2×10^{-4}	3
250X	30	250	97	75	1.5～2	1.8×10^{-4}	2.8
250Y	45				2～2.5	3×10^{-4}	2.6
350X	30	350	95	105	2.3～2.8	1.3×10^{-4}	2.2
350Y	45				3.5～4	3×10^{-4}	2.0
500X	30	500	93	150	2.8～3.2	1.8×10^{-4}	2.0
500Y	45				4～4.5	3×10^{-4}	1.8

4. 陶瓷波纹填料特性参数

填料型号	理论板数 /(1/m)	倾斜角 /(°)	比表面积 /(m²/m³)	空隙率 /%	水力直径 /mm	压降 /(mmHg /m)	堆积密度 /(kg/m³)	液体负荷 /(m³/m³)	最大 F 因子 /[m·s⁻¹/ (kg/m³)⁰·⁵]
100X	1	30	103	90	30	1.2	280	0.2~100	3.5
125Y	1.7	45	125	88	28	1.5	360	0.2~100	3
125X	1.5	30	125	86	28	1.5	370	0.2~100	3.2
160Y	2	45	160	85	15	2	370	0.2~100	2.8
160X	1.8	30	160	85	15	1.8	350	0.2~100	3.0
250Y	2.5~2.8	45	250	82	12	2.2	420	0.2~100	2.6
250X	2.3~2.7	30	250	82	12	2	400	0.2~100	2.8
300Y	3.25~3.5	45	300	81	11	2.5	450	0.2~100	2.25~2.3
350Y	3~4	45	350	80	10	2.5	470	0.2~100	2.6
400Y	2.8~3.2	45	400	79	8	3.5	480	0.2~100	2.0
400X	2.8	30	400	79	8	3	480	0.2~100	2.2
450Y	4	45	450	76	7	4.5	550	0.2~100	1.8
450X	3~4	30	450	76	7	4.4	550	0.2~100	2.0
470Y	5	45	470	75	6	4.5	560	0.2~100	1.9
500Y	7	45	500	73.5	7.5	4.6	600	0.2~100	2.1
700Y	5	45	700	72	5	4.8	650	0.2~100	2.3

5. 金属压延刺孔板波纹填料特性参数

型号	比表面积 /(m²/m³)	堆积密度 /(kg/m³)	空隙率 /%	倾斜角 /(°)	每板压降 /Pa	理论板数 N_T /(1/m)
125Y	125	100	98	45	200	1~1.2
200Y	200	120~150	98	45	260	1.2~2
250Y	250	180~200	97	45	300	2~2.5
350Y	350	280	94	45	350	3.5~4
500Y	500	360	92	45	400	4~4.5
700Y	700	450	85	45	450	4.5~5.0
125X	125	100	98	30	140	0.8~0.9
250X	250	200	97	30	180	1.6~2
350X	350	280	94	30	230	2.3~2.8
500X	500	360	92	30	280	2.8~3.2
产品执行标准	《不锈钢孔板波纹填料(附条文说明)》(HG/T 21559.2—2005)					

参 考 文 献

[1] 李春利等. 化工原理（上、下册）. 北京：化学工业出版社，2019 年（预计）.
[2] 付家新. 化工原理课程设计. 第 2 版. 北京：化学工业出版社，2016.
[3] 柴诚敬，贾绍义. 化工原理课程设计. 北京：高等教育出版社，2015.
[4] 王静康. 化工过程设计. 第 2 版. 北京：化学工业出版社，2006.
[5] 王瑶，张晓冬. 化工单元过程及设备课程设计. 第 3 版. 北京：化学工业出版社，2013.
[6] 中石化上海工程有限公司. 化工工艺设计手册. 第 5 版. 北京：化学工业出版社，2016.
[7] 王子宗等. 石油化工设计手册（修订版）. 北京：化学工业出版社，2015.
[8] 卢汉章等. 石油化工基础数据手册. 北京：化学工业出版社，1982.
[9] 马沛生等. 石油化工基础数据手册（续篇）. 北京：化学工业出版社，1993.
[10] 化学工程手册编委会. 化学工程手册. 北京：化学工业出版社，2008.
[11] 刘光启，马连湘，项曙光. 化学化工物性数据手册. 北京：化学工业出版社，2013.
[12] 程能林. 溶剂手册. 第 5 版. 北京：化学工业出版社，2015.
[13] 陈英南. 常用化工单元设备的设计. 第 2 版. 上海：华东理工大学出版社，2017.
[14] 王国胜. 化工原理课程设计. 大连：大连理工大学出版社，2013.
[15] 李群松. 化工容器及设备. 北京：化学工业出版社，2014.
[16] 秦叔经，叶文邦. 换热器//《化工设备设计全书》编辑委员会. 化工设备设计全书. 北京：化学工业出版社，2003.
[17] 徐刚等. 换热器. 北京：中国石化出版社，2015.
[18] 陈敏恒等. 化工原理（上、下册）. 第 4 版. 北京：化学工业出版社，2015.
[19] 陈志平等. 过程设备设计与选型基础. 浙江：浙江大学出版社，2016.
[20] 兰州石油机械研究所. 现代塔器技术. 北京：中国石化出版社，2007.
[21] 俞晓梅，袁孝竞. 塔器. 北京：化学工业出版社，2010.
[22] 刘乃鸿等. 工业塔新型规整填料应用手册. 天津：天津大学出版社，1993.
[23] 王树楹等. 现代填料塔技术指南. 北京：中国石化出版社，1998.
[24] 徐崇嗣等. 塔填料产品及技术手册. 北京：化学工业出版社，1995.
[25] 孙兰义. 化工过程模拟实训——Aspen Plus 教程. 第 2 版. 北京：化学工业出版社，2017.
[26] 熊杰明，李江保. 化工流程模拟 Aspen Plus 实例教程. 第 2 版. 北京：化学工业出版社，2016.
[27] 包宗宏，武文良. 化工计算与软件应用. 北京：化学工业出版社，2013.
[28] [美] William L Luyben. Aspen 模拟软件在精馏设计和控制中的应用. 第 2 版. 马后炮化工网译. 上海：华东理工大学出版社，2015.
[29] 屈一新. 化工过程数值模拟及软件. 北京：化学工业出版社，2011.
[30] 陆恩锡，张慧娟. 化工过程模拟——原理与应用，北京：化学工业出版社，2011.
[31] [美] 拉尔夫·舍弗兰. 无师自通 Aspen Plus 基础. 宋永吉，杨索和，何广湘译. 北京：化学工业出版社，2015.
[32] 海川化论坛. https://bbs.hcbbs.com/.
[33] 化工 707. http://www.hg707.com/.
[34] 马后炮化工. http://www.mahoupao.net/.
[35] 一点化工. hg-core.
[36] GB 150—2011《压力容器》释义.
[37] GB/T 151—2014 热交换器.
[38] TSG 21—2016 固定式压力容器安全技术监察规程.
[39] HG 20652—1998 塔器设计技术规定.
[40] NB/T 47041—2014 钢制塔式容器.
[41] HG/T 20519—2009 化工工艺设计施工图内容和深度统一规定.
[42] SH/T 3074—2007 石油化工钢制压力容器.
[43] JB/T 4715—92 固定管板式换热器型式与基本参数.